21世纪高等学校计算机专业实用系列教材

Java EE（SSM）
企业应用实战

第2版·微课视频版

千锋教育 | 组编

田生伟 | 主编

胡春生　陈长伟　燕振刚 | 副主编

清华大学出版社
北　京

内 容 简 介

本书主要讲解 Spring、Spring MVC 和 MyBatis 三大框架的基础与进阶知识。全书共 14 章,其中第 1 章主要讲解 SSM 框架的基本概念与优缺点等;第 2 章和第 3 章主要讲解 MyBatis 的基础与进阶知识;第 4 章主要讲解动态 SQL 和注解开发;第 5 章主要讲解 MyBatis 缓存机制;第 6～11 章主要讲解 Spring 基础、Spring 的 Bean 管理、Spring JDBC、Spring AOP、Spring 数据库事务管理和 Spring MVC 基础;第 12 章主要讲解全局异常处理器和拦截器;第 13 章主要讲解 Spring MVC 高级功能;第 14 章主要讲解一个综合项目——智慧农业果蔬系统,该项目主要应用了前面章节学习的 Spring、Spring MVC、MyBatis 框架的基础知识和核心技术。通过对本书内容的学习,读者能够掌握 Java EE 中 Spring、Spring MVC 和 MyBatis 三大框架的基础与进阶知识,并能够将这三大框架应用到项目中。

为了帮助读者更好地学习本书中的内容,本书配套有视频、教学大纲、教学 PPT、教学设计、源代码等资源。本书既可作为高等院校计算机相关专业的教材,也可以作为相关技术爱好者的入门用书。

图书在版编目(CIP)数据

Java EE(SSM)企业应用实战:微课视频版/千锋教育组编;田生伟主编.—2 版.—北京:清华大学出版社,2024.6

21 世纪高等学校计算机专业实用系列教材

ISBN 978-7-302-66313-3

Ⅰ.①J…　Ⅱ.①千…②田…　Ⅲ.①JAVA 语言－程序设计－高等学校－教材　Ⅳ.①TP312.8

中国国家版本馆 CIP 数据核字(2024)第 099959 号

责任编辑:闫红梅　薛　阳
封面设计:吕春林
责任校对:李建庄
责任印制:刘　菲

出版发行:清华大学出版社
　　　　网　　　址:https://www.tup.com.cn,https://www.wqxuetang.com
　　　　地　　　址:北京清华大学学研大厦 A 座　　　　邮　　编:100084
　　　　社 总 机:010-83470000　　　　邮　　购:010-62786544
　　　　投稿与读者服务:010-62776969,c-service@tup.tsinghua.edu.cn
　　　　质量反馈:010-62772015,zhiliang@tup.tsinghua.edu.cn
　　　　课件下载:https://www.tup.com.cn,010-83470236
印 装 者:三河市铭诚印务有限公司
经　　销:全国新华书店
开　　本:185mm×260mm　　印　张:22.75　　　　字　　数:552 千字
版　　次:2019 年 8 月第 1 版　2024 年 7 月第 2 版　　印　　次:2024 年 7 月第 1 次印刷
印　　数:1～1500
定　　价:69.00 元

产品编号:105947-01

团

北京千锋互联科技有限公司(简称"千锋教育")成立于2011年1月,立足于职业教育培训领域,现有教育培训、高校服务、企业服务三大业务板块。其中教育培训业务分为大学生技能培训和职后技能培训;高校服务业务主要提供校企合作全解决方案与定制服务;企业服务业务主要为企业提供专业化综合服务。公司总部位于北京,目前已在20多个城市成立分公司,现有教研讲师团队300余人。公司目前已与国内2万余家IT相关企业建立人才输送合作关系,每年培养泛IT人才近2万人,十年间累计培养10余万泛IT人才,累计向互联网输出免费学科视频950余套,累积播放量超9800万次。每年有数百万名学员接受千锋教育组织的技术研讨会、技术培训课、网络公开课及免费学科视频等服务。

千锋教育自成立以来一直秉承"初心至善,匠心育人"的工匠精神,打造学科课程体系和课程内容,高教产品部认真研读国家教育大政方针,在"三教改革"和公司的战略指导下,集公司优质资源编写高校教材,目前已经出版新一代IT技术教材50余种,积极参与高校的专业共建、课程改革项目,将优质资源输送到高校。

高校服务

锋云智慧教辅平台(www.fengyunedu.cn)是千锋教育专为中国高校打造的智慧学习云平台,依托千锋先进的教学资源与服务团队,可为高校师生提供全方位教辅服务,助力学科和专业建设。平台包括视频教程、原创教材、教辅平台、精品课、锋云录等专题栏目,为高校输送教材配套的课程视频、教学素材、教学案例、考试系统等教学辅助资源和工具,并为**教师提供样书快递及增值服务**。

锋云智慧服务 QQ 群

读者服务

学IT有疑问,就找"千问千知",这是一个有问必答的IT社区,平台上的专业答疑辅导老师承诺在工作时间3小时内答复您学习IT时遇到的专业问题。读者也可以通过扫描下方的二维码关注"千问千知"微信公众号,浏览其他学习者在学习中分享的问题和收获。

"千问千知"微信公众号

资源获取

本书配套资源可添加小千 QQ 账号：2133320438 或扫下方二维码获取。

小千 QQ 账号

前　言

　　教育、科技、人才是全面建设社会主义现代化国家的基础性和战略性支持。在此前提下，社会生产力变革对 IT 行业从业者提出了新的需求，以适应中国式现代化的高速发展。从业者不仅要具备专业技术能力、业务实践能力，更需要培养健全的职业素质，因此复合型技术技能人才更受企业青睐。为深入实施科教兴国战略、人才强国战略和创新驱动发展战略，教科书也应紧随新一代信息技术和新职业要求的变化及时更新。

　　本书倡导理实结合，实战就业，在语言描述上力求专业、准确、通俗易懂。引入企业项目案例，针对重要知识点，精心挑选案例，将理论与技能深度融合，促进隐性知识与显性知识的转化。案例讲解包含设计思路、应用场景、效果展示、部署方式、项目分析、疑点剖析。从动手实践的角度，帮助读者逐步掌握前沿技术，为高质量就业赋能。

　　本书在章节编排上采用循序渐进的方式，内容精练且全面。在语法阐述中尽量避免使用生硬的术语和枯燥的公式，从业务对环境的实际需求入手，将理论知识与实际应用相结合，帮助读者学习和成长，快速积累 SSM 框架的开发经验，从而在职场中拥有较高起点。

本书特点

　　本书以理论与实践相结合的理念讲解了 SSM，SSM 提供了一个完整的数据驱动的 Web 应用开发解决方案，它具有较低的耦合度、较高的灵活性和可扩展性，适用于开发各种规模的企业级 Web 应用。本书中详细分析和讲解了 SSM 相关的技术难点，使用热点的技术与开发工具，案例和综合项目的设计贴合实际企业项目。本书的学习可以使读者学会灵活使用 SSM 框架，将书中的知识和技术应用到实际企业或生活中，有助于丰富读者的理论知识，提升读者的实践能力。

　　通过本书读者将学习到以下内容。

　　第 1 章主要讲解 Spring 框架、Spring MVC 框架、MyBatis 框架的基本概念、发展历程与核心组件，以及 SSM 框架的优缺点。

　　第 2 章主要讲解 MyBatis 的功能架构、工作流程、下载和导入、核心组件、核心配置文件和一个简单的 MyBatis 应用。

　　第 3 章主要讲解 MyBatis 映射文件的结构和其元素的使用方法及 3 种关联映射，并通过一个实战演练巩固 Mapper 和 XML 映射文件的相关知识。

　　第 4 章主要讲解 MyBatis 的动态 SQL 和注解开发，两个实战演练分别巩固 MyBatis 的动态 SQL 与注解开发的相关知识。

　　第 5 章主要讲解 MyBatis 的缓存分类与 EhCache 缓存。

第 6 章主要讲解 Spring 的简介、功能体系和容器,以及一个 Spring 的简单应用。

第 7 章主要讲解 Spring 的 Bean 管理,包括 IoC 和 DI、Spring 的 Bean、Maven 管理及使用 Maven 创建 Spring 项目。

第 8 章主要讲解 Spring JDBC 的基础、重要组件和操作数据库,并通过一个实战演练巩固 Spring JDBC 的组件、操作数据库开发的相关知识。

第 9 章主要讲解 Spring AOP 的基础、实现机制和实现方式。

第 10 章主要讲解 Spring 与事务管理、Spring 的事务管理方式和事务的传播方式,并通过一个实战演练巩固 Spring 的事务管理方式和事务传播方式的相关知识。

第 11 章主要讲解 Spring MVC 的简介、搭建 Spring MVC 的环境、Spring MVC 的工作流程和常用注解及单元测试。

第 12 章主要讲解全局异常处理器、拦截器,以及拦截器链的原理和实现方式。

第 13 章主要讲解 Spring MVC 实现 JSON 交互、RESTful 风格、Swagger 技术及文件上传和下载,并通过一个实战演练巩固文件上传与下载技术的相关知识。

第 14 章主要讲解智慧农业果蔬系统的项目介绍、环境搭建、数据库设计、普通用户功能实现和管理员用户功能实现。

通过对本书的系统学习,读者能够快速掌握 SSM 框架的基本与进阶知识,并通过书中的实战演练巩固书中 SSM 框架的理论知识,从而提高编程与解决问题的能力,为后续在实际开发过程中灵活解决实际问题、提高程序的性能和可维护性,以及提高开发效率奠定基础。

致谢

本书的编写和整理工作由北京千锋互联科技有限公司高教产品部完成,其中主要的参与人员有田生伟、胡春生、陈长伟、燕振刚、柴永菲、苏雪华、吕春林等。除此之外,千锋教育的 500 多名学员参与了教材的试读工作,他们站在初学者的角度对教材提出了许多宝贵的修改意见,在此一并表示衷心的感谢。

意见反馈

在本书的编写过程中,编者虽然力求完美,但难免有一些不足之处,欢迎各界专家和读者朋友们给予宝贵的意见。

编 者
2024 年 4 月于北京

目　　录

第1章 | 初识 SSM 框架

学习目标

视频讲解

- 了解 Spring 框架的概念、发展历程和核心组件,能够描述 Spring 框架的功能及历史背景。
- 了解 Spring MVC 框架的概念、发展历程和核心组件,能够描述 Spring MVC 框架的功能及历史背景。
- 了解 MyBatis 框架的概念、发展历程和核心组件,能够描述 MyBatis 框架的功能及历史背景。
- 掌握 SSM 框架的优缺点,能够通过举例进一步归纳其特点和应用。

SSM(Spring+Spring MVC+MyBatis)框架在企业级 Java EE 开发应用中使用非常广泛,相关技能的需求也在逐步增多。SSM 框架可以帮助开发人员快速高效地开发 Web 应用程序,减少编码工作量,缩短开发周期,提升开发效率。本章将对 SSM 框架的组成及 SSM 框架的优缺点进行讲解。

1.1 SSM 框架

SSM 框架是 Java EE 领域中比较流行的一种后端 Web 应用程序开发框架,它由 Spring、Spring MVC 和 MyBatis 框架整合而成。本节将对 Spring 框架、Spring MVC 框架和 MyBatis 框架的概念、发展历程和核心组件进行讲解。

1.1.1 Spring 框架

1. 基本概念

Spring 框架是一个开源的 Java EE 应用程序框架,它是一个轻量级容器,用于管理 Bean 的生命周期。Spring 框架提供了强大的功能,包括控制反转(Inversion of Control, IoC)、面向切面编程(Aspect Oriented Programming,AOP)及 Web MVC 等。它既可作为独立工具应用于应用程序的开发,也可和其他 Web 应用框架如 Struts、WebWork、Tapestry 等组合使用,还可以与桌面应用程序如 Swing 一起使用。

2. 发展历程

Spring 框架最初由 Rod Johnson 在 2002 年创建。Rod Johnson 为了简化 Java 应用程序的开发,提高代码的重用性和可维护性,开始了 Spring 框架的开发。

最初版本的 Spring 框架仅包含 IoC 容器和 AOP 支持,经过多次版本迭代,它逐渐演变成一个完整的企业应用程序开发框架。开发人员使用 Spring 框架的依赖注入(Dependency

Injection,DI)、AOP、声明式事务管理、数据访问等功能可以构建松耦合、可重用、易于扩展的 Web 应用程序。

Spring 框架一直保持着活跃的开发和更新,不断推出新的功能和模块。作为企业应用程序开发的热门框架之一,Spring 框架在各种规模和类型的企业级应用程序开发中得到了广泛的应用。

3. 核心组件

Spring 框架的核心组件主要包括 Spring Core、Spring AOP、Spring ORM、Spring DAO、Spring Context、Spring Web 和 Spring Web MVC。接下来分别介绍这些关键概念。

(1) Spring Core。Spring Core 提供了 IoC 容器的实现和支持。它负责创建、配置和管理应用程序中的对象,并通过依赖注入的方式实现组件之间的解耦。

(2) Spring AOP。Spring AOP 提供了对面向切面编程的支持。它允许开发人员通过定义切点和切面,将横切关注点(如日志记录、性能监控等)与业务逻辑分离,从而提高代码的模块化程度和可维护性。

(3) Spring ORM。Spring ORM 用于集成和支持各种对象关系映射框架,如 Hibernate、JPA 等。它不仅提供了事务管理、异常转换等功能,还简化了与关系数据库的交互,包括对象关系映射等方面的处理。

(4) Spring DAO。Spring DAO 提供了对数据访问对象(DAO)的支持。它简化了与数据库的交互,提供了一组抽象和实现,用于执行增、删、改、查操作,以及批处理和存储过程调用等数据访问任务。开发人员可以集成各种数据访问技术(如 JDBC、Hibernate、JPA 等)来实现灵活和可扩展的数据访问层。

(5) Spring Context。Spring Context 扩展了 Spring Core,增加了更多的功能,如生命周期管理、事件处理、国际化支持、资源访问等。它提供了一个上下文环境,使得开发人员能够更方便地构建和管理整个应用程序。

(6) Spring Web。Spring Web 提供了与 Servlet API 相关技术的集成,涵盖了 Web 安全、文件上传、WebSockets 等相关的功能和工具,能够帮助开发人员构建多功能的 Web 应用程序。

(7) Spring Web MVC。Spring Web MVC 提供了一种基于 MVC(Model-View-Controller)架构的解决方案,用于构建灵活、可扩展的 Web 应用程序。开发人员可以使用注解或配置文件定义控制器、视图和模型,并实现 Web 请求的处理和响应。

1.1.2 Spring MVC 框架

1. 基本概念

Spring MVC 框架是一个基于 Java 的 Web 应用开发框架,它采用 MVC 设计模式,将应用划分成 3 个核心部分:模型(Model)、视图(View)和控制器(Controller)。Spring MVC 框架通过 DispatcherServlet 类统一管理请求和响应,将请求分发给相应的 Controller 来处理,并最终返回响应结果。Spring MVC 框架支持多种视图技术,如 JSP、Thymeleaf、FreeMarker 等,也可以自定义视图解析器。此外,Spring MVC 还提供了很多其他功能,如表单数据绑定、数据验证、拦截器等,以帮助开发人员更快更方便地构建 Web 应用。

2. 发展历程

2002 年,Java 的 Web 应用程序开发主要使用 Struts 框架,但该框架存在配置烦琐和扩展性不佳等缺陷。因此,Rod Johnson 决定创造一个基于 MVC 设计模式的全新的 Web 框架,可以使开发人员更加便捷地构建 Web 应用程序。

2003 年,Spring 框架整合了 Spring Web MVC 模块,这也标志着 Spring MVC 框架的诞生。Spring Web MVC 通过 DispatcherServlet、Controller、View Resolver 等关键组件实现了 MVC 的基本结构。

2006 年,Spring MVC 2.x 版本引入了注解驱动开发的支持。开发人员能够通过 @Controller 和@RequestMapping 等注解更方便地定义和处理请求映射,从而简化了开发流程。

2009 年,Spring MVC 3.x 版本主要引入了基于 Java 配置代替 XML 配置的方式,以及对 RESTful 风格的支持。此外,还加入了 Flash 属性、异步请求处理等新特性。

2013 年,Spring MVC 4.x 版本引入了对 WebSocket、HTML5 和 Server-Sent Events 等技术的支持。此外,还提供了更强大的资源处理功能和对 HTTP 方法的更精细控制。

2017 年,Spring MVC 5.x 版本与 Spring Framework 5 一同发布,支持 Java 8 及以上版本。其中最重要的改进之一是对 Servlet 4.0 和 Reactive 编程模型的支持,这使得 Spring MVC 框架可以更好地与 Web 容器集成。

Spring MVC 经过多个版本的迭代,逐渐发展成为一个成熟、稳定且功能强大的 MVC 框架,它由于灵活的配置方式、强大的扩展性和良好的社区支持被广泛应用于 Java EE 开发领域。

3. 核心组件和关键功能

Spring MVC 框架的核心组件主要包括 DispatcherServlet、HandlerMapping、Controller、Model、View、HandlerInterceptor,ViewResolver。此外,Spring MVC 还提供了数据绑定和表单处理、异常处理和文件上传等重要功能。接下来分别介绍这些关键概念。

(1) Controller。Controller 是处理请求的组件,它接收来自客户端的请求,处理业务逻辑,然后产生结果。在 Spring MVC 框架中,开发人员可以使用注解或实现特定接口来定义 Controller。

(2) DispatcherServlet。DispatcherServlet 类是 Spring MVC 框架的核心控制器,它拦截并处理所有进入应用程序的请求,负责将请求分发给相应的 Controller 进行处理,同时协调处理结果的渲染。

(3) HandlerMapping。HandlerMapping 负责将请求映射到相应的 Controller。它根据请求的 URL 和其他条件,确定哪个处理器负责处理该请求。

(4) View。View 负责渲染 Model 中的数据,将其呈现给用户。Spring MVC 支持 JSP、Thymeleaf、FreeMarker 等多种视图技术,并将最终的视图结果返回给客户端。

(5) Model。Model 用于封装请求的数据。在处理请求时,Controller 可以将数据存储在 Model 对象中,它们会传递给 View 用于展示数据。

(6) HandlerInterceptor。HandlerInterceptor 可以在不同阶段的请求处理中进行拦截,并执行相应的预处理和后处理操作。HandlerInterceptor 可以用于执行身份验证、日志记录、性能监测等任务。

4

（7）ViewResolver。ViewResolver 用于将逻辑视图名称解析为具体的视图对象。它根据配置和约定找到对应的视图,并为其提供正确的渲染器。

（8）数据绑定和表单处理。Spring MVC 提供了数据绑定功能,可将请求参数绑定到 Controller 方法的参数上。它还提供了表单处理功能,支持表单验证、数据转换、错误处理等。

（9）异常处理。Spring MVC 框架提供了异常处理的机制,可以捕获并处理 Controller 方法中抛出的异常。开发人员可以通过 ExceptionHandler 注解或实现 HandlerExceptionResolver 接口来定义异常处理器。

（10）文件上传。Spring MVC 框架提供了文件上传功能。通过 MultipartResolver 接口,可以解析和处理包含文件上传的请求。

这些核心组件和关键功能共同构成了 Spring MVC 框架的基础架构,通过这些组件,开发人员可以轻松构建灵活、可扩展的 Web 应用程序。

1.1.3 MyBatis 框架

1. 基本概念

MyBatis 是一款开源的 Java 持久层框架,它可以通过 XML 文件或注解等方式来配置 SQL 语句和对象映射关系,使得 Java 应用程序可以更加方便地访问关系数据库中的数据。MyBatis 支持 MySQL、Oracle、SQL Server 等多种数据库,同时也提供了丰富的功能和特性,如缓存、事务管理、动态 SQL 等。

MyBaits 是一款优秀的 ORM(Object Relational Mapping,对象关系映射)框架。ORM 是一种解决面向对象模型与关系数据库中字段名不匹配的技术,是数据库访问的桥梁。只要提供持久化类与数据库表之间的映射关系,ORM 框架在运行时就能参照映射文件的信息,把对象持久化到数据库中。

2. 发展历程

MyBatis 框架由 Clinton Begin 在 2001 年创建,当时的 MyBatis 被称为 iBATIS。iBATIS 框架最初是为解决 Java 程序与关系数据库之间的映射问题而创建,旨在提供一种更加灵活和可控的方式来访问数据库。

2005 年,iBATIS 成为 Apache 软件基金会的正式项目,并得到了广泛的应用和认可。随着时间的推移,iBATIS 逐渐演化成了一个功能强大且易于使用的持久层框架,并支持多种数据库类型和环境。

2010 年,iBATIS 框架发布了 3.0 版本,此版本对框架进行了重新设计和重构,同时也正式更名为 MyBatis。MyBatis 保留了 iBATIS 的核心优势,并引入了新的特性和功能,如动态 SQL、本地缓存等,进一步提高了框架的性能和灵活性。

目前,MyBatis 框架已经成了 Java 持久层框架中常用的框架之一,被广泛应用于各类 Java EE 应用程序开发中。

3. 核心组件

MyBatis 框架的核心组件主要包括 SqlSessionFactory、SqlSession、Mapper 接口以及配置信息 Configuration。此外,MyBatis 提供了强大的 SQL 映射、执行器、参数映射、结果映射、自动映射和二级缓存等功能,用于更便捷地执行数据库操作、映射对象和数据库记录。

接下来分别介绍这些关键概念。

（1）SQL 映射。SQL 映射是指 MyBatis 中用于描述数据库操作的 XML 文件，可以通过定义 SQL 语句和映射关系来实现数据的 CRUD（create、read、update、delete）操作。

（2）Executor。Executor 是 MyBatis 框架中负责执行 SQL 语句的组件，它根据不同的情况选择合适的执行方式，如直接执行 SQL 语句、批量执行 SQL 语句等。

（3）Parameter Mapping。Parameter Mapping 的作用是将 MyBatis 框架中的 Java 对象与 SQL 语句参数进行映射，开发人员可以使用占位符 \${}、♯{}等方式将 Java 对象和 SQL 查询参数对应起来。

（4）Result Mapping。Result Mapping 的作用是将 MyBatis 框架中的 SQL 查询结果映射到 Java 对象，开发人员可以使用列名或别名等方式将查询结果与 Java 对象的属性对应起来。

（5）Auto Mapping。Auto Mapping 是 MyBatis 中一种简便的结果映射方式，它会自动将查询结果映射到 Java 对象的属性。需要注意的是，查询结果的列名与 Java 对象属性名必须相同。

（6）二级缓存。

二级缓存是 MyBatis 中的一种缓存机制，它可以在应用程序和数据库之间缓存 SQL 查询的结果，在下次查询时直接从缓存中获取数据，从而提高应用程序的性能。

上述是 MyBatis 框架的核心组件和关键功能，了解这些核心组件和关键功能可以帮助读者更深入地理解和使用 MyBatis 框架，并能够更好地利用这些功能来构建高质量的 Java EE 应用程序。

1.2 SSM 框架的优缺点

SSM 框架集成了 Spring、Spring MVC 和 MyBatis 框架的优点，为 Java EE 应用程序提供了快速、灵活、高效的开发解决方案。所有技术都有其优点和缺点，接下来将探讨 SSM 框架的优缺点。

1. 优点

（1）高度整合性：SSM 框架整合了 Spring、Spring MVC 和 MyBatis 三个框架的优点，可以提供完整的 Web 应用程序开发解决方案。

（2）易于维护：通过 SSM 框架进行开发，可以将业务逻辑、数据访问和 Web 层分离开来，便于维护和升级。

（3）灵活性高：SSM 框架支持 AOP、事务管理等多种配置方式，开发人员可以根据实际需求选择合适的方式。

（4）易于扩展：SSM 框架采用模块化设计，开发人员可以很容易地添加新的模块或组件。

（5）高性能：通过 Spring 的 DI 和 AOP 功能，以及 MyBatis 框架的二级缓存和本地缓存机制，可以提高应用程序的性能。

2. 缺点

（1）学习曲线长：SSM 框架整合了 3 个框架，开发人员需要投入时间和精力才能掌握。

（2）配置复杂：SSM框架需要进行大量的配置，配置不当可能会导致应用程序问题。

（3）需要Java基础：SSM框架需要开发人员具备一定的Java和Web开发经验，否则可能会影响开发效率。

综上所述，SSM框架是一款功能强大、灵活性高、易于维护和扩展的Java EE应用程序开发框架，但其学习曲线长、配置较为烦琐、对开发人员要求较高等缺点也需要开发人员自身不断学习。

1.3 本章小结

本章首先介绍了SSM框架的概念，然后针对组成SSM框架的Spring框架、Spring MVC框架和MyBatis框架的基本概念、发展历程和核心组件进行了讲解，最后讲解了SSM框架的优缺点。本章初步带领读者了解和领略SSM框架的魅力，为后续学习SSM框架的进阶和高阶知识打下基础。

1.4 习 题

一、填空题

1. SSM是_____、_____、_____的缩写。

2. 在SSM框架中，_____框架是连接数据库的桥梁。

3. Spring框架的两个核心思想IoC和_____。

4. Spring MVC将应用分成3个部分，分别是Model、_____和_____。

5. Spring MVC框架的核心控制器是_____。

二、选择题

1. 下列选项中，不属于SSM框架中的组件的是（　　）。
   A. Spring　　　　　　B. Struts　　　　　　C. MyBatis　　　　　　D. 全部

2. 下列选项中，属于Spring框架的核心组件的是（　　）。
   A. IoC　　　　　　B. DI　　　　　　C. Bean　　　　　　D. Spring Core

3. 在Spring MVC框架中，下列哪个组件负责解析视图？（　　）
   A. View　　　　　　　　　　　　B. Controller
   C. DispatcherServlet　　　　　　D. ModelAndView

4. 在Mybatis框架中，SQL语句与Java代码之间的映射是通过下列哪个组件实现的？（　　）
   A. SQL Mapper　　　　　　　　B. SQL Interceptor
   C. ResultSet Handler　　　　　　D. Executor

5. 在Spring MVC框架中，下列由View层负责的是（　　）。
   A. 解析视图　　　B. 处理请求　　　C. 匹配映射　　　D. 处理异常

三、简答题

1. 请简述SSM框架的各部分组成。

2. 请简述SSM框架的优缺点。

第2章 MyBatis 基础

学习目标

视频讲解

- 了解 MyBatis 的基本概念,能够准确描述其发展历程和特性。
- 了解 MyBatis 的功能架构,能够绘制 MyBatis 的功能架构图。
- 理解 MyBatis 的工作流程和核心组件,能够灵活运用 SqlSessionFactory 和 SqlSession 接口中的方法。
- 掌握 MyBatis 的配置文件的使用方法和规范,能够灵活编写配置文件。
- 掌握 MyBatis 的下载和使用方法,能够完成 MyBatis 框架的下载和导入。

Java 程序依靠 JDBC 实现对数据库的操作,但是在大型企业项目中,由于程序与数据库交互次数的增多以及读写数据量的增大,仅仅使用 JDBC 操作数据库无法满足性能要求,同时,JDBC 的使用也会带来代码冗余、复用性低等问题。因此,企业级开发中一般使用 MyBatis 框架操作数据库。本章将带领读者学习 MyBatis 框架的基础部分,包括 MyBatis 概述、MyBatis 的下载和导入、核心组件和核心配置文件。最后,通过一个 MyBatis 应用示例以巩固对 MyBatis 开发流程的理解。

2.1 MyBatis 概述

MyBatis 是一款广泛应用于 Java EE 开发的对象关系映射框架和持久层框架。本节将对 MyBatis 的发展历程、功能架构和工作流程进行详细讲解。

2.1.1 MyBatis 的发展历程

MyBatis 是一款优秀的 Java 持久层框架,最早的版本发布于 2001 年,当时的名字为 iBatis。

2010 年 6 月,iBatis 正式成为 Apache 软件基金会的顶级项目,并更名为 MyBatis。MyBatis 在这一时期增加了存储过程、事务管理和高级映射等功能和特性。

2013 年 11 月,MyBatis 发布了 3.0 版本,引入了动态 SQL 和配置简化等新功能和特性。

2016 年 9 月,MyBatis 发布了 3.4 版本,这是一个相对较大的版本更新,增加了 Lambda 表达式、流式映射和内联映射等重要特性。

2021 年 1 月,MyBatis 发布了 4.x 系列版本,这个版本的更新主要集中在性能提升、更好的类型处理和更好的流式支持等方面。

MyBatis 框架经过持续不断的发展和改进,目前已经成为一款流行的 Java 持久层框架。

2.1.2　功能架构

为了深入了解 MyBatis 框架的内部功能及特性,本节将详细讲解 MyBatis 框架的功能架构(图 2-1)。

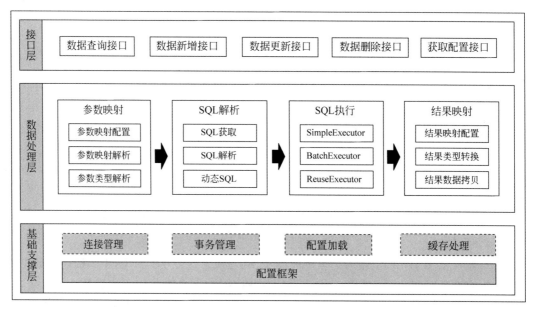

图 2-1　MyBatis 的功能架构

从图 2-1 中可以看出,Mybatis 的功能架构可以分为 3 个主要层次,每个层次承担着特定的职责,具体如下。

(1) 接口层:提供给外部使用的接口 API。开发人员通过这些本地 API 来操纵数据库。当接口层接收到调用请求后,将其传递给数据处理层,以完成具体的数据操作。

(2) 数据处理层:它的主要目的是根据接口层传递来的请求,完成数据库操作。该层负责具体的 SQL 查找、SQL 解析、SQL 执行和执行结果映射处理等工作。

(3) 基础支撑层:负责支撑基础的连接管理、事务管理、配置加载和缓存处理等功能,这些共用的东西抽取出来作为基础的组件,为上层的数据处理层提供必要的支持。

MyBatis 的功能架构具有清晰的分层结构,并实现了各层之间的协作配合,使其成为数据库访问方面高效、灵活且可扩展的解决方案。

2.1.3　工作流程

掌握 MyBatis 的工作流程对于使用和优化 MyBatis 框架至关重要。MyBatis 的工作流程如图 2-2 所示。

从图 2-2 中可以看出,MyBatis 的工作流程可以总结为以下 4 个步骤。

(1) 解析配置文件:解析 mybatis-config.xml 配置文件,生成 Configuration 对象和 MappedStatement 对象。这一步骤负责将配置文件中的各项设置解析为 MyBatis 框架内部的配置对象,并生成映射语句对应的 MappedStatement 对象。

(2) 创建会话工厂:通过使用 SqlSessionFactoryBuilder 接口并根据 mybatis-config.xml

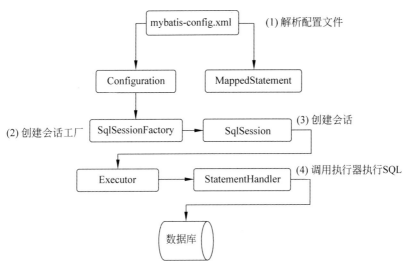

图 2-2　MyBatis 的工作流程

配置文件或者代码来生成 SqlSessionFactory 对象。SqlSessionFactory 作为工厂模式的产物,是 MyBatis 框架中的核心对象,负责创建和管理 SqlSession 对象。

(3) 创建会话:拥有了会话工厂,MyBatis 就可以通过工厂模式创建 SqlSession 会话。SqlSession 是一个接口,该接口中包含了对数据库操作的增、删、改、查等方法。通过 SqlSession,开发人员可以便捷地与数据库进行交互,并执行 SQL 语句。

(4) 调用执行器执行 SQL:SqlSession 接口并不能直接操作数据库,需要借助 Executor 来执行操作,从而进一步封装 SQL 对象。Executor 将待处理的 SQL 信息封装到一个 MappedStatement 对象中,该对象包括 SQL 语句、输入参数映射信息和输出结果映射信息。最终,Executor 通过 JDBC 实现对数据库的访问与操作。

深入理解上述 4 个步骤,能够帮助读者更全面地掌握 MyBatis 的工作流程,从而更加灵活、高效地利用该框架进行数据库操作和管理。这些步骤的顺序和相互关系构成了 MyBatis 框架的核心运作机制,为系统的数据库持久化提供了可靠的基础。

2.2　MyBatis 的下载和导入

由于 MyBatis 由第三方组织提供,因此,在使用 MyBatis 之前,首先要获取相应的 JAR 包。本书基于 MyBatis 3.5.6 版本进行讲解,该版本经过多项修复和改进,提供了更高的稳定性和性能。MyBatis 的下载步骤如下。

(1) 使用浏览器访问 MyBatis 的 GitHub 开源网址,进入 MyBatis 的下载页面,单击 mybatis-3.5.6.zip 超链接即可下载 MyBatis-3.5.6 的压缩包,如图 2-3 所示。

(2) 将下载好的 mybatis-3.5.6.zip 文件解压到 D:\mybatis-3.5.6,读者可以根据实际情况选择自定义目录进行解压,此时获得名称为 mybatis-3.5.6 的文件夹。打开该文件夹,可以看到 MyBatis 的目录结构,具体如图 2-4 所示。

图 2-4 中,lib 文件夹存放 MyBatis 运行依赖的 JAR 包,mybatis-3.5.6.jar 是 MyBatis 的核心类库,mybatis-3.5.6.pdf 是 MyBatis 的参考文档。在实际使用过程中,只需要将 mybatis-3.5.6.jar 包复制到 Java EE 项目的 lib 目录中即可。

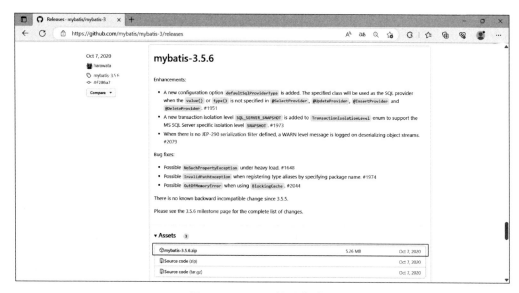

图 2-3　MyBatis 的下载页面

图 2-4　MyBatis 的目录结构

2.3　核 心 组 件

在使用 JDBC 操作数据库时,由于需要频繁处理注册驱动、获取连接、创建语句、执行语句、释放资源等重复性的代码,从而导致开发效率低下。为了解决这一问题,MyBatis 框架提供了一组方便开发人员操作数据库的核心组件,避免硬编码和重复编译代码。本节将对 MyBatis 核心组件中的 SqlSessionFactory 接口和 SqlSession 接口的使用方法进行详细讲解。

2.3.1　SqlSessionFactory 接口

SqlSessionFactory 是 MyBatis 框架中重要的接口之一,它负责管理 MyBatis 的配置信息和映射信息,并根据这些信息创建 SqlSession 对象,进而与数据库进行交互。此外,SqlSessionFactory 接口还可以通过 openSession()方法提供事务管理和事务传播等功能,从而提高了数据库操作的性能和可靠性。openSession()方法的参数有多种形式,详细说明如表 2-1 所示。

表 2-1　SqlSessionFactory 接口中的 openSession()方法

方 法 名 称	说　　明
SqlSession openSession()	开启一个连接,开启后事务的传播方式将使用默认设置
SqlSession openSession(boolean autoCommit)	参数 autoCommit 用于设置是否自动提交
SqlSession openSession(Connection connection)	使用连接的参数进行配置
SqlSession openSession(TransactionIsolationLevel level)	指定连接事务的隔离级别
SqlSession openSession(ExecutorType execType)	指定执行器类型
SqlSession openSession(ExecutorType execType, boolean autoCommit)	指定执行器类型和是否自动提交
SqlSession openSession(ExecutorType execType, Connection connection)	指定执行器类型和连接

表 2-1 列举了不同参数形式的 openSession()方法,开发人员可以在实际场景中灵活创建适合需求的 SqlSession 实例,以便更好地管理事务和进行数据库操作。

2.3.2　SqlSession 接口

SqlSession 是 Mybatis 框架中的另一个重要接口,类似于 JDBC 中的 Connection 对象,是整个 MyBatis 运行的核心。SqlSession 提供了 selectOne()、selectList()、insert()、update()和 delete()等多种方法,用于执行不同类型的 SQL 语句。在 MyBatis 框架中,所有的数据库交互都由 SqlSession 来完成。此外,SqlSession 接口还提供了提交事务、回滚事务、获取数据库连接等方法。SqlSession 接口中的方法详细说明如表 2-2 所示。

表 2-2　SqlSession 接口中的方法

方 法 名 称	说　　明
T selectOne(String var1)	执行单条记录的查询操作,须传入执行查询的方法,返回映射的对象
T selectOne(String var1,Object var2)	执行单条记录的查询操作,须传入查询的方法和参数,返回映射的对象
List < E > selectList(String var1)	执行多条记录的查询操作,须传入查询方法,返回查询结果的集合
List < E > selectList(String var1,Object var2)	执行多条记录的查询操作,须传入查询方法和参数,返回查询结果的集合
Map < K,V > selectMap(String var1, String var2)	执行查询操作,返回一个映射查询结果的 Map 集合
Map < K,V > selectMap(String var1, Object var2,String var3)	执行查询操作,须传入查询的方法和参数,返回 Map 集合
int insert(String var1)	执行插入操作,须传入映射文件中的方法名,返回数据库中受影响的数据行数
int insert(String var1,Object var2)	执行插入操作,须传入映射文件中的方法名和参数对象,返回数据库中受影响的数据行数

方 法 名 称	说　　明
int update(String var1)	执行更新操作,须传入映射文件中的方法名,返回数据库中受影响的数据行数
int update(String var1,Object var2)	执行更新操作,须传入映射文件中的方法名和参数对象,返回数据库中受影响的数据行数
int delete(String var1)	执行删除操作,须传入映射文件中的方法名,返回数据库中受影响的数据行数
int delete(String var1,Object var2)	执行参数操作,须传入映射文件中的方法名和参数对象,返回数据库中受影响的数据行数
commit()	提交事务
commit(boolean var1)	var1默认为false,参数值为true时表示强制提交
rollback()	回滚
rollback(boolean var1)	强制回滚
close()	关闭SqlSession对象
T getMapper(Class<T>var])	获取映射器

表2-2中提及的映射文件是指定义SQL语句和Java方法之间映射关系的XML文件,3.1节会详细介绍映射文件的概念及结构。

SqlSession是MyBatis中的一个核心接口,它是应用程序与数据库之间的桥梁,通过SqlSession可以执行SQL语句、管理事务、管理缓存和进行对象映射等,不仅保证了数据的一致性和完整性,而且还提高了开发效率和应用程序的性能。

2.4　核心配置文件

MyBatis的核心配置文件通常以mybatis-config.xml命名,主要用于配置MyBatis的全局属性和设置各种属性的默认值,也是实现MyBatis功能的重要保证。本节将对MyBatis的核心配置文件结构及其常用的标签配置和使用方式进行讲解。

2.4.1　配置文件结构

MyBatis的配置文件对MyBatis的整个运行体系产生影响,它包含了很多控制MyBatis功能的重要信息,例如数据库连接信息、MyBatis运行时所需的各种特性,以及设置和响应MyBatis行为等属性。MyBatis严格规定了其配置文件的层次结构,确保配置的有效性和一致性。通常情况下,MyBatis的配置文件命名为mybatis-config.xml,基本文件结构如下所示。

```xml
<?xml version = "1.0" encoding = "UTF-8"?>
<!DOCTYPE configuration PUBLIC "-//mybatis.org//DTD Config 3.0//EN"
    "http://mybatis.org/dtd/mybatis-3-config.dtd">
<configuration>
  <!-- 配置数据源 -->
  <environments default = "">
    <environment id = "">
      <transactionManager type = "JDBC" />
```

```xml
            < dataSource type = "POOLED">
              < property name = "driver" value = "" />
              < property name = "url" value = "" />
              < property name = "username" value = "" />
              < property name = "password" value = "" />
            </dataSource >
          </environment >
        </environments >
        <!-- 配置映射器 -->
        < mappers >
          < mapper resource = "" />
        </mappers >
        <!-- 配置全局属性 -->
        < properties >
          < property name = "cacheEnabled" value = "true" />
          < property name = "logImpl" value = "STDOUT_LOGGING" />
        </properties >
        <!-- 配置类型别名 -->
        < typeAliases >
          < typeAlias type = "" alias = "" />
        </typeAliases >
        <!-- 配置对象工厂 -->
        < objectFactory type = "">
          < property name = "" value = "" />
          < property name = "" value = "" />
        </objectFactory >
      </configuration >
```

上述代码展示了 MyBatis 配置文件中的各个元素,这些元素在实现支撑 MyBatis 运行所需的关键功能方面发挥着重要作用。接下来将对这些元素进行详细解析,并介绍它们的用法和作用。

2.4.2 < properties >元素

< properties >元素主要用于定义属性键值对,例如配置数据库的驱动、地址、连接名和密码等。MyBatis 中< properties >元素有两种配置方式:通过< property >子元素和通过 properties 文件。接下来将对这两种配置方式进行详细讲解。

1. 通过< property >子元素

在 MyBatis 配置文件中添加< properties >元素,具体代码如下。

```xml
      < properties >
        < property name = "driver" value = "com.mysql.jdbc.Driver"/>
        < property name = "url" value = "jdbc:mysql://localhost:3306/textbook"/>
        < property name = "username" value = "root"/>
        < property name = "password" value = "root"/>
      </properties >
```

上述代码中,4 个< property >元素分别定义了 4 个属性:driver、url、username、password,它们可以在其他元素中通过占位符 $ {} 引用。例如,在< dataSource >元素中可以使用 $ {driver}引用 driver 属性的值,具体代码如下。

14

```
< dataSource type = "POOLED">
    < property name = "driver" value = " $ {driver}"/>
    < property name = "url" value = " $ {url}"/>
    < property name = "username" value = " $ {username}"/>
    < property name = "password" value = " $ {password}"/>
</dataSource >
```

上述代码中,$ {}表示引用< properties >的子元素< property >的内容,如此一来,
< properties >通过子元素< property >实现了参数传递。

2. 通过 properties 文件

新建一个 Java EE 项目 chapter03,在 resources 目录下新建 db. properties 文件,具体代码如下。

```
jdbc.Driver = com.mysql.cj.jdbc.Driver
jdbc.Url = jdbc:mysql:                          //localhost:3306/textbook
jdbc.Username = root
jdbc.Password = root
```

在 MyBatis 的配置文件中添加< properties >元素,使用 resource 属性引入 db. properties 文件,具体代码如下所示。

```
< properties resource = "db. properties"/>
```

此时,< dataSource >元素中的 value 属性便可以使用 $ {}引用外部文件 db. properties 中的信息,具体代码如下所示。

```
< dataSource type = "POOLED">
        < property name = "driver" value = " $ {jdbc. Driver}"/>
        < property name = "url" value = " $ {jdbc. Url}"/>
        < property name = "username" value = " $ {jdbc. Username}"/>
        < property name = "password" value = " $ {jdbc. Password}"/>
</dataSource >
```

如此一来,< properties >元素便通过 properties 文件实现了参数配置。

MyBatis 支持< property >子元素和 properties 文件两种配置形式同时存在。当两种配置形式同时出现时,MyBatis 将会按照以下顺序加载属性配置。

(1) 读取在< properties >元素体内指定的属性。

(2) 根据< properties >元素中的 resource 属性读取类路径下的属性文件,或者根据 url 属性指定的路径读取属性文件,并覆盖已读取的同名属性。

(3) 读取作为方法参数传递的属性,并覆盖已读取的同名属性。

通过方法参数传递的属性具有最高优先级,resource 和 url 属性中指定的配置文件次之,最低优先级的是< properties >元素中指定的属性。

2.4.3 < settings >元素

< settings >元素用于指定 MyBatis 的一些全局配置属性,这些属性会影响 MyBatis 的运行时状态和行为,了解这些属性的作用及默认值有助于更好地使用 MyBatis 框架完成开发。< settings >元素的常用配置如表 2-3 所示。

表 2-3 ＜settings＞元素的常用配置

参 数 名 称	说　明	有 效 值	默 认 值
cacheEnabled	该配置影响的所有映射器中配置的缓存的全局开关	TRUE、FALSE	TRUE
lazyLoadingEnabled	延迟加载的全局开关。当开启时,所有关联对象都会延迟加载。特定关联关系中可通过设置 fetchType 属性来覆盖该项的开关状态	TRUE、FALSE	FALSE
multipleResultSetsEnabled	是否允许单一语句返回多结果集	TRUE、FALSE	TRUE
useGeneratedKeys	允许 JDBC 支持自动生成主键,需要驱动兼容。如果设置为 true 则这个设置强制使用自动生成主键	TRUE、FALSE	FALSE
defaultExecutorType	配置默认的执行器。SIMPLE 表示是普通的执行器,REUSE 表示执行器会重用预处理语句,BATCH 表示执行器将重用语句并执行批量更新	SIMPLE、REUSE、BATCH	SIMPLE
mapUnderscoreToCamelCase	是否开启自动驼峰命名规则映射,即从经典数据库列名 A_COLUMN 到经典 Java 属性名 aColumn 的类似映射	TRUE、FALSE	FALSE
jdbcTypeForNull	当没有为参数指定特定的 JDBC 类型时,为空值指定 JDBC 类型	NULL、VARCHAR、OTHER	OTHER

表 2-3 列出了＜settings＞元素常用的配置项,此处给出一个配置样例,具体代码如下。

```
< settings >
  < setting name = "cacheEnabled" value = "true"/>
  < setting name = "lazyLoadingEnabled" value = "true"/>
  < setting name = "multipleResultSetsEnabled" value = "true"/>
  < setting name = "useColumnLabel" value = "true"/>
  < setting name = "useGeneratedKeys" value = "false"/>
  < setting name = "autoMappingBehavior" value = "PARTIAL"/>
  < setting name = "defaultExecutorType" value = "SIMPLE"/>
  < setting name = "defaultStatementTimeout" value = "25"/>
  < setting name = "defaultFetchSize" value = "100"/>
  < setting name = "safeRowBoundsEnabled" value = "false"/>
  < setting name = "mapUnderscoreToCamelCase" value = "false"/>
  < setting name = "localCacheScope" value = "SESSION"/>
  < setting name = "jdbcTypeForNull" value = "OTHER"/>
  < setting name = "lazyLoadTriggerMethods"
  value = "equals,clone,hashCode,toString"/>
</ settings >
```

以上是＜settings＞配置元素的具体使用方法,读者可以参照表 2-3 理解并按需学习。其中,cacheEnabled 和 lazyLoadingEnabled 属性在实际业务场景中使用比较多。

2.4.4　＜typeAliases＞元素

＜typeAliases＞元素用于配置类型别名,它的作用是为 Java 类设置一个短的别名,以便

在映射文件中使用时不必写全限定类名。通过使用类型别名,可以使映射文件更加简洁和
易读。使用< typeAliases >元素设置类型别名的示例代码如下。

```
< typeAliases >
  < typeAlias alias = "Author" type = "com.qfedu.pojo.Author"/>
  < typeAlias alias = "Tag" type = "com.qfedu.pojo.Tag"/>
</typeAliases >
```

上述代码中,通过< typeAliases >元素配置类型别名,为 com.qfedu.pojo.Author 类设
置了别名 Author,为 com.qfedu.pojo.Tag 类设置了别名 Tag。通过这样的配置,可以在
MyBatis 映射文件中使用 Author 和 Tag 这两个别名代替完整的类名 com.qfedu.pojo
.Author 和 com.qfedu.pojo.Tag,从而简化代码,提高了代码的可读性和维护性。除此之
外,还可以使用< package >属性批量配置类型别名,示例代码如下。

```
< typeAliases >
  < package name = "com.qfedu.pojo"/>
</typeAliases >
```

通过上述代码的配置,MyBatis 会在 com.qfedu.pojo 包下搜索所有的 JavaBean,并使用非
全限定类名的首字母小写作为它们的别名。例如,com.qfedu.pojo.Author 的别名将为 author。
如果某个 JavaBean 类上有@Alias 注解,别名将会使用注解的值,示例代码如下。

```
@Alias(value = "auth")
public class Author{
…
}
```

上述代码中,@Alias 注解的 value 属性用于指定 Author 类的别名为 auth。

为了方便开发,MyBatis 为一些 Java 常用的类型提供了别名,具体如表 2-4 所示。

表 2-4　MyBatis 为 Java 常用的类型提供的别名

别　　名	映射的类型	别　　名	映射的类型
_byte	byte	double	Double
_long	long	float	Float
_short	short	boolean	Boolean
_int	int	date	Date
_integer	int	decimal	BigDecimal
_double	double	bigdecimal	BigDecimal
_float	float	object	Object
_boolean	boolean	map	Map
string	String	hashmap	HashMap
byte	Byte	list	List
long	Long	arraylist	ArrayList
short	Short	collection	Collection
int	Integer	iterator	Iterator
integer	Integer		

使用表 2-4 所示的别名可以简化代码,提高开发效率,使 MyBatis 的配置更加清晰和易
于维护。

2.4.5 ＜typeHandlers＞元素

＜typeHandlers＞元素用于指定 Java 类型和数据库类型之间的映射关系。通过在映射文件中使用＜typeHandlers＞元素,可以为 Java 类型指定自定义的 TypeHandler。当程序执行 SQL 查询或更新数据时,MyBatis 就可以使用指定的 TypeHandler 将 Java 类型转换为数据库系统中的数据类型(以下简称数据库类型),或者将数据库类型转换为 Java 类型。在MyBatis 中,每个 Java 类型都会有一个默认的 TypeHandler 处理该类型的转换。常用的 TypeHandler 如表 2-5 所示。

表 2-5　常用的 TypeHandler

类型处理器	类　　型	数据库类型
BooleanTypeHandler	java.lang.Boolean,boolean	数据库兼容的 BOOLEAN
ByteTypeHandler	java.lang.Byte,byte	数据库兼容的 NUMERIC 或 BYTE
ShortTypeHandler	java.lang.Short,short	数据库兼容的 NUMERIC 或 SHORT INTEGER
IntegerTypeHandler	java.lang.Integer,int	数据库兼容的 NUMERIC 或 INTEGER
LongTypeHandler	java.lang.Long,long	数据库兼容的 NUMERIC 或 LONG INTEGER
FloatTypeHandler	java.lang.Float,float	数据库兼容的 NUMERIC 或 FLOAT
DoubleTypeHandler	java.lang.Double,double	数据库兼容的 NUMERIC 或 DOUBLE
BigDecimalTypeHandler	java.math.BigDecimal	数据库兼容的 NUMERIC 或 DECIMAL
StringTypeHandler	java.lang.String	CHAR,VARCHAR
ClobTypeHandler	java.lang.String	CLOB,LONGVARCHAR
NStringTypeHandler	java.lang.String	NVARCHAR,NCHAR
NClobTypeHandler	java.lang.String	NCLOB
ByteArrayTypeHandler	byte[]	数据库兼容的字节流类型
BlobTypeHandler	byte[]	BLOB,LONGVARBINARY
DateTypeHandler	java.util.Date	TIMESTAMP
DateOnlyTypeHandler	java.util.Date	DATE
TimeOnlyTypeHandler	java.util.Date	TIME
SqlTimestampTypeHandler	java.sql.Timestamp	TIMESTAMP
SqlDateTypeHandler	java.sql.Date	DATE
SqlTimeTypeHandler	java.sql.Time	TIME
ObjectTypeHandler	Any	OTHER 或未指定类型

表 2-5 列出了不同的类型处理器以及它们对应的 Java 数据类型和数据库类型。类型处理器在 MyBatis 中负责处理 Java 数据类型与数据库数据类型之间的转换,确保数据在传递过程中的正确映射。这些类型处理器使得 MyBatis 能够在不同类型之间进行无缝的数据转换,从而保证数据的准确性和一致性。

通常情况下,MyBatis 内部定义的 TypeHandler 可以满足大多数场景的需要,但是,如果出现这些 TypeHandler 无法满足需求的特殊情景,开发人员必须通过自定义 TypeHandler 来解决。自定义 TypeHandler 分为两个环节:自定义一个 TypeHandler 类并实现 TypeHandler 接口或继承 BaseTypeHandler 类;把自定义的 TypeHandler 类配置到 MyBatis 的配置文件中。具体步骤如下。

(1)创建自定义类型处理器 ExampleTypeHandler 并继承 BaseTypeHandler,具体代

码如下所示。

```java
public class ExampleTypeHandler extends BaseTypeHandler < String >{
@Override
public void setNonNullParameter(PreparedStatement ps,int i,String
parameter,JdbcType jdbcType) throws SQLException {
    ps.setString(i,parameter);
}
@Override
public String getNullableResult(ResultSet rs,String columnName)
throws SQLException{
    return rs.getString(columnName);
}
@Override
public String getNullableResult(ResultSet rs,int columnIndex) throws
SQLException{
    return rs.getString(columnIndex);
}
@Override
public String getNullableResult(CallableStatement cs,int columnIndex)
throws SQLException{
    return cs.getString(columnIndex);
}
}
```

(2) 编写完上述代码后,需要通过< typeHandlers >元素将类型处理器配置到 MyBatis 中,具体代码如下。

```xml
< typeHandlers >
    < typeHandler handler = "org.mybatis.example.ExampleTypeHandler"/>
</typeHandlers >
```

上述代码中,< typeHandler >元素指定一个类型处理器,其 handler 属性指定 TypeHandler 类的全限定类名。

当一个包下有多个 TypeHandler 类时,可以通过自动扫描包的方式注册 TypeHandler,具体代码如下。

```xml
< typeHandlers >
    < package name = "com.qfedu.handler"/>
</typeHandlers >
```

上述代码中,< package >元素指定要自动扫描的包,位于该包下的 TypeHandler 类将被 MyBatis 识别。

2.4.6 < objectFactory >元素

MyBatis 中的< objectFactory >元素用于指定自定义的对象工厂,以便在 MyBatis 创建结果对象时使用该工厂,对象工厂负责创建数据库并查询结果映射的 Java 对象。

MyBatis 每次创建结果对象的新实例时,都会使用对象工厂(Object Factory)实例来完成。默认的对象工厂需要实例化目标类,一种方式是通过默认构造方法,另一种方式是在参数映射存在的时候通过参数构造方法来实例化。如果想覆盖对象工厂的行为,则可以通过创建自定义对象工厂来实现,具体代码如下。

```
public class MyObjectFactory implements ObjectFactory {
    @Override
    public <T> T create(Class<T> type) {
        // 创建对象并返回
    }
}
```

编写完 MyObjectFactory 类后,需要通过<objectFactory>元素将该类配置到 MyBatis 的配置文件中,具体代码如下。

```
<objectFactory type = "org.mybatis.example.ExampleObjectFactory">
</objectFactory>
```

上述代码中,<objectFactory>元素用于指定 ObjectFactory,type 属性指定 ObjectFactory 类的全限定类名。

2.4.7 <environments>元素

在 MyBatis 中,<environments>元素用于配置数据库环境,而每个数据库环境的具体配置则由子元素<environment>来定义。一个<environments>元素可以包含多个<environment>子元素,每个<environment>子元素可以定义一个独立的数据库环境。

<environment>子元素包含两个重要的子标签:<dataSource>和<transactionManager>,分别用于配置数据源和事务管理器。数据源用于配置数据库连接信息,包括数据库驱动类、数据库连接 URL、用户名和密码等。事务管理器用于配置数据库事务的管理方式,可以使用 JDBC 事务或者容器管理的全局事务,示例代码如下。

```
1   <environments default = "development">
2     <environment id = "development">
3       <!-- 数据源配置 -->
4       <dataSource type = "POOLED">
5         <property name = "driver" value = "${driverClass}"/>
6         <property name = "url" value = "${url}"/>
7         <property name = "username" value = "${username}"/>
8         <property name = "password" value = "${password}"/>
9       </dataSource>
10      <!-- 事务管理器配置 -->
11      <transactionManager type = "JDBC"/>
12    </environment>
13  </environments>
```

上述代码中,第 1 行代码中的<environments>元素是配置运行环境的根元素,其 default 属性用于指定默认环境的 id 值,一个<environments>元素下可以有多个<environment>子元素;第 2 行代码中的<environment>元素用于定义一个运行环境,其 id 属性用于设置所定义环境的 id 值;第 4 行代码中的<dataSource>元素用于配置数据源,其 type 属性用于指定数据源的类型;第 11 行代码中的<transactionManager>元素用于配置事务管理器,其 type 属性用于指定事务管理器的类型,此处为 JDBC 事务。

📖 **拓展阅读：3 种数据源类型的概念及特点**

1. UNPOOLED

UNPOOLED 数据源的实现是在每次需要连接时动态打开或关闭连接,对于不需要高性能的应用场景是一种很好的选择。

2. POOLED

POOLED 数据源的实现采用连接池的概念将 JDBC 连接对象组织起来,避免了创建新的连接实例时所必需的初始化和认证时间。这是快速响应请求的一种处理方式。

3. JNDI

JNDI 数据源的实现是为了能在 EJB 或应用服务器这类容器中使用,容器可以在中央位置或在外部配置数据源,然后通过 JNDI 上下文引用来访问。这种方式有助于更好地管理数据源在容器环境中的使用。

2.4.8 <mappers>元素

在 MyBatis 的配置文件中,<mappers>元素用于配置多个映射文件,它通常包含一个或多个<mapper>子元素,每个<mapper>子元素引入一个映射文件。映射文件包含了 POJO 对象和数据表之间的映射信息,<mappers>元素引导 MyBatis 找到映射文件并解析其中的映射信息。

通过<mappers>元素引入映射文件有 4 种方法:使用包名引入、使用类路径引入、使用本地文件路径引入和使用接口类引入,具体介绍如下。

1. 使用包名引入

通过<package>元素中的 name 属性指定包名,MyBatis 将自动扫描该包下的所有映射文件。这种方式通常用于批量引入多个映射文件,具体代码如下。

```
<!-- 将包内的映射器接口实现全部注册为映射器 -->
<mappers>
<package name = "com.qfedu.mapper"/>
</mappers>
```

2. 使用类路径引入

通过<mapper>元素的 resource 属性指定映射文件的类路径位置。例如,EducationMapper.xml 文件位于类路径 com/qfedu/mapper 目录下,具体代码如下。

```
<!-- 使用相对于类路径的资源引用 -->
<mappers>
<mapper resource = "com/qfedu/mapper/EducationMapper.xml"/>
</mappers>
```

3. 使用本地文件路径引入

通过<mapper>元素的 url 属性指定映射文件的绝对路径。例如,EducationMapper.xml 文件位于本地磁盘 E:/com/qfedu/mapper 目录下,具体代码如下。

```
<!-- 使用完全限定资源定位符(URL) -->
<mappers>
<mapper url = "file:E:/com/qfedu/mapper/EducationMapper.xml"/>
</mappers>
```

4. 使用接口类引入

通过<mapper>元素的 class 属性指定映射接口的类名。这种方式将自动查找与接口同名的映射文件。例如，EducationMapper. xml 文件应该与 EducationMapper 接口在同一个包下并同名，具体代码如下。

```xml
<!-- 使用映射器接口实现类的全限定类名 -->
<mappers>
<mapper class = "com.qfedu.mapper.EducationMapper"/>
</mappers>
```

<mappers>元素在 MyBatis 中具有举足轻重的地位，它负责组织、加载和管理映射文件及映射关系，是 MyBatis 进行数据库操作的基础和前提。

2.5 MyBatis 的简单应用

本节以实现统计和查询教材信息功能为例讲解 MyBatis 框架的简单应用，包括搭建开发环境、创建 POJO 类、创建配置文件、创建映射文件和编写测试类。

2.5.1 搭建开发环境

1. 数据准备

（1）在 MySQL 中创建数据库 textbook 和数据表 education，SQL 语句如下。

```sql
DROP TABLE IF EXISTS 'education';
CREATE TABLE 'education' (
'id' int NOT NULL AUTO_INCREMENT,          #主键
'name' varchar(255) CHARACTER,             #名称
'price' int NULL DEFAULT NULL,             #价格
PRIMARY KEY ('id') USING BTREE
);
```

（2）向数据表 education 中插入数据，SQL 语句如下。

```sql
INSERT INTO 'education' VALUES (1, '语文', 23);
INSERT INTO 'education' VALUES (2, '数学', 18);
INSERT INTO 'education' VALUES (3, '英语', 35);
```

2. 创建项目

在 IDEA 中新建 Web 项目 textbook，将 MyBatis 的 JAR 包(mybatis-3.5.6.jar)复制到 lib 目录下，完成 JAR 包的导入。

2.5.2 创建 POJO 类

在 textbook 项目的 src 目录下创建 com. qfedu. pojo 包，在该包下新建 Education 类，具体代码如例 2-1 所示。

例 2-1 Education. java。

```java
1    public class Education{
2        private int id;
3        private String name;
```

```
4        private int price;
5        //此处省略构造方法和 getter/setter 方法
6   }
```

Education 类提供了成员变量和 getter/setter 方法,MyBatis 将通过配置文件映射 Education 类和数据表 education 的关系。

2.5.3 创建配置文件

在 src 目录下新建配置文件 mybatis-config. xml,用于配置数据库的连接、映射文件等信息,具体代码如例 2-2 所示。

例 2-2 mybatis-config. xml。

```
1   <?xml version = "1.0" encoding = "UTF - 8" ?>
2   <!DOCTYPE configuration
3          PUBLIC " - //mybatis.org//DTD Config 3.0//EN"
4          "http://mybatis.org/dtd/mybatis - 3 - config.dtd">
5   <configuration>
6       <!-- 配置环境 -->
7       <environments default = "mysql">
8              <transactionManager type = "JDBC"/>
9              <!-- 配置数据库连接 -->
10             <dataSource type = "POOLED">
11                 <!-- 配置数据库连接驱动 -->
12             <property name = "driver" value = "com.mysqljdbc.Driver"/>
13                 <!-- 配置数据库连接地址 -->
14             <property name = "url" value = "localhost:3306/textbook"/>
15                 <!-- 配置用户名 -->
16             <property name = "username" value = "root"/>
17                 <!-- 配置密码 -->
18             <property name = "password" value = "root"/>
19             </dataSource>
20         </environment>
21     </environments>
22   <mappers>
23   <mapper resource = "com/qfedu/mapper/EducationMapper.xml" />
24   </mappers>
25   </configuration>
```

在例 2-2 中,第 7~21 行代码用于配置数据库的驱动、地址、用户名和密码信息;第 23 行代码用于配置映射文件的位置。

2.5.4 创建映射文件

在 src 目录下创建 com. qfedu. mapper 包,并在该包下新建 SQL 映射文件 EducationMapper . xml,具体代码如例 2-3 所示。

例 2-3 EducationMapper. xml。

```
1   <?xml version = "1.0" encoding = "UTF - 8"?>
2   <!DOCTYPE mapper PUBLIC " - //mybatis.org//DTD Mapper 3.0//EN"
3   "http://mybatis.org/dtd/mybatis - 3 - mapper.dtd">
4   <mapper namespace = "education">
```

```
5    < select id = "findAllEducation" resultType = "com. qfedu. pojo. Education">
6         select * from education
7    </select >
8  </mapper >
```

在例 2-3 中,第 4 行代码中的< mapper >元素是映射文件的根元素,< mapper >元素的
namespace 属性指定该< mapper >元素的命名空间;第 5 行代码中的< select >元素用于映
射一个查询操作,其中 id 属性是该操作在 Mapper 文件中的唯一标识,resultType 属性用于
指定返回结果的类型;第 6 行代码表示查询 education 表中所有数据信息的 SQL 语句。

2.5.5 编写测试类

(1) 在 src 目录下创建 com. qfedu. test 包,并在该包下新建 TestFindAllEducation 类,
用于执行查询教材信息的操作,具体代码如例 2-4 所示。

例 2-4 TestFindAllEducation. java。

```
1  public class TestFindAllEducation {
2      public static void main(String[ ] args) {
3          /* 创建输入流 */
4          InputStream inputStream = null;
5          /* 将 MyBatis 配置文件转化为输入流 */
6          try {
7              inputStream = Resources.getResourceAsStream(
8              "mybatis - config. xml");
9          } catch (IOException e) {
10             e.printStackTrace();
11         }
12         /* 通过 SqlSessionFactoryBuilder 创建 SqlSessionFactory 对象 */
13         SqlSessionFactory build =
14                      new SqlSessionFactoryBuilder(). build(inputStream);
15         /* 通过 SqlSessionFactory 创建 SqlSession 对象 */
16         SqlSession sqlSession = build. openSession();
17         List < Education > educations = sqlSession. selectList(
18                          "education. findAllEducation");
19         for (Education education : educations) {
20             System. out. println(education);
21         }
22         /* 关闭事务 */
23         sqlSession. close();
24     }
25 }
```

在例 2-4 中,第 4~11 行代码表示获取配置文件 mybatis-config. xml 的输入流;第 13~16
行代码表示根据读取的配置信息创建 SqlSessionFactory 对象,并通过 SqlSessionFactory 对象
创建 SqlSession 对象;第 17~21 行代码首先调用 SqlSession 对象的 selectList()方法查询所有
教材的详细信息,然后调用 for 循环遍历获取的教材信息并将其输出。

(2) 执行 TestFindAllEducation 类的 main()方法,查询教材信息的结果如图 2-5 所示。

从图 2-5 中可以看出,控制台输出了 education 数据表中的 3 条数据信息。至此,使用
MyBatis 框架完成了第一个简单应用。

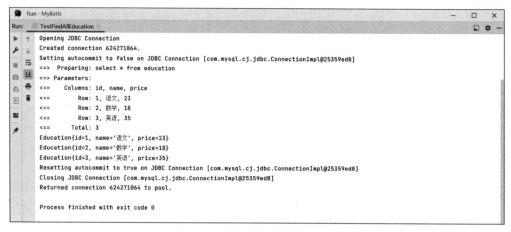

图 2-5　查询教材信息的结果

2.6　本 章 小 结

本章主要讲解了 MyBatis 基础,包括 MyBatis 的概述、下载和导入、核心组件、核心配置文件和简单应用。其中,MyBatis 的核心组件、核心配置文件和简单应用需要重点掌握。通过对本章内容的学习,读者能够掌握 MyBatis 的功能架构、工作流程以及核心组件和核心配置文件,为后续使用 MyBatis 框架奠定基础。

2.7　习　　题

一、填空题

1. MyBatis 是一种开源的_____框架,即对象-关系映射。
2. <typeHandlers>元素用于指定_____。
3. MyBatis 通过创建_____来创建 SqlSession 对象。
4. MyBatis 的功能架构由三层组成,分别是接口层、_____和_____。
5. <objectFactory>元素用于指定_____。

二、选择题

1. MyBatis 属于下列哪一种框架?(　　　)
   A. ORM 框架　　　　　B. MVC 框架　　　　　C. IoC 框架　　　　　D. AOP 框架
2. 下列选项中,属于 MyBatis 框架中最核心的类的是(　　　)。
   A. SqlSession　　　　　　　　　　　　B. SqlSessionFactoryBuilder
   C. Mapper　　　　　　　　　　　　　D. Executor
3. 以下对 MyBatis 的描述正确的是(　　　)。
   A. MyBatis 是一个可以自定义 SQL 的持久化框架
   B. MyBatis 只能进行简单查询
   C. MyBatis 是一个全 ORM(对象关系映射)框架,它内部封装了 JDBC
   D. MyBatis 只可以使用 XML 配置和映射原生信息

4. 在 SqlSession 接口的方法中,下列选项中用于获取映射器的是( )。

    A. void commit( )   B. void clearCache( )

    C. T getMapper( )   D. void rollback( )

5. 在 MyBatis 的功能架构中,下列能够负责完成 SQL 语句解析和执行的是( )。

    A. API 接口层   B. 数据处理层   C. 基础支撑层   D. 基础 API 层

三、简答题

1. 简述 MyBatis 的工作流程。

2. 简述 MyBatis 的功能架构。

3. 简述 SqlSessionFactory 和 SqlSession 的区别与联系。

四、操作题

请编写一个程序,实现使用 MyBatis 查询数据库 textbook 的 education 表中的所有教材信息,并将这些信息输出到控制台中。

第3章

MyBatis 进阶

学习目标

视频讲解

- 掌握 MyBatis 的映射文件的使用方法和规范,能够编写映射文件。
- 掌握 MyBatis 一对一关系的映射方法,能够完成一对一应用程序。
- 掌握 MyBatis 一对多关系的映射方法,能够完成一对多应用程序。
- 掌握 MyBatis 多对多关系的映射方法,能够完成多对多应用程序。

为了灵活运用 MyBatis 框架,开发人员需要掌握 MyBatis 映射文件的结构及使用方法。通过深入理解映射文件的组成和重要参数,开发人员能够根据项目需求对映射文件进行灵活配置,以达到最佳的性能和扩展性。本章将对 MyBatis 的映射文件和关联映射的内容进行讲解,同时通过一个实战演练——智慧农业果蔬系统普通用户的数据管理项目巩固 Mapper 和 XML 映射文件的相关知识。

3.1　映　射　文　件

在 2.4.8 节中提到,MyBatis 配置文件中的< mappers >元素用于引入映射文件。这些映射文件是 MyBatis 框架的核心,定义了 SQL 语句和数据库中的数据如何映射到 Java 对象,是 MyBatis 的"翻译器",将数据库信息翻译成 Java 对象,使开发者能够更轻松地与数据库交互,而不必过分关注数据库连接和底层细节,从而大幅度降低编码的工作量。本节将对 MyBatis 的映射文件结构及元素用法进行讲解。

3.1.1　映射文件结构

通过映射文件,我们能够将数据从应用程序的 POJO 对象映射到持久化存储中,实现数据的创建、读取、更新和删除操作。映射文件以 XML 文件的形式存在,一般采用"POJO 类的名称＋Mapper"的规则进行命名,例如 EducationMapper.xml。MyBatis 规定了其映射文件的层次结构,具体如下所示。

```
<?xml version = "1.0" encoding = "UTF - 8" ?>
<!DOCTYPE mapper PUBLIC " - //mybatis.org//DTD Mapper 3.0//EN"
    "http://mybatis.org/dtd/mybatis - 3 - mapper.dtd">
< mapper namespace = "">
    <!-- 参数映射 -->
    < parameterMap id = "" type = "">
        < parameter property = "" jdbcType = ""/>
        < parameter property = "" jdbcType = ""/>
    </parameterMap>
```

```
                <!-- 返回值映射 -->
                <resultMap id = "" type = "">
                    <id property = "" column = "" jdbcType = ""/>
                    <result property = "" column = "" jdbcType = ""/>
                    <result property = "" column = "" jdbcType = ""/>
                </resultMap>
                <!-- SQL 语句 -->
                <select id = "" resultMap = "">
                </select>
                <insert id = "" parameterMap = "">
                </insert>
                <update id = "" parameterMap = "">
                </update>
                <delete id = "" parameterType = "">
                </delete>
            </mapper>
```

上述代码中列出了 MyBatis 映射文件的常见元素,例如< mapper >、< select >、< insert >、< update >和< delete >等。本书将带领读者学习 MyBatis 中常用元素的功能语法和使用方法。

3.1.2 < mapper >元素

< mapper >元素是 MyBatis 映射文件的根元素,它用于定义数据库操作的 SQL 语句以及数据库记录与 Java 对象的映射规则。整个映射文件的内容都必须包含在这个元素内部,示例配置如下。

```
< mapper namespace = "com. qfedu. EducationMapper">
    <!-- 这里包含了 SQL 语句和映射关系的定义 -->
</mapper >
```

上述代码中,namespace 属性是< mapper >元素的必需属性,它用于定义映射文件的命名空间。通常,这个命名空间会关联到一个对应的数据访问层的 Java 接口,该接口定义了映射文件中的 SQL 操作方法,使得数据库操作可以通过接口方法进行调用。映射文件的命名空间应该与其关联的接口文件的包名和类名一致,以便正确关联映射文件和接口文件,此处为 com. qfedu. EducationMapper 接口。

< mapper >元素内部可以包含 SQL 语句的定义,包括查询、插入、更新和删除等操作。SQL 语句的定义通常使用< select >、< insert >、< update >和< delete >等元素来实现。此外,< mapper >元素还用于定义如何将数据库记录映射到 Java 对象的规则,通常通过< resultMap >元素来实现。后续将对上述元素进行详细讲解。

< mapper >元素还可以通过 resource、url、class 等属性引入其他映射文件,这有助于将映射配置分解成多个文件,使得映射文件更易于维护和组织。具体使用规则可参考 2.4.8 节。

3.1.3 < select >元素

< select >元素是 MyBatis 中常用的元素之一,主要用于定义数据库查询操作,它包含了 SQL 语句、参数映射、结果映射以及其他与数据库操作相关的细节。

为了更加灵活地映射查询语句,< select >元素中提供了一些属性,如表 3-1 所示。

表 3-1　＜select＞元素属性

属 性 名 称	说　　　明
id	必需属性,用于给查询 SQL 定义一个唯一的标识符
parameterType	指定传递给查询 SQL 的参数类型,默认为 unset
resultType	指定查询结果的返回类型,通常是一个 Java 类。不能与 resultMap 同时使用
resultMap	指定一个映射结果集的规则,不能与 resultType 同时使用
flushCache	控制是否刷新缓存,默认值为 false
useCache	控制是否使用二级缓存,默认值为 true
timeout	查询的超时时间,以秒为单位
fetchSize	指定数据库游标的数量
statementType	指定用于查询的 PreparedStatement 类型,可选 STATEMENT、PREPARED 或 CALLABLE,通常为 PREPARED,默认为 unset
resultSetType	指定返回的结果集类型,可选 FORWARD_ONLY、SCROLL_SENSITIVE、SCROLL_INSENSITIVE 或 DEFAULT,通常为 FORWARD_ONLY,默认为 unset
resultOrdered	控制多列结果集的顺序,通常为 false
resultSets	指定存储过程执行的多个结果集

表 3-1 列举出了＜select＞元素中的属性,每个属性都有其独特的作用,开发人员根据查询的要求选择适当的属性来定制查询操作。

接下来,通过＜select＞元素定义一条查询表 education 中所有记录的 SQL 语句,具体步骤如下。

(1) 在 IDEA 中新建 Web 项目 chapter03,并完成 MyBatis 框架的集成和数据库配置。本案例使用第 2 章的数据表 education。

(2) 在项目的 src 目录下创建 com. qfedu. pojo 包,在该包中新建类 Education,具体代码参考第 2 章的例 2-1。

(3) 在项目的 src 目录下创建包 com. qfedu. mapper,在该包中新建接口 EducationMapper,作为数据库访问层接口,具体代码如例 3-1 所示。

例 3-1　EducationMapper. java。

```
1  package com.qfedu.mapper;
2  import com.qfedu.pojo.Education;
3  import java.util.List;
4  public interface EducationMapper {
5      List<Education> findAllEducation();
6  }
```

(4) 在 com. qfedu. mapper 包中新建名为 EducationMapper 的 XML 文件,映射配置如例 3-2 所示。

例 3-2　EducationMapper. xml。

```
1  <mapper namespace = "com.qfedu.mapper.EducationMapper">
2    <select id = "findAllEducation" resultType = "com.qfedu.pojo.Education">
3      select * from education
4    </select>
5  </mapper>
```

上述配置定义了一个名为 findAllEducation 的 MyBatis 查询操作,它的功能是从名为

education 的数据库表中检索所有记录,并将结果映射为 com. qfedu. pojo. Education 类型的 Java 对象列表。< select >元素的 id 属性的值与命名空间关联的接口文件中的方法名一致,此处为 com. qfedu. mapper. EducationMapper 接口中的 findAllEducation( )方法;resultType 属性用于指定返回结果的映射类型,此处为 com. qfedu. Education。

(5) 在项目的 src 目录下创建包 com. qfedu. test,在该包中新建类 TestEducationMapper,通过调用 EducationMapper 接口的方法,执行映射文件中的 SQL 操作。首先,在 TestEducationMapper 类中定义一个静态方法 testFindAllEducation(),然后,在 main()方法中调用该方法,具体代码如例 3-3 所示。

例 3-3 TestEducationMapper. java。

```
1   package com.qfedu.test;
2   //此处省略导包的代码
3   public class TestEducationMapper {
4       public static void main(String[] args) {
5           testFindAllEducation();
6       }
7       public static void testFindAllEducation(){
8           InputStream inputStream = null;
9           try {
10              inputStream =
11                      Resources.getResourceAsStream("mybatis-config.xml");
12          } catch (IOException e) {
13              e.printStackTrace();
14          }
15          SqlSessionFactory build =
16                  new SqlSessionFactoryBuilder().build(inputStream);
17          SqlSession sqlSession = build.openSession();
18          EducationMapper mapper = sqlSession.getMapper(
19                                          EducationMapper.class);
20          List<Education> educations = mapper.findAllEducation();
21          for (Education education : educations) {
22              System.out.println(education.toString());
23          }
24          sqlSession.close();
25      }
26  }
```

(6) 执行例 3-3 中的 main()方法,对< select >元素定义的数据库查询操作进行测试,结果如图 3-1 所示。

从图 3-1 中可以看出,通过映射文件中的< mapper >元素成功将映射文件 EducationMapper. xml 与数据库访问接口 EducationMapper 建立了关联,并通过< select >元素成功执行查询表 education 中所有记录的 SQL 语句。

3. 1. 4   < insert >元素、< delete >元素、< update >元素

< insert >元素用于映射数据库插入操作的 SQL 语句,< update >元素用于映射数据库更新操作的 SQL 语句,而< delete >元素则用于映射数据库删除操作的 SQL 语句。与< select >元素相似,这 3 个元素在结构上都包含了 SQL 语句及参数类型等相关信息,接下

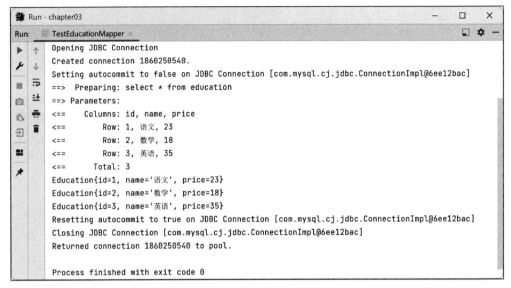

图 3-1　测试<select>元素查询操作的结果

来分别进行演示。

1. <insert>元素

通过<insert>元素定义一条向表 education 中插入数据的 SQL 语句,具体步骤如下。

(1) 在 EducationMapper.xml 文件中添加如下配置。

```xml
<insert id="addEducation" parameterType="com.qfedu.pojo.Education">
    insert into education(name,price) values(#{name},#{price})
</insert>
```

上述配置定义了一个名为 addEducation 的插入操作,该操作使用参数占位符 #{},将 com.qfedu.pojo.Education 对象的 name 属性和 price 属性的值嵌入到 SQL 语句中,从而实现将它们的值分别插入数据库表 education 中的 name 和 price 列。开发人员在 Java 代码中需要使用 addEducation()方法执行插入操作,并通过传递 Education 对象指定要插入的数据。

(2) 在 EducationMapper 接口中声明方法 addEducation(),具体代码如下。

```java
int addEducation(Education education);
```

(3) 在 TestEducationMapper 类中定义静态方法 testAddEducation(),具体代码如下。

```java
public static void testAddEducation(){
    InputStream inputStream = null;
    try {
        inputStream =
                Resources.getResourceAsStream("mybatis-config.xml");
    } catch (IOException e) {
        e.printStackTrace();
    }
    SqlSessionFactory build =
                new SqlSessionFactoryBuilder().build(inputStream);
    SqlSession sqlSession = build.openSession();
```

```
EducationMapper mapper = sqlSession.getMapper(EducationMapper.class);
Education education = new Education("Java",100);
//插入名称为Java,价格为100的记录
int num = mapper.addEducation(education);
System.out.println(num);
sqlSession.commit();                  //DML操作需要提交事务
sqlSession.close();
}
```

（4）在 TestEducationMapper 类的 main()方法中调用 testAddEducation()方法,并执行 main()方法,对<insert>元素定义的数据库插入操作进行测试,结果如下。

```
1
```

由测试结果可以看出,返回受影响的行数为 1,通过<insert>元素成功执行向表 education 中插入数据的 SQL 语句。此时,调用 testFindAllEducation()方法查询表 education 中的所有数据,结果如下。

```
Education{id = 1, name = '语文', price = 23}
Education{id = 2, name = '数学', price = 18}
Education{id = 3, name = '英语', price = 35}
Education{id = 6, name = 'Java', price = 100}
```

2. <delete>元素

通过<delete>元素定义一条删除表 education 中指定数据的 SQL 语句,具体步骤如下。

（1）在 EducationMapper.xml 文件中添加如下配置。

```
<delete id = "deleteEducation" parameterType = "Integer">
    delete from education where id = #{id}
</delete>
```

上述配置定义了一个名为 deleteEducation 的删除操作,该操作将通过一个整数参数 id 来指定要删除的数据标识。通过在 Java 代码中调用 deleteEducation()方法和传递合适的参数,可以执行表 education 中的数据删除操作。

（2）在 EducationMapper 接口中声明方法 deleteEducation(),具体代码如下。

```
int deleteEducation(int id);
```

（3）在 TestEducationMapper 类中定义静态方法 testDeleteEducation(),关键代码如下。

```
EducationMapper mapper = sqlSession.getMapper(EducationMapper.class);
int num = mapper.deleteEducation(1);              //删除id为1的记录
System.out.println(num);
```

（4）在 TestEducationMapper 类的 main()方法中调用 testdeleteEducation()方法,并执行 main()方法,对<delete>元素定义的数据库删除操作进行测试,结果如下。

```
1
```

由测试结果可以看出,返回受影响的行数为 1,通过<delete>元素成功执行删除表 education 中数据的 SQL 语句。此时,调用 testFindAllEducation()方法查询表 education

中的所有数据,结果如下。

```
Education{id = 2, name = '数学', price = 18}
Education{id = 3, name = '英语', price = 35}
Education{id = 6, name = 'Java', price = 100}
```

3. <update>元素

通过<update>元素定义一条更新表 education 中指定数据的 SQL 语句,具体步骤如下。

(1) 在 EducationMapper.xml 文件中添加如下配置。

```
<update id = "updateEducation" parameterType = "com.qfedu.pojo.Education">
    update education set price = #{price} where id = #{id}
</update>
```

这个配置定义了一个名为 updateEducation 的更新操作,该操作将通过 com.qfedu.pojo.Education 对象的 id 属性和 price 属性的值来指定要更新的数据的条件和新值。通过在 Java 代码中调用 updateEducation()方法和传递合适的参数,可以执行表 education 中的数据更新操作。

(2) 在 EducationMapper 接口中声明方法 updateEducation(),具体代码如下。

```
int updateEducation(int id);
```

(3) 在 TestEducationMapper 类中定义静态方法 testUpdateEducation(),关键代码如下。

```
EducationMapper mapper = sqlSession.getMapper(EducationMapper.class);
//将 id 为 2 的记录的 price 值更新为 111
int num = mapper.updateEducation(2,111);
System.out.println(num);
```

(4) 在 TestEducationMapper 类的 main()方法中调用 testUpdateEducation()方法,并执行 main()方法,对<update>元素定义的更新数据库的操作进行测试,结果如下。

```
1
```

由测试结果可以看出,返回受影响的行数为 1,通过<update>元素成功执行更新表 education 中数据的 SQL 语句。此时,调用 testFindAllEducation()方法查询表 education 中的所有数据,结果如下。

```
Education{id = 2, name = '数学', price = 111}
Education{id = 3, name = '英语', price = 35}
Education{id = 6, name = 'Java', price = 100}
```

3.1.5 <resultMap>元素

<resultMap>元素是 MyBatis 映射文件中用于定义结果集映射关系的重要元素。通过使用<resultMap>元素,可以灵活地配置映射规则,使得查询结果的列能够正确地映射到 Java 对象的属性,从而处理更加复杂的映射情况,例如 3.2 节中讲解的一对多关联映射和多对多关联映射。MyBatis 映射文件中<resultMap>元素的完整结构代码如下所示。

```xml
<resultMap id = "resultMapId" type = "com.example.Person">
  <!-- 主键映射,使用 <id> 元素 -->
  <id property = "id" column = "person_id" />
  <!-- 普通字段映射,使用 <result> 元素 -->
  <result property = "name" column = "person_name" />
  <result property = "age" column = "person_age" />
  <!-- 一对一关联映射,使用 <association> 元素 -->
  <association property = "address" javaType = "com.example.Address">
    <result property = "street" column = "street_name" />
    <result property = "city" column = "city_name" />
  </association>
  <!-- 一对多关联映射,使用 <collection> 元素 -->
  <collection property = "phoneNumbers" ofType = "com.example.PhoneNumber">
    <id property = "id" column = "phone_id" />
    <result property = "number" column = "phone_number" />
  </collection>
</resultMap>
```

上述代码的<resultMap>元素的子元素及子元素属性的说明如下所示。

- <resultMap>元素的id属性用于标志这个映射规则,通常是一个唯一的名称。
- <id>元素用于定义主键字段的映射规则,其中,property属性指定了Java属性名, column属性指定了数据库列名。
- <result>元素用于定义普通字段的映射规则,与<id>类似但适用于非主键字段。
- <association>元素用于定义一对一关联映射,其中property属性指定关联对象的 Java属性,javaType属性指定关联对象的Java类型。内部使用<result>元素定义 关联对象的字段映射。3.2.1节将使用案例进行演示。
- <collection>元素用于定义一对多关联映射,其中property属性指定集合属性, ofType属性指定集合元素的类型。同样,内部使用<result>元素定义集合元素的 字段映射。3.2.2节将使用案例进行演示。

3.1.6　<sql>元素

<sql>元素用于定义可重用的SQL代码片段。在MyBatis应用程序开发中,经常需要 编写多条SQL语句以满足各种业务需求,而这些SQL语句可能包含相同的代码段。为了 提高代码的可维护性和重用性,可以使用<sql>元素将这些共享的代码片段提取出来并进 行定义,从而避免了重复编写相同的代码,使代码更加整洁和易于管理。

通过<sql>元素定义代码片段,具体示例如下所示。

```xml
<sql id = "educationCols">
    id, name, price
</sql>
```

上述代码中,id属性用于指定该代码片段在命名空间的唯一标志,此处为educationCols。 当完成上述代码片段的定义后,可以在MyBatis映射文件中使用这个代码片段,以避免在多个 地方重复编写相同的列名,示例代码如下。

```xml
<select id = "selectEducation" resultType = "com.qfedu.Education">
    select <include refid = "educationCols"/> from education
```

```
</select>
< insert id = "insertEducation" parameterType = "com. qfedu. Education">
    insert into education(< include refid = "educationCols"/>) values( #{id},
#{name}, #{price})
</insert>
```

上述代码中,<include>元素用于包含<sql>元素定义的 SQL 代码片段,其 refid 属性匹配<sql>元素的 id 属性。

3.2　关　联　映　射

MyBatis 的关联映射可以帮助开发人员在数据库中进行复杂的查询操作,避免手动拼接 SQL 语句。它可以将多个表之间的关系映射到 Java 对象之间的关系,从而简化了复杂的多表查询工作。关联映射支持三种主要类型的映射:一对一、一对多、多对多。本节将对 MyBatis 关联映射的功能和语法进行讲解。

3.2.1　一对一关联映射

1. 设计背景

一对一关联映射是指一个表中的一条记录对应着另一个表中的一条记录。在数据库模型中,这种关系通常表示两个实体之间的一对一关系。例如,一个人只有一个身份证号,一个身份证号也只对应一个人,这就是一对一关联。

在一个 OA 管理系统中,涉及两个实体:员工和工号。每个员工都会对应一个唯一的工号。在前面讲解的<resultMap>元素中包含了<association>子元素,MyBatis 通过该元素来处理一对一关联关系。

2. 创建实体类和数据库

在 chapter03 项目的 com. qfedu. pojo 包下新建 Employee 类和 Card 类,分别表示员工类和工号类,具体代码如例 3-4 与例 3-5 所示。

例 3-4　Employee. java。

```
1   public class Employee {
2       private int id;                     //主键
3       private String name;                //姓名
4       private int cid;                    //工号表外键
5       private int did;                    //部门表外键
6       private Card card;                  //工号表实体类
7       //此处省略构造方法、Getter()、Setter()和 toString()方法
8   }
```

例 3-5　Card. java。

```
1   public class Card {
2       private int id;
3       private int number;
4       private String introduce;
5       //此处省略构造方法、Getter()、Setter()和 toString()方法
6   }
```

（1）在数据库 student 中创建员工表 employee，SQL 语句如下所示。

```sql
DROP TABLE IF EXISTS 'employee';
CREATE TABLE 'employee' (
    'id' int(0) NOT NULL AUTO_INCREMENT,
    'name' varchar(255) NULL DEFAULT NULL,
    'cid' int(0) NULL DEFAULT NULL,
    PRIMARY KEY ('id') USING BTREE
) ENGINE = InnoDB CHARACTER SET = utf8mb4 COLLATE = utf8mb4_0900_ai_ci
ROW_FORMAT = Dynamic;
```

（2）向 employee 表中插入数据，SQL 语句如下所示。

```sql
INSERT INTO 'employee' VALUES (1, '余 * 兴', 1);
INSERT INTO 'employee' VALUES (2, '谭 * 端', 2);
INSERT INTO 'employee' VALUES (3, '宋 * 桥', 3);
```

（3）在数据库 student 中创建工号表 card，SQL 语句如下所示。

```sql
DROP TABLE IF EXISTS 'card';
CREATE TABLE 'card' (
    'id' int(0) NOT NULL AUTO_INCREMENT,
    'number' int(0) NULL DEFAULT NULL,
    'introduce' varchar(255) NULL DEFAULT NULL,
    PRIMARY KEY ('id') USING BTREE
) ENGINE = InnoDB CHARACTER SET = utf8mb4 COLLATE = utf8mb4_0900_ai_ci
    ROW_FORMAT = Dynamic;
```

（4）向 card 表中插入数据，SQL 语句如下所示。

```sql
INSERT INTO 'card' VALUES (1, 77000, '组长');
INSERT INTO 'card' VALUES (2, 66789, '组员');
INSERT INTO 'card' VALUES (3, 22960, '组员');
```

将 card 表的 id 和 employee 表的 cid 进行关联，即每个员工记录在 employee 表中有一个 cid 字段，用于指示员工持有的工号。

3. 编写 MyBatis 的配置文件和映射文件

（1）在 chapter03 项目下创建 resource 文件夹，将其标注为资源文件夹。在 resource 文件夹下新建 MyBatis 的配置文件，具体代码如例 3-6 所示。

例 3-6　mybatis-config. xml。

```
1   <?xml version = "1.0" encoding = "UTF - 8" ?>
2   <!DOCTYPE configuration PUBLIC " - //mybatis.org//DTD Config 3.0//EN"
3       "http://mybatis.org/dtd/mybatis - 3 - config.dtd">
4   < configuration >
5       <!-- 引入配置文件 -->
6       < properties resource = "db.properties"/>
7       <!-- 设置 -->
8       < settings >
9           <!-- 开启数据库日志检测 -->
10          < setting name = "logImpl" value = "STDOUT_LOGGiNG"/>
11      </settings >
12      <!-- 包名简化缩写 -->
13      < typeAliases >
14          < package name = "com.qfedu.pojo"/>
```

```
15        </typeAliases>
16        <!-- 配置环境 -->
17        <environments default = "dev">
18            <!-- 配置mysql环境 -->
19            <environment id = "dev">
20                <!-- 配置事务管理器 -->
21                <transactionManager type = "JDBC"/>
22                <!-- 配置数据库连接 -->
23                <dataSource type = "POOLED">
24                    <!-- 配置数据库连接驱动 -->
25                    <property name = "driver" value = "${jdbc.myDriver}"/>
26                    <!-- 配置数据库连接地址 -->
27                    <property name = "url" value = "${jdbc.myUrl}"/>
28                    <!-- 配置用户名 -->
29                    <property name = "username" value = "${jdbc.myUsername}"/>
30                    <!-- 配置密码 -->
31                    <property name = "password" value = "${jdbc.myPassword}"/>
32                </dataSource>
33            </environment>
34        </environments>
35        <!-- 配置mapper映射文件 -->
36        <mappers>
37        <!-- 将com.mapper包下的所有mapper接口引入 -->
38        <package name = "com.qfedu.mapper" />
39        </mappers>
40 </configuration>
```

在例3-6中,第6行代码表示引用外部配置文件db.properties,其具体代码如例3-7所示。

例3-7 db.properties。

```
1  jdbc.Driver = com.mysql.cj.jdbc.Driver
2  jdbc.Url = jdbc:mysql://localhost:3306/textbook
3  jdbc.Username = root
4   jdbc.Password = root
```

需要注意的是,db.properties文件必须存放于resource目录下,否则,mybatis-config.xml文件无法读取db.properties中的内容。

(2) 在chapter03项目的com.qfedu.mapper包中新建EmployeeMapper接口,并在该接口中声明查询所有员工的方法,具体代码如例3-8所示。

例3-8 EmployeeMapper.java。

```
1  public interface EmployeeMapper {
2      List<Employee> findAllEmployee();
3  }
```

(3) 在chapter03项目的com.qfedu.mapper包中新建名为EmployeeMapper的XML文件,作为EmployeeMapper接口的映射文件,具体代码如例3-9所示。

例3-9 EmployeeMapper.xml。

```
1  <?xml version = "1.0" encoding = "UTF-8"?>
2  <!DOCTYPE mapper PUBLIC "-//mybatis.org//DTD Mapper 3.0//EN"
```

```
3              "http://mybatis.org/dtd/mybatis-3-mapper.dtd">
4    <mapper namespace = "com.qfedu.mapper.EmployeeMapper">
5        <resultMap id = "" type = "employee">
6            <id property = "id" column = "id"/>
7            <result property = "name" column = "name"/>
8            <result property = "cid" column = "cid"/>
9            <association property = "card" javaType = "card">
10               <id property = "id" column = "id"/>
11               <result property = "number" column = "number"/>
12               <result property = "introduce" column = "introduce"/>
13           </association>
14       </resultMap>
15       <select id = "findAllEmployee" resultMap = "employeeMap">
16           select * from employee e left join card c on e.cid = c.id
17       </select>
18   </mapper>
```

在例 3-9 中，定义了一个名为 employeeMap 的映射规则，用<association>元素将 employee
表的数据映射到 employee 对象和关联的 card 对象中。同时，本例中还定义了一个查询操作
findAllEmployee，用于查询员工信息，并在查询结果中包含了与员工关联的工号信息。

4. 编写测试类

（1）在 chapter03 项目的 com.qfedu.test 包中创建 TestFindAllEmployee 类，用于验证
一对一关联映射，具体代码如例 3-10 所示。

例 3-10　TestFindAllEmployee.java。

```
1    public class TestFindAllEmployee {
2        public static void main(String[] args) {
3            /* 创建输入流 */
4            InputStream inputStream = null;
5            /* 将 MyBatis 配置文件转化为输入流 */
6            try {
7                inputStream =
8                        Resources.getResourceAsStream("mybatis-config.xml");
9            } catch (IOException e) {
10               e.printStackTrace();
11           }
12           /* 通过 SqlSessionFactoryBuilder()创建 SqlSessionFactory 对象 */
13           SqlSessionFactory build =
14                   new SqlSessionFactoryBuilder().build(inputStream);
15           /* 通过 SqlSessionFactory 对象创建 SqlSession 对象 */
16           SqlSession sqlSession = build.openSession();
17           EmployeeMapper mapper =
18           sqlSession.getMapper(EmployeeMapper.class);
19           List<Employee> allEmployee = mapper.findAllEmployee();
20           for (Employee employee : allEmployee) {
21               System.out.println(employee.toString());
22           }
23           /* 关闭事务 */
24           sqlSession.close();
25       }
26   }
```

（2）执行 TestFindAllEmployee 类的 main()方法。测试一对一关联映射的结果如图 3-2 所示。

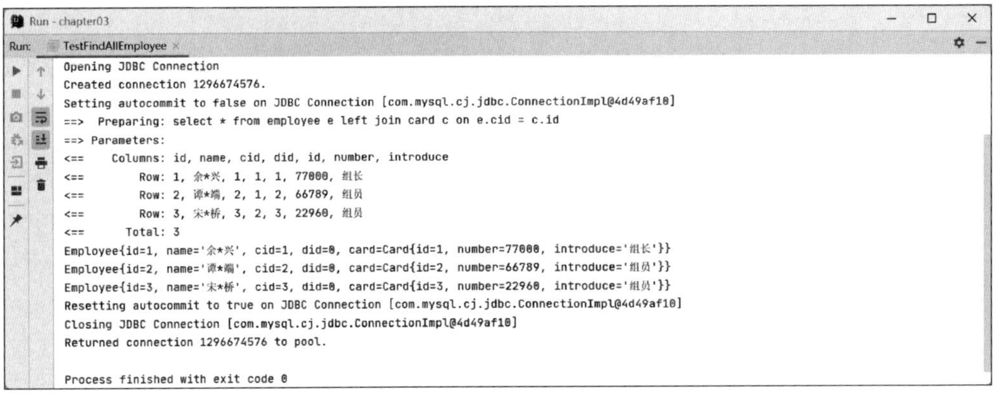

图 3-2　测试一对一关联映射的结果

从图 3-2 中可以看出，employee 对象中的 card 属性一对一映射成功。did 字段此处不做处理，3.2.3 节中将使用该字段对一对多关联映射进行详细讲解。

3.2.2　一对多关联映射

1. 设计背景

一对多关联映射是指一个表中的一条记录对应着另一个表中的多条记录。在本节中，员工表包含了一个部门外键 did，其中每位员工归属于一个部门，但一个部门可以包含多位员工。为了实现一对多关联映射，可以借助<collection>元素来完成这样的映射。

2. 创建实体类和数据库

（1）员工类 Employee 已存在，在 chapter03 项目的 com.qfedu.pojo 包中新建部门实体类 Department，具体代码如例 3-11 所示。

例 3-11　Department.java。

```
1    public class Department {
2        private int id;                          //部门表 id
3        private String name;                     //部门名称
4        private List<Employee> employees;        //员工集合
5        //此处省略构造方法、Getter()、Setter()和 toString 方法
6    }
```

（2）在数据库 student 中创建部门表 department，SQL 语句如下所示。

```
DROP TABLE IF EXISTS 'department';
CREATE TABLE 'department' (
  'id' int(0) NOT NULL AUTO_INCREMENT,
  'name' varchar(255) NULL DEFAULT NULL,
  PRIMARY KEY('id') USING BTREE
  )ENGINE = InnoDB CHARACTER SET = utf8mb4 COLLATE = utf8mb4_0900_ai_ci
  ROW_FORMAT = Dynamic;
```

（3）向部门表插入数据，SQL 语句如下所示。

```
INSERT INTO 'department' VALUES (1, '宣传部');
INSERT INTO 'department' VALUES (2, '行政部');
```

3. 编写映射文件

（1）在 chapter03 项目的 com. qfedu. mapper 包中新建 DepartmentMapper 接口，具体代码如例 3-12 所示。

例 3-12 DepartmentMapper. java。

```
1  public interface DepartmentMapper{
2      List < Department > findAllDepartment();
3  }
```

（2）在 chapter03 项目的 com. qfedu. mapper 包中新建名为 DepartmentMapper 的 XML 文件，作为 DepartmentMapper 接口的映射文件，具体代码如例 3-13 所示。

例 3-13 DepartmentMapper. xml。

```
1  <?xml version = "1.0" encoding = "UTF - 8"?>
2  <!DOCTYPE mapper PUBLIC " - //mybatis. org//DTD Mapper 3.0//EN"
3          "http://mybatis. org/dtd/mybatis - 3 - mapper.dtd">
4  < mapper namespace = "com. qfedu. mapper. DepartmentMapper">
5      < resultMap id = "departmentMap" type = "department">
6          < id property = "id" column = "did"/>
7          < result property = "name" column = "name"/>
8          < collection property = "employees" ofType = "employee">
9              < id property = "eid" column = "id"/>
10             < result property = "name" column = "name"/>
11         </collection >
12     </resultMap >
13     < select id = "findAllDepartment" resultMap = "departmentMap">
14         select d. id did, d. name, e. name, e. id eid from department d
15         left join employee e on e. did = d. id
16     </select >
17 </mapper >
```

在例 3-13 中，定义了一个名为 departmentMap 的映射规则，用< collection >元素将 department 表的数据映射到 department 对象和关联的 employees 对象中。同时，本示例中还定义了一个查询操作 employees，用于查询部门信息，并在查询结果中包含了与部门关联的员工信息。

4. 编写测试类

（1）在 chapter03 项目的 com. qfedu. test 包中创建 TestFindAllDepartment 类，用于验证一对多关联映射，具体代码如例 3-14 所示。

例 3-14 TestFindAllDepartment. java。

```
1  public class TestFindAllDepartment {
2      public static void main(String[ ] args) {
3          /* 创建输入流 */
4          InputStream inputStream = null;
5          /* 将 MyBatis 配置文件转化为输入流 */
6          try {
7              inputStream =
8                  Resources. getResourceAsStream("mybatis - config.xml");
9          } catch (IOException e) {
10             e. printStackTrace();
```

```
11              }
12              /* 通过 SqlSessionFactoryBuilder()创建 SqlSessionFactory 对象 */
13              SqlSessionFactory build =
14                      new SqlSessionFactoryBuilder().build(inputStream);
15              /* 通过 SqlSessionFactory 对象创建 SqlSession 对象 */
16              SqlSession sqlSession = build.openSession();
17              DepartmentMapper mapper =
18              sqlSession.getMapper(DepartmentMapper.class);
19              List<Department> departments = mapper.findAllDepartment();
20              for (Department department : departments) {
21                  System.out.println(department.toString());
22              }
23              /* 关闭事务 */
24              sqlSession.close();
25          }
26 }
```

(2) 执行例 3-14 中的 main()方法。测试一对多关联映射的结果如图 3-3 所示。

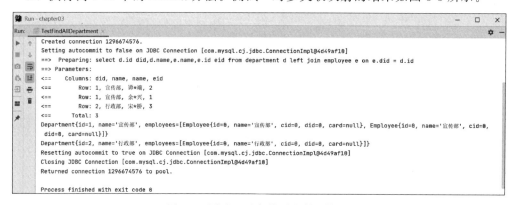

图 3-3   测试一对多关联映射的结果

从图 3-3 可以看出,Department 类中的集合对象 employees 一对多映射成功,输出该部门员工的详细信息。

3.2.3   多对多关联映射

1. 设计背景

多对多关联映射是指两个实体之间存在多对多的关系,通常需要中间表来建立它们之间的连接。

在一个 OA 管理系统中,涉及两个实体:员工和技能培训课程。由于培训需求中,每个员工可以选择参加多门技能培训课程,同时每门技能培训课程也可以有多名员工参加。每个员工有对应的工号。为了有效地处理这种多对多的关系,可以通过 MyBatis 的 <collection>元素实现这种关联映射。

2. 创建实体类和数据库

(1) 在 chapter03 项目的 com.qfedu.pojo 包中新建技能培训课程的实体类 Course,具体代码如例 3-15 所示。

例 3-15 Course.java。

```
1   public class Course {
2       Integer id;
3       String courseName;
4       List < Employee > employees;
5       此处省略 Getter()、Setter()、toString()和构造方法
6   }
```

（2）员工类中需要课程类的实体类集合属性，在 Employee 类中添加集合对象 courses，具体代码如例 3-16 所示。

例 3-16 Employee.java。

```
1   public class Employee {
2       private int id;
3       private String name;
4       private List < Course > courses;
5   }
```

（3）创建技能培训课程表 course，SQL 语句如下所示。

```
DROP TABLE IF EXISTS 'course';
CREATE TABLE 'course' (
  'id' int(0) NOT NULL AUTO_INCREMENT,
  'course_name' varchar(255) CHARACTER NOT NULL,
  PRIMARY KEY('id') USING BTREE
) ENGINE = InnoDB CHARACTER SET = utf8mb4 COLLATE =
utf8mb4_0900_ai_ci ROW_FORMAT = Dynamic;
```

（4）向技能培训课程表中插入数据，SQL 语句如下所示。

```
INSERT INTO 'course' VALUES (1, '礼仪培训');
INSERT INTO 'course' VALUES (2, '话术培训');
```

（5）多对多关联映射需要中间表做关联，创建中间表 employee_course 的 SQL 语句如下所示。

```
DROP TABLE IF EXISTS 'employee_course';
CREATE TABLE 'employee_course' (
  'id' int(0) NOT NULL AUTO_INCREMENT,
  'e_id' int(0) NOT NULL,
  'c_id' int(0) NOT NULL,
  PRIMARY KEY('id') USING BTREE
) ENGINE = InnoDB CHARACTER SET = utf8mb4 COLLATE =
utf8mb4_0900_ai_ci ROW_FORMAT = Dynamic;
```

中间表 employee_course 包括 3 个字段：主键 id、表示员工 id 的 e_id 和表示课程 id 的 c_id。
（6）向中间表中插入数据，SQL 语句如下所示。

```
INSERT INTO 'employee_course' VALUES (1, 1, 1);
INSERT INTO 'employee_course' VALUES (2, 2, 1);
INSERT INTO 'employee_course' VALUES (3, 3, 2);
```

3. 创建接口文件和映射文件

（1）在 chapter03 项目的 EmployeeMapper 接口中新增查询员工的技能培训课程的方

法,具体代码如例 3-17 所示。

例 3-17 EmployeeMapper. java。

```
1  public interface EmployeeMapper {
2      List < Employee > findEmployeeCourse();
3  }
```

(2) 在 chapter03 项目的 EmployeeMapper. xml 文件中创建多对多映射关系,具体代码如例 3-18 所示。

例 3-18 EmployeeMapper. xml。

```
1   <?xml version = "1.0" encoding = "UTF - 8"?>
2   <! DOCTYPE mapper PUBLIC " - //mybatis.org//DTD Mapper 3.0//EN"
3           "http://mybatis.org/dtd/mybatis - 3 - mapper.dtd">
4   < mapper namespace = "com.qfedu.mapper.EmployeeMapper">
5       < resultMap id = "courseMap" type = "employee">
6           < id column = "eid" property = "id" />
7           < result column = "ename" property = "name"/>
8           < collection property = "courses" ofType = "com.qfedu.pojo.Course">
9               < id column = "id" property = "cid"/>
10              < result column = "course_name" property = "courseName"></result >
11          </collection >
12      </resultMap >
13      < select id = "findEmployeeCourse" resultMap = "courseMap">
14          select e.id eid, e.name ename, c.id cid, c.course_name courseName
15          from employee e
16          left join employee_course ec
17          on e.id = ec.e_id
18          left join
19          course c
20          on
21          ec.c_id = c.id
22      </select >
23  </mapper >
```

在例 3-18 中,定义了一个名为 courseMap 的映射规则,用< collection >元素将员工与其参与的课程相关联。同时,本例中还定义了一个查询操作 findEmployeeCourse,从数据库中选择员工信息以及他们参与的课程,并将结果映射到 Java 对象中,以便获取员工与课程的多对多关联信息。

4. 编写测试类

(1) 在 chapter03 项目的 com. qfedu. test 包中新建 TestFindAEmployeeCourse 类,用于验证多对多关联映射,具体代码如例 3-19 所示。

例 3-19 TestFindAEmployeeCourse. java。

```
1  public class TestFindAEmployeeCourse {
2      public static void main(String[] args) {
3          /*创建输入流*/
4          InputStream inputStream = null;
5          /*将 MyBatis 配置文件转化为输入流*/
6          try {
7              inputStream =
8                  Resources.getResourceAsStream("mybatis - config.xml");
```

```
9            } catch (IOException e) {
10               e.printStackTrace();
11           }
12       /* 通过 SqlSessionFactoryBuilder() 创建 SqlSessionFactory 对象 */
13       SqlSessionFactory build =
14                  new SqlSessionFactoryBuilder().build(inputStream);
15       /* 通过 SqlSessionFactory 对象创建 SqlSession 对象 */
16       SqlSession sqlSession = build.openSession();
17       EmployeeMapper mapper = sqlSession.getMapper(
18                                               EmployeeMapper.class);
19       List<Employee> employeeCourse = mapper.findEmployeeCourse();
20       for (Employee employee : employeeCourse) {
21           System.out.println(employee);
22       }
23       /* 关闭事务 */
24       sqlSession.close();
25   }
26 }
```

（2）执行例 3-19 中的 main() 方法，测试多对多关联映射的结果如图 3-4 所示。

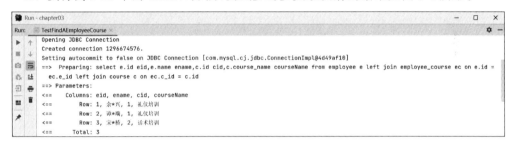

图 3-4　测试多对多关联映射的结果

从图 3-4 可以看出，Employee 类中的集合对象 course 多对多映射成功。

MyBatis 的关联映射可以提高查询效率、避免冗余数据、简化代码、提高可读性、支持高级查询等，对于开发大型数据库应用程序具有重要意义。

3.3　实战演练：智慧农业果蔬系统中普通用户的数据管理

为了加深对 MyBatis 核心组件相关编程知识的理解，本节以智慧农业果蔬系统为例，开发该系统中普通用户的管理模块。通过对该模块的实现，读者可以掌握 Mapper 和 XML 映射文件的相关知识。本实战演练的实战描述、实战分析和实现步骤如下所示。

【实战描述】

使用 IDEA 软件搭建一个 Web 项目 chapter03，通过 MyBatis 框架的 SqlSession 语法完成对 MySQL 数据库 chapter03 下普通用户表 user 的增、删、改、查操作，并在控制台输出日志信息。

【实战分析】

（1）创建一个名为 chapter03 的数据库，并在该数据库下创建数据表 user。

（2）向表中插入测试数据。

（3）在 IDEA 软件中创建一个名为 chapter03 的项目,并引入 MyBatis 的相关 JAR 包。

（4）在 chapter03 项目下创建对应的 POJO 类、接口、映射文件、配置文件和测试类。

（5）编写和执行测试类,验证数据库中的数据表信息是否同步,并查看控制台的打印日志是否正确。

【实现步骤】

1. 搭建开发环境

（1）在 MySQL 中创建数据库 chapter03 和数据表 user,SQL 语句如例 3-20 所示。

例 3-20 user. sql。

```
1   DROP TABLE IF EXISTS 'user';
2   CREATE TABLE 'user' (
3     'id' int(0) NOT NULL AUTO_INCREMENT COMMENT '注解 ID',
4     'userName' varchar(255) CHARACTER SET DEFAULT NULL COMMENT '用户名',
5     'passWord' varchar(255) CHARACTER SET DEFAULT NULL COMMENT '密码',
6     'phone' varchar(255) CHARACTER SET DEFAULT NULL COMMENT '手机号',
7     'realName' varchar(255) CHARACTER DEFAULT NULL COMMENT '真实姓名',
8     'sex' varchar(255) CHARACTER SET DEFAULT NULL COMMENT '性别',
9     'address' varchar(255) CHARACTER SET DEFAULT NULL COMMENT '地址',
10    'email' varchar(255) CHARACTER SET DEFAULT NULL COMMENT '邮箱',
11    PRIMARY KEY('id') USING BTREE
12  ) ENGINE = InnoDB AUTO_INCREMENT = 9 CHARACTER SET = utf8 COLLATE =
13  utf8_general_ci ROW_FORMAT = Dynamic;
```

（2）向数据表 user 中插入数据,SQL 语句如下所示。

```
INSERT INTO 'user' VALUES (1, '曾 * 梁', '2', '138 **** 6907', '曾 * 梁', '男', '北京市昌平区', '138
**** 6907@163.com');
INSERT INTO 'user' VALUES (2, 'wu', 'dd', '156 **** 1543', '吴 * 英', '男', '北京市海淀区', '156 *
*** 1543@163.com');
INSERT INTO 'user' VALUES (3, '吴 * 德', '111111', '192 **** 9012', '吴 * 德', '女', '北京市丰台区',
'192 **** 9012@163.com');
INSERT INTO 'user' VALUES (6, 'wang', '123456', '155 **** 2130', '王 * 强', '女', '北京市房山区',
'155 **** 2130@163.com');
INSERT INTO 'user' VALUES (7, 'fang', '123456', '170 **** 1239', '方 * 智', '女', '北京市通州区',
'170 **** 1239@163.com');
INSERT INTO 'user' VALUES (8, 'jian', '11', '166 **** 8613', '* 坚', '男', '北京市密云区', '166 *
*** 8613@163.com');
```

（3）在 Windows 的命令提示符窗口中输入查询 user 表数据的 SQL 语句,具体语句如下所示。

```
select * from user;
```

（4）执行查询 user 表数据的 SQL 语句,查询结果如图 3-5 所示。

从图 3-5 中可以看出,user 表数据添加成功。

2. 创建项目

（1）在 IDEA 中新建 Web 项目 chapter03,将 MyBatis 的 JAR 包 mybatis-3.5.6.jar 复制到 WEB-INF 下的 lib 文件夹中,完成 JAR 包的导入。

（2）在 chapter03 项目的 src 目录下创建 com. qfedu. pojo 包,并在该包下新建 User 类,具体代码如例 3-21 所示。

```
mysql> select * from user;
+----+----------+----------+---------------+----------+-----+--------------+-------------------------+
| id | userName | passWord | phone         | realName | sex | address      | email                   |
+----+----------+----------+---------------+----------+-----+--------------+-------------------------+
|  1 | 曾*梁    | 2        | 138****6907   | 曾*梁    | 男  | 北京市昌平区 | 138****6907@163.com     |
|  2 | wu       | dd       | 156****1543   | 吴*英    | 男  | 北京市海淀区 | 156****1543@163.com     |
|  3 | 吴*德    | 111111   | 192****9012   | 吴*德    | 女  | 北京市丰台区 | 192****9012@163.com     |
|  6 | wang     | 123456   | 155****2130   | 王*强    | 女  | 北京市房山区 | 155****2130@163.com     |
|  7 | fang     | 123456   | 170****1239   | 方*智    | 女  | 北京市通州区 | 170****1239@163.com     |
|  8 | jian     | 11       | 166****8613   | *坚      | 男  | 北京市密云区 | 166****8613@163.com     |
+----+----------+----------+---------------+----------+-----+--------------+-------------------------+
6 rows in set (0.01 sec)
```

图 3-5　user 表查询结果

例 3-21　User.java。

```
1  public class User {
2      private int id;
3      private String userName;
4      private String passWord;
5      private String phone;
6      private String realName;
7      private String sex;
8      private String address;
9      private String email;
10     //此处省略 Getter/Setter、toString()和构造方法
11 }
```

需要注意的是,在上述代码中,User 类必须提供 Setter 方法,这样 MyBatis 框架才能通过配置文件映射 User 类和数据表 user 的关系。

(3) 在 resource 目录下新建 MyBatis 的配置文件 mybatis-config.xml,具体代码如例 3-22 所示。

例 3-22　mybatis-config.xml。

```
1  <?xml version = "1.0" encoding = "UTF - 8" ?>
2  <!DOCTYPE configuration
3          PUBLIC " - //mybatis.org//DTD Config 3.0//EN"
4          "http://mybatis.org/dtd/mybatis - 3 - config.dtd">
5  < configuration >
6    <!-- 设置 -->
7    < settings >
8      <!-- 开启数据库日志检测 -->
9      < setting name = "logImpl" value = "STDOUT_LOGGiNG"/>
10   </settings >
11   <!-- 包名简化缩进 -->
12   < typeAliases >
13     <!-- typeAlias 方式 -->
14     < package name = "com.qfedu.pojo"/>
15   </typeAliases >
16   <!-- 配置环境 -->
17   < environments default = "dev" >
18     <!-- 配置 MySQL 环境 -->
19     < environment id = "dev" >
20       <!-- 配置事务管理器 -->
21       < transactionManager type = "JDBC"/>
22       <!-- 配置数据库连接 -->
23       < dataSource type = "POOLED" >
```

```
24          <!-- 配置数据库连接驱动 -->
25          < property name = "driver" value = "com.mysqljdbc.Driver"/>
26          <!-- 配置数据库连接地址 -->
27          < property name = "url" value = "localhost:3306/chapter02"/>
28          <!-- 配置用户名 -->
29          < property name = "username" value = "root"/>
30          <!-- 配置密码 -->
31          < property name = "password" value = "root"/>
32        </dataSource>
33      </environment>
34    </environments>
35    < mappers >
36      < package name = "com.qfedu.mapper"/>
37    </mappers>
38 </configuration>
```

在例3-22中,第23~32行代码用于配置数据库的连接信息,其中< dataSource >元素的4个属性分别配置数据库的驱动、URL、用户名和密码;第35~37行代码通知 MyBatis 在包 com.qfedu.mapper 下寻找并加载映射文件。

(4) 在 src 目录下创建 com.qfedu.mapper 包,在该包下新建 UserMapper 接口,用于声明查询、新增、修改和删除的方法,具体代码如例3-23所示。

例3-23 UserMapper.java。

```
1  public interface UserMapper {
2      //查询
3      List < User > findAllUser();
4      //新增
5      Integer insertUser(User User);
6      //修改
7      Integer updateUser(User User);
8      //删除
9      Integer deleteUser(User User);
10 }
```

(5) 在 com.qfedu.mapper 包下新建 UserMapper 接口对应的映射文件 UserMapper.xml,具体代码如例3-24所示。

例3-24 UserMapper.xml。

```
1  <?xml version = "1.0" encoding = "UTF-8"?>
2  <!DOCTYPE mapper PUBLIC " - //mybatis.org//DTD Mapper 3.0//EN"
3          "http://mybatis.org/dtd/mybatis-3-mapper.dtd">
4  < mapper namespace = "com.qfeud.mapper.UserMapper">
5    < select id = "findAllUser" resultType = "com.qfedu.pojo.User">
6        select * from User
7    </select >
8    < insert id = "insertUser" parameterType = "com.qfedu.pojo.User">
9    insert into user(userName,passWord,phone,relName,sex,address,email)
10   values(#{userName}, #{passWord}, #{phone}, #{relName}, #{sex},
11   #{address}, #{email})
12   </insert >
13   < update id = "updateUser" parameterType = "com.qfedu.pojo.User">
14       update User set passWord = #{passWord} where id = #{id}
```

```
15      </update>
16      <delete id = "deleteUser">
17         delete from User where id =  #{id}
18      </delete>
19   </mapper>
```

在例 3-24 中,第 5 行代码< select >元素中的 id 属性值 findAllUser 用于映射
UserMapper 接口中的 findAllUser( )方法；第 8 行代码< insert >元素中的 id 属性值
insertUser 用于映射 UserMapper 接口中的 insertUser( )方法；第 13 行代码< update >元素
中的 id 属性值 updateUser 用于映射 UserMapper 接口中的 updateUser( )方法；第 16 行代
码< delete >元素中的 id 属性值 deleteUser 用于映射 UserMapper 接口中的 deleteUser( )方法。

3. 编写测试类

(1) 在 src 目录下创建 com. qfedu. test 包,在该包下新建 TestFindAllUser 类,该类测
试查询 user 表中所有普通用户的数据信息操作,具体代码如例 3-25 所示。

例 3-25   TestFindAllUser. java。

```
1   public class TestFindAllUser {
2       public static void main(String[ ] args) {
3           /* 创建输入流 */
4           InputStream inputStream = null;
5           /* 将 MyBatis 配置文件转化为输入流 */
6           try {
7               inputStream =
8                       Resources. getResourceAsStream("mybatis – config. xml");
9           } catch (IOException e) {
10              e. printStackTrace();
11          }
12          /* 通过 SqlSessionFactoryBuilder( )创建 SqlSessionFactory 对象 */
13          SqlSessionFactory build =
14                  new SqlSessionFactoryBuilder(). build(inputStream);
15          /* 通过 SqlSessionFactory 对象创建 SqlSession 对象 */
16          SqlSession sqlSession = build. openSession();
17          List < User > Users = sqlSession. selectList
18          ("com. qfedu. mapper. UserMapper. findAllUser");
19          for (User User : Users) {
20              System. out. println(User);
21          }
22          /* 关闭事务 */
23          sqlSession. close();
24      }
25  }
```

(2) 执行 TestFindAllUser 类的 main( )方法,查询智慧农业果蔬系统中普通用户信息
的结果如图 3-6 所示。

从图 3-6 可以看出,控制台输出智慧农业果蔬系统中普通用户的 6 条数据信息,查询普
通人员的操作执行成功。

(3) 在 com. qfedu. test 包下新建 TestInsertUser 类,该类用于实现向 user 表中新增一
条记录,用户名为"周 * 扬",密码为"24",地址为"北京",具体代码如例 3-26 所示。

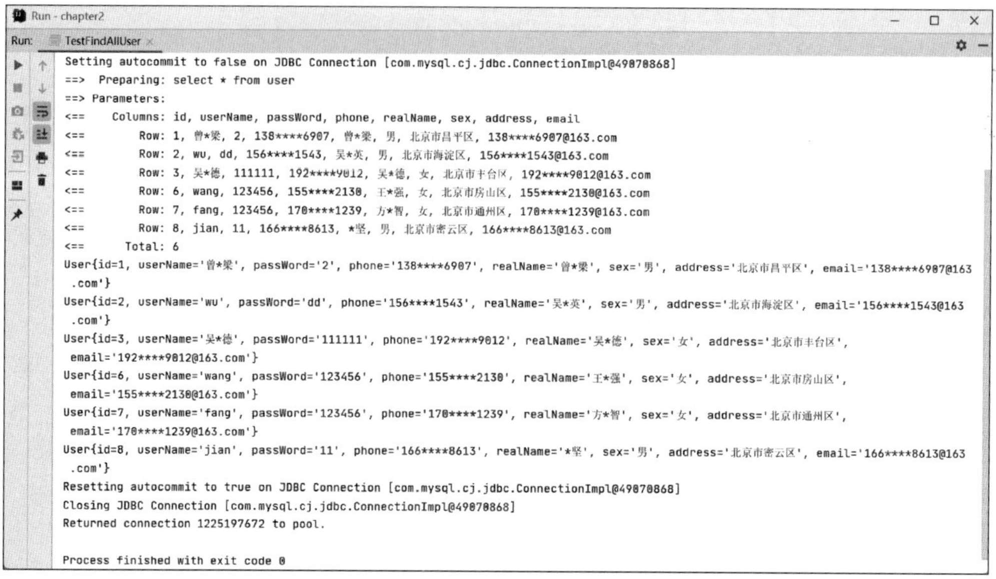

图 3-6 查询智慧农业果蔬系统中普通用户信息的结果

例 **3-26** TestInsertUser.java。

```
1  public class TestInsertUser {
2      public static void main(String[] args) {
3          /* 创建输入流 */
4          InputStream inputStream = null;
5          /* 将 MyBatis 配置文件转化为输入流 */
6          try {
7              inputStream =
8                      Resources.getResourceAsStream("mybatis-config.xml");
9          } catch (IOException e) {
10             e.printStackTrace();
11         }
12         /* 通过 SqlSessionFactoryBuilder()创建 SqlSessionFactory 对象 */
13         SqlSessionFactory build =
14                 new SqlSessionFactoryBuilder().build(inputStream);
15         /* 通过 SqlSessionFactory 对象创建 SqlSession 对象 */
16         SqlSession sqlSession = build.openSession(true);
17         User User = new User();
18         User.setUserName("周 * 扬");
19         User.setPassWord("24");
20         User.setAddress("北京");
21     sqlSession.insert("com.qfedu.mapper.UserMapper.insertUser",User);
22         /* 关闭事务 */
23         sqlSession.close();
24     }
25 }
```

（4）执行 TestInsertUser 类的 main()方法,控制台的新增日志如图 3-7 所示。

从图 3-7 中可以看出,控制台的日志输出一条用户名为"周 * 扬"、密码为"24"、地址为"北京"的插入语句,并返回受影响的行数为 1,新增普通用户的操作执行成功。

（5）在 com.qfedu.test 包下新建 TestUpdateUser 类,该类用于实现修改 id 为 10 的记

```
Run - chapter2                                                    —  □  ×
Run:    TestInsertUser ×                                              ✿ —
▶ ↑    Opening JDBC Connection
■ ↓    Created connection 1795960102.
◎ ⑤    ==>  Preparing: insert into User(userName,passWord,phone,realName,sex,address,email) values(?,?,?,?,?,?,?)
      ==> Parameters: 周*扬(String), 24(String), null, null, null, 北京(String), null
⚙ ⧉    <==    Updates: 1
◙ 🖶    Closing JDBC Connection [com.mysql.cj.jdbc.ConnectionImpl@6b0c2d26]
■      Returned connection 1795960102 to pool.
 »
       Process finished with exit code 0
```

图 3-7　控制台的新增日志

录,具体代码如例 3-27 所示。

例 3-27　TestUpdateUser. java。

```
1   public class TestUpdateUser {
2       public static void main(String[ ] args) {
3           / * 创建输入流 * /
4           InputStream inputStream = null;
5           / * 将 MyBatis 配置文件转化为输入流 * /
6           try {
7               inputStream =
8                       Resources. getResourceAsStream("mybatis - config. xml");
9           } catch (IOException e) {
10              e. printStackTrace();
11          }
12          / * 通过 SqlSessionFactoryBuilder()创建 SqlSessionFactory 对象 * /
13          SqlSessionFactory build =
14                  new SqlSessionFactoryBuilder(). build(inputStream);
15          / * 通过 SqlSessionFactory 对象创建 SqlSession 对象 * /
16          SqlSession sqlSession = build. openSession(true);
17          User User = new User();
18          User. setId(10);
19          User. setPassWord("123456");
20          sqlSession. update("com. qfedu. mapper. UserMapper. updateUser",User);
21          / * 关闭事务 * /
22          sqlSession. close();
23      }
24  }
```

（6）执行 TestUpdateUser 类的 main()方法,控制台的修改日志如图 3-8 所示。

```
Run - chapter2                                                    —  □  ×
Run:    TestUpdateUser ×                                              ✿ —
▶ ↑    PooledDataSource forcefully closed/removed all connections.
■ ↓    PooledDataSource forcefully closed/removed all connections.
◎ ⑤    PooledDataSource forcefully closed/removed all connections.
      Opening JDBC Connection
⚙ ⧉    Created connection 1795960102.
◙ 🖶    ==>  Preparing: update User set passWord = ? where id =?
■      ==> Parameters: 123456(String), 10(Integer)
 ⚲     <==    Updates: 1
      Closing JDBC Connection [com.mysql.cj.jdbc.ConnectionImpl@6b0c2d26]
      Returned connection 1795960102 to pool.

       Process finished with exit code 0
```

图 3-8　控制台的修改日志

从图 3-8 中可以看出,控制台的日志输出一条 id 为 10、账号密码为 123456 的修改语句,修改普通用户的操作执行成功。

MyBatis 进阶

（7）在 com. qfedu. test 包下新建 TestDeleteUser 类，用于测试删除 id 为 10 的记录的操作，具体代码如例 3-28 所示。

例 3-28　TestDeleteUser. java。

```
1  public class TestDeleteUser {
2      public static void main(String[ ] args) {
3          /* 创建输入流 */
4          InputStream inputStream = null;
5          /* 将 MyBatis 配置文件转化为输入流 */
6          try {
7              inputStream =
8                      Resources. getResourceAsStream("mybatis - config. xml");
9          } catch (IOException e) {
10             e. printStackTrace();
11         }
12         /* 通过 SqlSessionFactoryBuilder() 创建 SqlSessionFactory 对象 */
13         SqlSessionFactory build =
14                 new SqlSessionFactoryBuilder(). build(inputStream);
15         /* 通过 SqlSessionFactory 对象创建 SqlSession 对象 */
16         SqlSession sqlSession = build. openSession(true);
17         sqlSession. delete("com. qfedu. mapper. UserMapper. deleteUser",10);
18         /* 关闭事务 */
19         sqlSession. close();
20     }
21 }
```

（8）执行 TestDeleteUser 类的 main（）方法，控制台输出的删除普通用户的日志如图 3-9 所示。

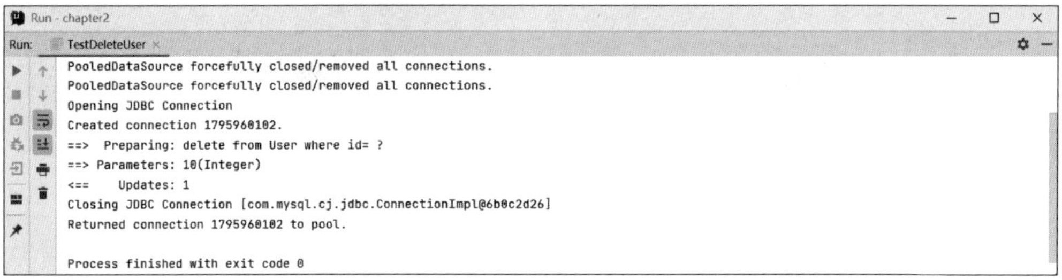

图 3-9　控制台输出的删除普通用户的日志

从图 3-9 中可以看出，控制台的日志输出一条 id 为 10 的删除语句，并返回受影响的行数 1，删除普通用户的操作执行成功。

本节使用 MyBatis 的基础知识实现了智慧农业果蔬系统中普通用户的数据管理模块，要求读者掌握 MyBatis 的映射文件、关联映射、基本语法和使用规范。

3.4　本 章 小 结

本章首先介绍了 MyBatis 的映射文件结构和元素的使用方法，然后讲解了 MyBatis 的关联关系映射，最后通过一个实战演练帮助读者巩固 MyBatis 的映射文件、关联映射、基本语法和使用规范的灵活运用。通过对本章的学习，读者可以更好地理解和应用 MyBatis 的映射文件，实现高效、灵活的数据库操作，了解如何处理复杂的关联映射数据。

3.5 习　　题

一、填空题

1. MyBatis 的映射文件名一般为_____。

2. 在 MyBatis 的映射文件中,用于映射查询语句的元素是_____。

3. 在 MyBatis 的映射文件中,用于定义可重用 SQL 代码片段的元素是_____。

4. 在 MyBatis 中,如果关联关系的 Java 对象名称与数据库表字段名称不一致,可以使用_____标签对它们进行映射。

5. MyBatis 的 3 种关联关系映射分别是_____、_____和_____。

二、选择题

1. 在 MyBatis 中,以下哪个标签用于定义关联关系映射?(　　)

  A. < select >   B. < insert >   C. < update >   D. < association >

2. 在 MyBatis 的关联关系映射中,以下哪个标签用于定义一对一关联关系?(　　)

  A. < association >   B. < collection >

  C. < resultMap >   D. < parameterMap >

3. 在 MyBatis 的关联关系映射中,以下哪个标签用于定义一对多关联关系?(　　)

  A. < association >   B. < collection >

  C. < resultMap >   D. < parameterMap >

4. 关于 MyBatis 的映射文件,下列描述错误的是(　　)。

  A. 一个 MyBatis 配置文件中可引入多个映射文件

  B. 在编写 MyBatis 的映射文件时,开发人员无须关心元素顺序

  C. < mappers >元素是 MyBatis 映射文件的根元素

  D. 在编写 MyBatis 映射文件时,不是所有的元素都必须配置

5. 在下列选项中,不属于< select >元素的属性是(　　)。

  A. id   B. resultType C. resultMap D. value

三、简答题

1. 简述常见的 MyBatis 映射文件元素的功能和用法。

2. 简述一对一表关系的处理过程。

3. 简述一对多表关系的处理过程。

四、操作题

请编写一个程序,实现使用 MyBatis 标签对 Dog 类进行增、删、改、查操作,具体步骤可参考下方内容。

（1）创建 Dog 类,在该类中添加 name、age 属性。

（2）搭建 MyBatis 框架,使用 MyBatis 标签对 Dog 类进行增、删、改、查操作。

第4章　动态 SQL 和注解开发

学习目标

视频讲解

- 理解动态 SQL 和注解开发的概念，能够准确描述两种开发方式的区别与联系。
- 掌握动态 SQL 中的常用元素，能够灵活运用动态 SQL 元素编写 SQL 语句。
- 掌握 MyBatis 中的常用注解，能够运用 MyBatis 的注解方式开发项目。

在实际业务场景中，每条数据的增、删、改、查都涉及复杂的组合和拼接操作。如果仅使用纯 SQL 语句编写这些组合与操作，工作量将会非常大。为了解决这个问题，MyBatis 框架提供了动态 SQL 和注解开发的解决方案。动态 SQL 和注解开发可以提高代码的复用性和灵活性，从而减少了开发人员编写大量重复代码的工作量。本章将对 MyBatis 的动态 SQL 和注解开发进行讲解。

4.1　动态 SQL

动态 SQL 是 MyBatis 提供的拼接 SQL 语句的强大机制。在 MyBatis 的映射文件中，开发人员可通过动态 SQL 元素灵活组装 SQL 语句，这在很大程度上避免了单一 SQL 语句的反复堆砌，提高了 SQL 语句的复用性。本节将对动态 SQL 语句中常见的元素及使用方法进行详细讲解。

4.1.1　<if>元素

<if>元素类似于 Java 中的 if 语句，也是 MyBatis 中常用的判断语句。使用<if>元素可以节省许多拼接 SQL 的工作，常与 test 属性联合使用。接下来，通过一个新增动物信息的案例演示<if>元素的使用方法，具体步骤如下。

1. 数据准备

（1）在数据库 dynamic 中创建数据表 animal，该表用于保存动物的 id、名称和数量信息。创建表的 SQL 语句如下所示。

```
DROP TABLE IF EXISTS 'animal';
CREATE TABLE 'animal'(
  'id' int(0) NOT NULL AUTO_INCREMENT,
  'name' varchar(255) CHARACTER NOT NULL,
  'number' int(0) NOT NULL,
  PRIMARY KEY('id') USING BTREE
  )ENGINE = InnoDB CHARACTER SET = utf8mb4 COLLATE =
utf8mb4_0900_ai_ci ROW_FORMAT = Dynamic;
```

（2）向数据表 animal 中插入数据，插入 SQL 语句如下所示。

```
INSERT INTO 'animal' VALUES (1, '狼', 200);
INSERT INTO 'animal' VALUES (2, '羊', 300);
INSERT INTO 'animal' VALUES (3, '猴', 100);
```

（3）在 Windows 的命令提示符窗口中输入查询 animal 表的 SQL 语句，具体语句如下所示。

```
select * from animal
```

（4）执行查询 animal 表的 SQL 语句，animal 表的查询结果如图 4-1 所示。

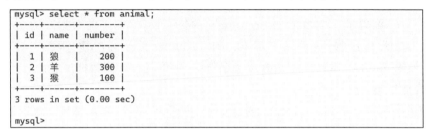

图 4-1　animal 表的查询结果

从图 4-1 中可以看出，animal 表中添加数据成功。

2. 创建项目

首先在 IDEA 软件中创建 Web 项目 dynamic，然后将 MyBatis 的 JAR 包复制到 WEB-INF 的 lib 目录中，完成 JAR 包的导入。

3. 创建 POJO 类

创建 Animal 实体类，具体代码如例 4-1 所示。

例 4-1　Animal. java。

```
1  public class Animal {
2      private Integer id;
3      private String name;
4      private Integer number;
5      //此处省略 get、set、toString 和构造方法
6  }
```

4. 创建配置文件

首先在 dynamic 项目下创建 resource 文件夹，并将其设置为资源目录。然后在 resource 文件夹下新建 mybatis-config. xml 文件。需要注意的是，如果本章使用的数据库发生改变，则配置文件中< mapper >元素的 resource 属性也将发生变化。

5. 创建映射文件

首先在 dynamic 项目的 src 目录下创建 com. qfedu. mapper 包，并在该包下新建 AnimalMapper. xml 文件，然后使用< if >元素拼接一条添加动物信息的动态 SQL 语句，具体代码如例 4-2 所示。

例 4-2　AnimalMapper. xml。

```
1  <?xml version = "1.0" encoding = "UTF - 8"?>
2  <!DOCTYPE mapper PUBLIC " - //mybatis.org//DTD Mapper 3.0//EN"
```

动态 SQL 和注解开发

```
3              "http://mybatis.org/dtd/mybatis - 3 - mapper.dtd">
4  < mapper namespace = "animal">
5     < insert id = "insertAnimal" parameterType = "com. qfedu. pojo. Animal">
6       insert into animal(name, number) values
7       ( # {name}
8         < if test = "null  ==  number or '' == number">
9              , $ {0}
10       </if >
11       )
12    </insert >
13 </mapper >
```

在例 4-2 中,配置了一个名为 insertAnimal 的插入操作,用于向数据库的 animal 表中插入数据。这个操作接收一个 com. qfedu. pojo. Animal 类型的参数,根据参数的值构建 SQL 语句,如果 number 参数不为 null 或空字符串,则将其插入到数据库表中。

6. 编写测试类

首先在 dynamic 项目的 src 目录下创建 com. qfedu. test 包,并在该包下新建 TestIf 类,用于测试<if>元素是否发挥其功能,具体代码如例 4-3 所示。

例 4-3　TestIf. java。

```
1  public class TestIf {
2     public static void main(String[] args) {
3        / * 创建输入流 * /
4        InputStream inputStream = null;
5        / * 将 MyBatis 配置文件转化为输入流 * /
6        try {
7           inputStream =
8                  Resources. getResourceAsStream("mybatis - config. xml");
9        } catch (IOException e) {
10          e. printStackTrace();
11       }
12       / * 通过 SqlSessionFactoryBuilder 创建 SqlSessionFactory 对象 * /
13       SqlSessionFactory build =
14             new SqlSessionFactoryBuilder(). build(inputStream);
15       / * 通过 SqlSessionFactory 创建 SqlSession 对象 * /
16       SqlSession sqlSession = build. openSession(true);
17       Animal animal = new Animal();
18       animal. setName("狐狸");
19       sqlSession. insert("animal. insertAnimal", animal);
20       / * 关闭事务 * /
21       sqlSession. close();
22    }
23 }
```

在例 4-3 中,第 17 行和第 18 行代码表示创建 Animal 对象并对 name 属性赋值,此时 number 属性为空。

执行 TestIf 类的 main()方法,测试<if>元素的执行结果如图 4-2 所示。

从图 4-2 中可以看出,number 属性值为 0,这是因为当<if>元素判断为空时,<if>元素包含的内容便会执行,所以 number 参数的属性会赋值为 0。

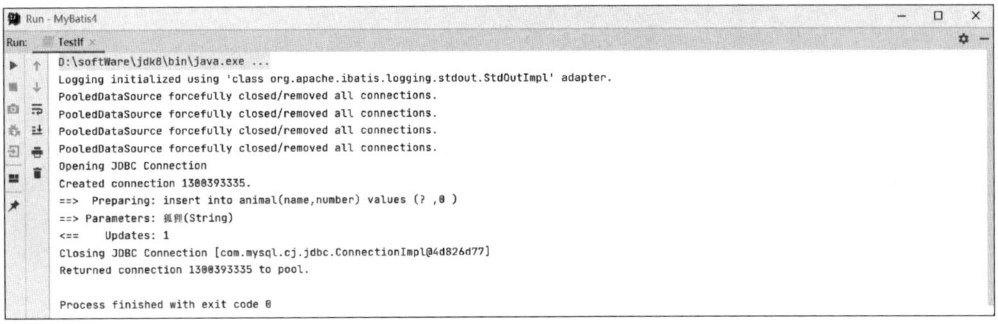

图 4-2　测试< if >元素的执行结果

4.1.2 < where >元素

在 MyBatis 映射文件中,当需要编写 SQL 语句并附加条件时,通常可以添加"where 1=1"的条件。这样既保证了后续的条件语句有效,又避免了第一个条件词是 and 或者 or 等关键字。然而,一些情况下,MyBatis 生成的 SQL 语句可能会直接以 and 关键字作为第一个条件词,这会导致 SQL 语法错误。针对这种情况,MyBatis 提供了< where >元素进行处理。

< where >元素会自动检测由多个条件拼装的 SQL 语句。只有< where >元素内的一个或多个条件成立时,才会在拼接 SQL 语句中加入 where 关键字,否则将不会添加。

接下来,通过一个查询动物信息的案例演示< where >元素的使用方法,具体步骤如下。

(1)在例 4-2 所示的 AnimalMapper. xml 文件中添加一条查询动物信息的动态 SQL 语句,具体代码如下所示。

```xml
< select id = "findAnimal" resultType = "com. qfedu. pojo. Animal">
    select * from animal
    < where >
        < if test = "null != name and ''!= name">
            and name = #{name}
        </if >
        < if test = "null != number and ''!= number">
            and number = #{number}
        </if >
    </where >
</select >
```

(2)新建 TestWhere 类用于测试< where >元素的功能,具体代码如例 4-4 所示。

例 4-4　TestWhere. java。

```java
1   public class TestWhere {
2       public static void main(String[ ] args) {
3           /* 创建输入流 */
4           InputStream inputStream = null;
5           /* 将 MyBatis 配置文件转换为输入流 */
6           try {
7               inputStream =
8                       Resources.getResourceAsStream("mybatis - config.xml");
9           } catch (IOException e) {
10              e.printStackTrace();
```

动态 *SQL* 和注解开发

```
11              }
12              /*通过 SqlSessionFactoryBuilder 创建 SqlSessionFactory 对象*/
13              SqlSessionFactory build =
14                      new SqlSessionFactoryBuilder().build(inputStream);
15              /*通过 SqlSessionFactory 创建 SqlSession 对象*/
16              SqlSession sqlSession = build.openSession(true);
17              Animal animal = new Animal();
18              animal.setName("猴");
19              animal.setNumber(100);
20              Animal result = sqlSession.selectOne("animal.findAnimal",
21              animal);
22              System.out.println(result);
23              /*关闭事务*/
24              sqlSession.close();
25          }
26  }
```

(3) 执行 TestWhere 类的 main()方法,测试< where >元素的执行结果如图 4-3 所示。

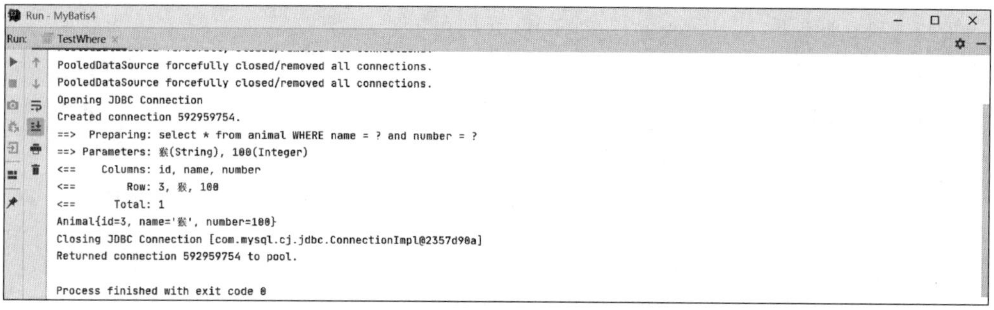

图 4-3   测试< where >元素的执行结果

从图 4-3 中可以看出,< where >元素会自动把"and name = #{name}"中的 and 连接符去除。

4.1.3   < set >元素

在实际业务场景中,通常需要更新对象的一个或多个字段,而不是每次都更新所有属性。如果每次更新都需要将其所有的属性都重新设置,这会导致执行效率低下。为了提升更新数据的效率,MyBatis 提供了< set >元素,该元素可以在动态 SQL 语句前输出 SET 关键字,并将 SQL 语句中最后一个多余的逗号去除。

接下来通过一个修改动物信息的案例演示< set >元素的使用方法,具体步骤如下。

(1) 在例 4-2 中的 AnimalMapper.xml 文件中添加一条修改动物信息的动态 SQL 语句,具体代码如下。

```
< update id = "updateAnimal" parameterType = "com.qfedu.pojo.Animal">
        update animal
        < set >
            < if test = "null != name and '' != name">
                name = #{name},
            </if >
            < if test = "null != number and '' != number">
```

```
            number = #{number},
        </if>
    </set>
    where id = #{id}
</update>
```

（2）新建 TestSet 类用于测试<set>元素的功能，具体代码如例 4-5 所示。

例 4-5　TestSet.java。

```
1  public class TestSet {
2      public static void main(String[] args) {
3          /* 创建输入流 */
4          InputStream inputStream = null;
5          /* 将 MyBatis 配置文件转换为输入流 */
6          try {
7              inputStream =
8                      Resources.getResourceAsStream("mybatis - config.xml");
9          } catch (IOException e) {
10             e.printStackTrace();
11         }
12         /* 通过 SqlSessionFactoryBuilder 创建 SqlSessionFactory 对象 */
13         SqlSessionFactory build =
14                     new SqlSessionFactoryBuilder().build(inputStream);
15         /* 通过 SqlSessionFactory 创建 SqlSession 对象 */
16         SqlSession sqlSession = build.openSession(true);
17         Animal animal = new Animal();
18         animal.setId(2);
19         animal.setName("山羊");
20         animal.setNumber(666);
21         sqlSession.update("animal.updateAnimal", animal);
22         /* 关闭事务 */
23         sqlSession.close();
24     }
25 }
```

（3）执行 TestSet 类，测试<set>元素的执行结果如图 4-4 所示。

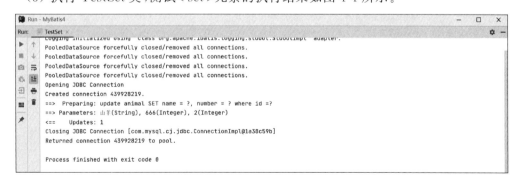

图 4-4　测试<set>元素的执行结果

从图 4-4 中可以看出，通过<set>元素，SQL 语句在 animal 后自动添加了 SET 关键字并且去除了多余的逗号。

第 4 章

4.1.4 <trim>元素

<trim>元素可以在 SQL 片段前后加上前缀或者后缀,还可以将 SQL 片段中的某些不必要的内容去除。<trim>元素这样的功能类似于<where>元素和<set>元素,但<trim>元素更加灵活。<trim>元素包含 4 个重要属性,具体介绍如下。

- prefix:指定要添加到 SQL 语句前的前缀字符串。
- prefixOverrides:指定需要从 SQL 语句中去除的前缀字符串。
- suffix:指定要添加到 SQL 语句后的后缀字符串。
- suffixOverrides:指定 SQL 语句中要去除的后缀字符串。

接下来通过一个新增动物信息的案例演示<trim>元素的使用方法,具体步骤如下。

(1)在例 4-2 所示的 AnimalMapper.xml 文件中新增一条查询动物信息的动态 SQL 语句,具体代码如下。

```xml
<select id = "findAnimalByName" resultType = "com.qfedu.pojo.Animal">
        select * from animal
        <trim prefix = "where" prefixOverrides = "and">
            <if test = "null != name and '' != name">
                and name like concat('%', #{name}, '%')
            </if>
        </trim>
</select>
```

(2)新建 TestTrim 类,用于测试<trim>元素的功能,具体代码如例 4-6 所示。

例 4-6 TestTrim.java。

```java
1  public class TestTrim {
2      public static void main(String[] args) {
3          /*创建输入流*/
4          InputStream inputStream = null;
5          /*将 MyBatis 配置文件转换为输入流*/
6          try {
7              inputStream =
8                      Resources.getResourceAsStream("mybatis - config.xml");
9          } catch (IOException e) {
10             e.printStackTrace();
11         }
12         /*通过 SqlSessionFactoryBuilder 创建 SqlSessionFactory 对象*/
13         SqlSessionFactory build =
14                 new SqlSessionFactoryBuilder().build(inputStream);
15         /*通过 SqlSessionFactory 创建 SqlSession 对象*/
16         SqlSession sqlSession = build.openSession(true);
17         Animal animal = new Animal();
18         animal.setName("羊");
19         sqlSession.selectList("animal.findAnimalByName", animal);
20         /*关闭事务*/
21         sqlSession.close();
22     }
23 }
```

(3)执行 TestTrim 类的 main()方法,测试<trim>元素的执行结果如图 4-5 所示。

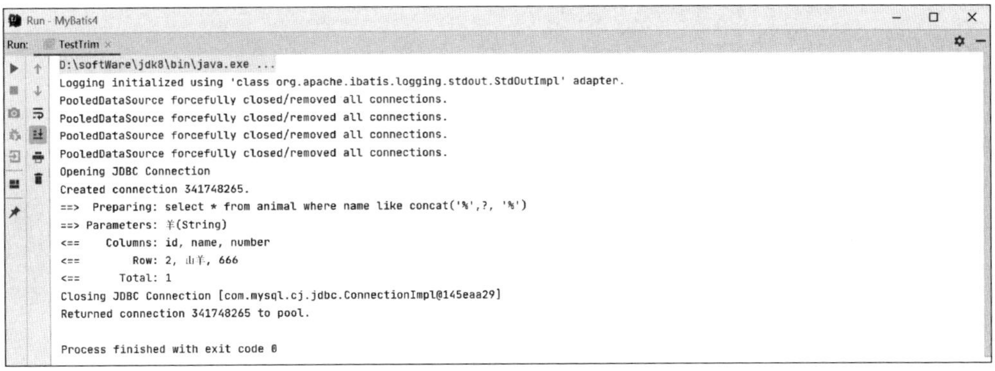

图 4-5　测试< trim >元素的执行结果

从图 4-5 中的查询语句可以看出,通过< trim >元素的 prefix 和 prefixOverrides 属性,
实现了自动为 SQL 语句添加 where 条件,并去除了< if >元素下的 and 关键字。

4.1.5　< choose >、< when >和< otherwise >元素

在使用< if >元素时,只要 test 属性中的表达式为 true,就会执行< if >元素中的条件语
句。然而,在实际应用中,有时需要从多个选项中选择一个去执行,此时使用< if >元素进行
处理并不合适。MyBatis 提供了< choose >、< when >和< otherwise >元素进行处理此类场
景。这 3 个元素通常组合在一起使用,类似于 Java 语言中的 if…else if…else 语句。

接下来,通过一个新增动物信息的案例演示< choose >、< when >和< otherwise >元素的
使用,具体步骤如下。

(1) 在例 4-2 所示的 AnimalMapper. xml 文件中新增一条查询动物信息的动态 SQL
语句,具体代码如下。

```xml
< select id = "findAnimalByCondition"
    resultType = "com. qfedu. pojo. Animal">
        select * from animal where 1 = 1
        < choose >
            < when test = "null != id and '' != id">
                and id = #{id}
            </when >
            < when test = "null != name and '' != name">
                and name = #{name}
            </when >
            < otherwise >
                and number = '100'
            </otherwise >
        </choose >
</select >
```

(2) 新建 TestChoose 类用于测试< choose >、< when >和< otherwise >元素的功能,具
体代码如例 4-7 所示。

例 4-7　TestChoose. java。

```java
1    public class TestChoose {
2        public static void main(String[] args) {
```

59

第 4 章

动态 SQL 和注解开发

```
 3            /*创建输入流*/
 4            InputStream inputStream = null;
 5            /*将 MyBatis 配置文件转换为输入流*/
 6            try {
 7                inputStream =
 8                        Resources.gctResourceAsStream("mybatis-config.xml");
 9            } catch (IOException e) {
10                e.printStackTrace();
11            }
12            /*通过 SqlSessionFactoryBuilder 创建 SqlSessionFactory 对象*/
13            SqlSessionFactory build =
14                    new SqlSessionFactoryBuilder().build(inputStream);
15            /*通过 SqlSessionFactory 创建 SqlSession 对象*/
16            SqlSession sqlSession = build.openSession(true);
17            Animal animal = new Animal();
18            animal.setName("狼");
19            sqlSession.selectList("animal.findAnimalByCondition", animal);
20            /*关闭事务*/
21            sqlSession.close();
22        }
23 }
```

（3）执行 TestChoose 类的 main()方法,测试<when>元素的执行结果如图 4-6 所示。

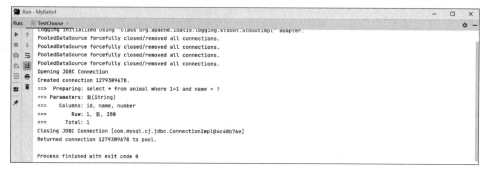

图 4-6　测试<when>元素的结果

从图 4-6 中可以看出,在例 4-7 中没有设置 id 属性的值,但设置了 name 属性的值,查询结果是满足 name 条件的所有符合条件的 Animal 对象。这是因为当<choose>元素的第一个<when>条件匹配成功,它会将 and name=#{name}添加到查询中,从而检索满足 name 条件的所有记录。没有设置 id 的情况下,id 条件不会被包括在查询中,所以它不会对查询结果产生影响。

将例 4-7 的第 18 行代码删除,测试<otherwise>元素的执行结果如图 4-7 所示。

从图 4-7 中可以看出,在<when>元素的所有判断条件都为 false 时,查询结果会满足<otherwise>元素中定义的条件,即 and number=100。

4.1.6　<foreach>元素

MyBatis 的<foreach>元素是专门用于进行循环操作的,它能够在 SQL 语句中生成多个参数值,使得 SQL 语句能够根据不同的查询需求动态地适应。它的基本语法格式如下所示。

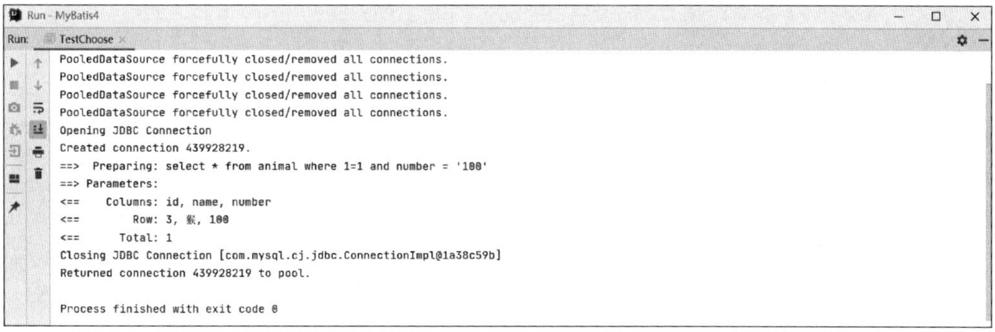

图 4-7 测试<otherwise>元素的执行结果

```
< foreach collection = "list" item = "item" index = "index"
        open = "(" close = ")" separator = ",">
    #{item}
</foreach>
```

- collection：指定要循环的集合或数组的名称。
- item：用于表示当前循环的元素名称。
- index：用于当前循环的元素的索引名称。
- open：定义了循环开始时的字符串。
- close：定义了循环结束时的字符串。
- separator：定义了各个元素之间的分隔符。

接下来通过一个查询动物信息的示例演示<foreach>元素的使用，具体步骤如下。

（1）在例 4-2 所示 AnimalMapper.xml 中新增一条查询动物信息的动态 SQL 语句，具体代码如下。

```
< select id = "findAnimalByIds" resultType = "com.qfedu.pojo.Animal">
    select * from animal where id in
    < foreach item = "id" index = "index" collection = "list"
    open = "(" close = ")" separator = ",">
        #{id}
    </foreach>
</select >
```

（2）新建 TestForeach 类用于测试<foreach>元素的功能，具体代码如例 4-8 所示。

例 4-8 TestForeach.java。

```
1   public class TestForeach {
2       public static void main(String[] args) {
3           /* 创建输入流 */
4           InputStream inputStream = null;
5           /* 将 MyBatis 配置文件转换为输入流 */
6           try {
7               inputStream =
8                       Resources.getResourceAsStream("mybatis - config.xml");
9           } catch (IOException e) {
10              e.printStackTrace();
11          }
```

动态 SQL 和注解开发

```
12          /* 通过 SqlSessionFactoryBuilder 创建 SqlSessionFactory 对象 */
13          SqlSessionFactory build =
14              new SqlSessionFactoryBuilder().build(inputStream);
15          /* 通过 SqlSessionFactory 创建 SqlSession 对象 */
16          SqlSession sqlSession = build.openSession(true);
17          List<Integer> list = new ArrayList<>();
18          list.add(1);
19          list.add(2);
20          list.add(4);
21          sqlSession.selectList("animal.findAnimalByIds", list);
22          /* 关闭事务 */
23          sqlSession.close();
24      }
25  }
```

(3) 执行 TestForeach 类,测试<foreach>元素的执行结果如图 4-8 所示。

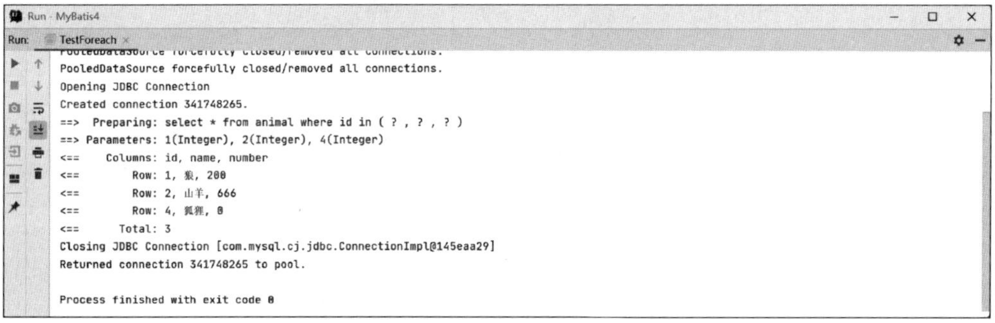

图 4-8 测试<foreach>元素的执行结果

从图 4-8 的查询日志中可以看出,映射文件中<foreach>元素设置的属性值全部注入,成功查询到 animal 表中 id 为 1、2、4 对应的记录。

4.2 实战演练:改造智慧农业果蔬系统中普通用户的数据管理 1

为了巩固 MyBatis 动态 SQL 的编程知识,本节将对第 3 章的智慧农业果蔬系统中普通用户的数据管理模块进行改善,采用动态 SQL 方式进行操作,以帮助读者掌握 MyBatis 动态 SQL 的相关知识。本实战的实战描述、实战分析和实现步骤如下所示。

【实战描述】

使用第 3 章的 chapter03 项目,通过 MyBatis 框架的动态 SQL 语法完成对 MySQL 数据库 chapter03 中普通用户表 user 进行增、删、改、查操作,并在控制台打印日志信息。

【实战分析】

(1) 使用第 3 章 chapter03 数据库中的普通用户表 user。

(2) 使用 user 表中的数据进行测试。

(3) 在 chapter03 项目中,修改对应的接口、映射文件和测试类。

(4) 编写和执行测试类,验证数据库中的数据表信息是否同步,并查看控制台的打印日志是否正确。

【实现步骤】

1. 修改 chapter03 项目

在 IDEA 软件中打开 chapter03 项目,修改 com. qfedu. mapper 包中的 UserMapper 接口文件,修改后的具体代码如例 4-9 所示。

例 4-9 UserMapper. xml。

```
1   <?xml version = "1.0" encoding = "UTF - 8"?>
2   <!DOCTYPE mapper PUBLIC " - //mybatis. org//DTD Mapper 3.0//EN"
3          "http://mybatis. org/dtd/mybatis - 3 - mapper.dtd">
4   < mapper namespace = "com. qfedu.mapper.UserMapper">
5       < select id = "findAllUser" resultType = "com. qfedu.pojo.User">
6          select * from user
7          < where >
8              < if test = "null == sex or '' == sex">
9                  sex = "女"
10             </if >
11         </where >
12      </select >
13      < insert id = "insertUser" parameterType = "com. qfedu.pojo.User">
14          insert into user
15          < trim prefix = "(" suffix = ")" suffixOverrides = ",">
16              < if test = "null != userName or '' != userName">
17                  userName,
18              </if >
19              < if test = "null != passWord or '' != passWord">
20                  passWord,
21              </if >
22              < if test = "null != phone or '' != phone">
23                  phone,
24              </if >
25              < if test = "null != realName or '' != realName">
26                  realName,
27              </if >
28              < if test = "null != sex or '' != sex">
29                  sex,
30              </if >
31              < if test = "null != address or '' != address">
32                  address,
33              </if >
34              < if test = "null != email or '' != email">
35                  email
36              </if >
37          </trim >
38          < trim prefix = "values (" suffix = ")" suffixOverrides = ",">
39              < if test = "null != userName or '' != userName">
40                  #{userName},
41              </if >
42              < if test = "null != passWord or '' != passWord">
43                  #{passWord},
44              </if >
45              < if test = "null != phone or '' != phone">
46                  #{phone},
```

动态 SQL 和注解开发

```
47              </if>
48              <if test = "null != realName or '' != realName">
49                  #{realName},
50              </if>
51              <if test = "null != sex or '' != sex">
52                  #{sex},
53              </if>
54              <if test = "null != address or '' != address">
55                  #{address},
56              </if>
57              <if test = "null != email or '' != email">
58                  #{email}
59              </if>
60          </trim>
61      </insert>
62  <update id = "updateUser" parameterType = "com.qfedu.pojo.User">
63          update user
64          <trim prefix = "set" suffixOverrides = ",">
65              <if test = "null != userName or '' != userName">
66                  userName = #{userName},
67              </if>
68              <if test = "null != passWord or '' != passWord">
69                  passWord = #{passWord},
70              </if>
71              <if test = "null != phone or '' != phone">
72                  phone = #{phone},
73              </if>
74              <if test = "null != realName or '' != realName">
75                  realName = #{realName},
76              </if>
77              <if test = "null != sex or '' != sex">
78                  sex = #{sex},
79              </if>
80              <if test = "null != address or '' != address">
81                  address = #{address},
82              </if>
83              <if test = "null != email or '' != email">
84                  email = #{email},
85              </if>
86          </trim>
87          where id = #{id}
88      </update>
89  <delete id = "deleteUser">
90          delete from User <where>
91          <if test = "null != id or '' != id">
92              id = #{id}
93          </if>)
94      </where>
95      </delete>
96  </mapper>
```

2. 编写测试类

（1）在com.qfedu.test包中新建TestFindAllUser类,该类用于测试动态SQL查询普

通用户的功能,具体代码如例 4-10 所示。

例 **4-10** TestFindAllUser.java。

```
1   public class TestFindAllUser {
2       public static void main(String[] args) {
3           /* 创建输入流 */
4           InputStream inputStream = null;
5           /* 将 MyBatis 配置文件转换为输入流 */
6           try {
7               inputStream =
8                       Resources.getResourceAsStream("mybatis-config.xml");
9           } catch (IOException e) {
10              e.printStackTrace();
11          }
12          /* 通过 SqlSessionFactoryBuilder 创建 SqlSessionFactory 对象 */
13          SqlSessionFactory build =
14                      new SqlSessionFactoryBuilder().build(inputStream);
15          /* 通过 SqlSessionFactory 创建 SqlSession 对象 */
16          SqlSession sqlSession = build.openSession();
17          List<User> Users = sqlSession.selectList(
18                      "com.qfedu.mapper.UserMapper.findAllUser");
19          for (User User : Users) {
20              System.out.println(User);
21          }
22          /* 关闭事务 */
23          sqlSession.close();
24      }
25  }
```

(2) 执行 TestFindAllUser 类的 main()方法,智慧农业果蔬系统查询普通用户性别为女的日志信息如图 4-9 所示。

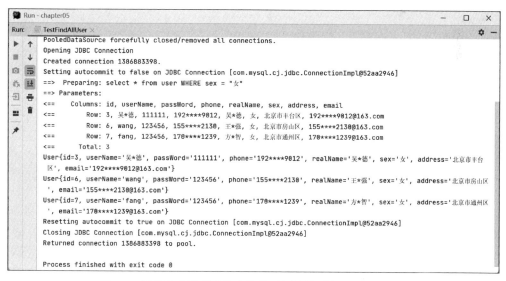

图 4-9　智慧农业果蔬系统查询普通用户性别为女的日志信息

从图 4-9 中可以看出,控制台打印出智慧农业果蔬系统中普通用户性别为女的日志信息。此时,修改的查询普通用户功能成功执行。

动态 SQL 和注解开发

（3）在 com. qfedu. test 包中新建 TestInsertUser 类，该类用于测试动态 SQL 新增普通
用户的功能，具体代码如例 4-11 所示。

例 4-11 TestInsertUser. java。

```
1  public class TestInsertUser {
2      public static void main(String[ ] args) {
3          /* 创建输入流 */
4          InputStream inputStream = null;
5          /* 将 MyBatis 配置文件转换为输入流 */
6          try {
7              inputStream =
8                      Resources. getResourceAsStream("mybatis - config. xml");
9          } catch (IOException e) {
10             e. printStackTrace();
11         }
12         /* 通过 SqlSessionFactoryBuilder 创建 SqlSessionFactory 对象 */
13         SqlSessionFactory build =
14                     new SqlSessionFactoryBuilder(). build(inputStream);
15         /* 通过 SqlSessionFactory 创建 SqlSession 对象 */
16         SqlSession sqlSession = build. openSession(true);
17         User User = new User();
18         User. setUserName("钟 * 楷");
19         User. setPassWord("19");
20         User. setAddress("北京");
21         sqlSession. insert("com. qfedu. mapper. UserMapper. insertUser", User);
22         /* 关闭事务 */
23         sqlSession. close();
24     }
25 }
```

（4）执行 TestInsertUser 类的 main()方法，智慧农业果蔬系统新增普通用户的日志信
息如图 4-10 所示。

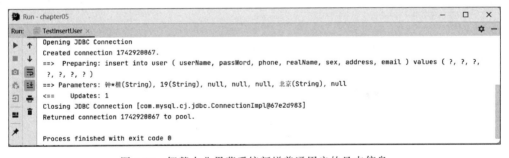

图 4-10　智慧农业果蔬系统新增普通用户的日志信息

从图 4-10 中可以看出，控制台打印出智慧农业果蔬系统新增普通用户的日志信息。此
时，修改的新增普通用户功能成功执行。

（5）在 com. qfedu. test 包中新建 TestUpdateUser 类，该类用于测试动态 SQL 修改普
通用户的功能，具体代码如例 4-12 所示。

例 4-12 TestUpdateUser. java。

```
1  public class TestUpdateUser {
2      public static void main(String[ ] args) {
```

```
3          / * 创建输入流 * /
4          InputStream inputStream = null;
5          / * 将 MyBatis 配置文件转换为输入流 * /
6          try {
7              inputStream =
8                      Resources.getResourceAsStream("mybatis - config.xml");
9          } catch (IOException e) {
10             e.printStackTrace();
11         }
12         / * 通过 SqlSessionFactoryBuilder 创建 SqlSessionFactory 对象 * /
13         SqlSessionFactory build =
14                 new SqlSessionFactoryBuilder().build(inputStream);
15         / * 通过 SqlSessionFactory 创建 SqlSession 对象 * /
16         SqlSession sqlSession = build.openSession(true);
17         User user = new User();
18         user.setId(12);
19         user.setPassWord("123456");
20         sqlSession.update("com.qfedu.mapper.UserMapper.updateUser",user);
21         / * 关闭事务 * /
22         sqlSession.close();
23     }
24 }
```

（6）执行 TestUpdateUser 类的 main()方法，智慧农业果蔬系统修改普通用户信息后的日志信息如图 4-11 所示。

图 4-11　智慧农业果蔬系统修改普通用户信息后的日志信息

从图 4-11 中可以看出，控制台打印出智慧农业果蔬系统修改普通用户信息后的日志信息。此时，修改普通用户功能成功执行。

（7）在 com.qfedu.test 包中新建 TestDeleteUser 类，该类用于测试动态 SQL 删除普通用户的功能，具体代码如例 4-13 所示。

例 4-13　TestDeleteUser.java。

```
1  public class TestDeleteUser {
2      public static void main(String[] args) {
3          / * 创建输入流 * /
4          InputStream inputStream = null;
5          / * 将 MyBatis 配置文件转换为输入流 * /
6          try {
7              inputStream =
8                      Resources.getResourceAsStream("mybatis - config.xml");
9          } catch (IOException e) {
10             e.printStackTrace();
```

```
11              }
12         /*通过 SqlSessionFactoryBuilder 创建 SqlSessionFactory 对象*/
13         SqlSessionFactory build =
14              new SqlSessionFactoryBuilder().build(inputStream);
15         /*通过 SqlSessionFactory 创建 SqlSession 对象*/
16         SqlSession sqlSession = build.openSession(true);
17         sqlSession.delete("com.qfedu.mapper.UserMapper.deleteUser",12);
18         /*关闭事务*/
19         sqlSession.close();
20     }
21 }
```

（8）执行 TestDeleteUser 类中的 main()方法,智慧农业果蔬系统删除普通用户的日志信息如图 4-12 所示。

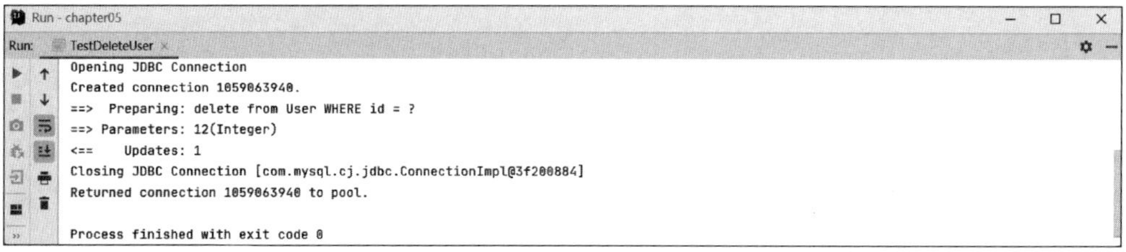

图 4-12　智慧农业果蔬系统删除普通用户的日志信息

从图 4-12 中可以看出,控制台输出智慧农业果蔬系统删除普通用户的日志信息。此时,删除普通用户功能成功执行。

4.3　注 解 开 发

在 MyBatis 中,可以使用注解来代替 XML 配置文件,实现对 Mapper 接口的配置。通过在 Mapper 接口上添加注解来定义 SQL 语句,可以使 Mapper 接口的开发更加简单和直观,同时也可以提高代码的可读性和可维护性。MyBatis 的常用注解包括@Select、@Insert、@Update、@Delete、@Param,本节将对这 5 种常用注解的语法和使用方式进行讲解。

4.3.1　@Insert 注解

@Insert 注解在 MyBatis 中相当于映射文件中的<insert>元素,用于定义插入数据的 SQL 语句、参数映射等。使用@Insert 注解标注的方法将执行数据插入操作,基本使用方法如下。

```
@Insert("INSERT INTO tableName (column1, column2) VALUES (#{value1}, #{value2})")
int insertData(@Param("value1") String value1, @Param("value2") String value2);
```

上述代码中,@Insert 注解内可以直接指定 SQL 插入语句,其中#{parameter}占位符来引用方法的参数,接口方法中使用@Param 注解(4.3.5 节将进行讲解)为每个参数指定名称,这样可以将方法参数映射到 SQL 语句中的参数,@Insert 注解的具体使用步骤如下。

1. 创建 Mapper 接口

（1）删除 AnimalMapper. xml 文件，在 com. qfedu. mapper 包中新建 AnimalMapper 接口，在该接口中声明新增动物数据信息的方法，并添加@Insert 注解，具体代码如例 4-14 所示。

例 4-14　AnimalMapper. java。

```
1    public interface AnimalMapper {
2        @Insert("insert into animal(name,number) values(#{name},#{age})")
3        int insertAnimal(Animal animal);
4    }
```

（2）在配置文件 mybatis-config. xml 的< mapper >元素下修改相应的配置信息，修改后的代码如下所示。

```
<!—指定要加载的 Mapper 接口 -->
< mappers >
    < mapper class = "com. qfedu. mapper. AnimalMapper"></mapper >
</mappers >
```

2. 创建测试类

在 com. qfedu. test 包中新建 TestInsert 类用于测试@Insert 注解的功能，具体代码如例 4-15 所示。

例 4-15　TestInsert. java。

```
1    public class TestInsert {
2        public static void main(String[ ] args) {
3            /* 创建输入流 */
4            InputStream inputStream = null;
5            /* 将 MyBatis 配置文件转换为输入流 */
6            try {
7                inputStream =
8                        Resources. getResourceAsStream("mybatis – config. xml");
9            } catch (IOException e) {
10               e. printStackTrace();
11           }
12           /* 通过 SqlSessionFactoryBuilder 创建 SqlSessionFactory 对象 */
13           SqlSessionFactory build =
14                   new SqlSessionFactoryBuilder(). build(inputStream);
15           /* 通过 SqlSessionFactory 创建 SqlSession 对象 */
16           SqlSession sqlSession = build. openSession(true);
17           Animal animal = new Animal();
18           animal. setName("老虎");
19           animal. setNumber(500);
20           AnimalMapper mapper = sqlSession. getMapper(AnimalMapper.class);
21           mapper. insertAnimal(animal);
22           /* 关闭事务 */
23           sqlSession. close();
24       }
25   }
```

执行 TestInsert 类的 main()方法，测试@Insert 注解的执行结果如图 4-13 所示。从图 4-13 可以看出，@Insert 注解正常解析并执行成功。

动态 SQL 和注解开发

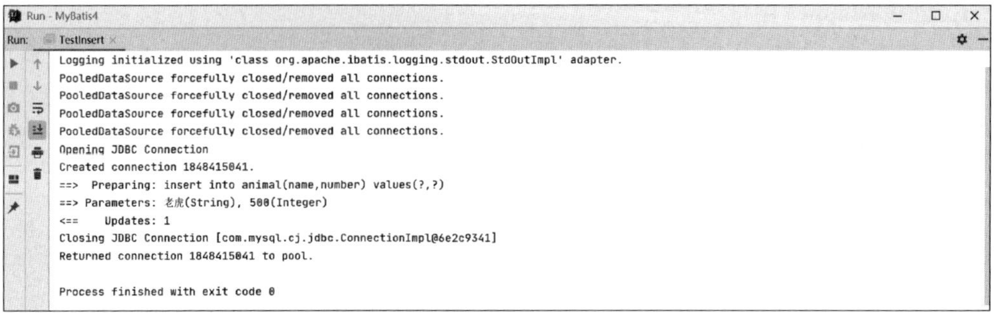

图 4-13　测试@Insert 注解的执行结果

4.3.2　@Delete 注解

@Delete 注解是 MyBatis 中用于配置删除数据操作的注解,其作用等同于映射文件中的< delete >元素。通过@Delete 注解,可以将 SQL 删除语句与方法关联起来,指定参数的映射方式。使用@Delete 注解标注的方法将执行数据删除操作,基本使用方法如下。

```
@Delete("DELETE FROM tablename WHERE id = #{id}")
int deleteDataById(@Param("id") Long id);
```

在@Delete 注解内指定 SQL 删除语句,并使用#{parameter}占位符来引用方法的参数。@Delete 注解的具体使用步骤如下。

1. 修改 Mapper 接口

在 AnimalMapper 接口中声明删除动物信息的方法 deleteAnimalById(),并添加@Delete 注解,具体代码如下所示。

```
@Delete("delete from animal where id = #{id}")
int deleteAnimalById(Integer id);
```

2. 创建测试类

在 com. qfedu. test 包中新建 TestDelete 类,该类用于测试@Delete 注解的功能,具体代码如例 4-16 所示。

例 4-16　TestDelete. java。

```
1   public class TestDelete {
2       public static void main(String[] args) {
3           /* 创建输入流 */
4           InputStream inputStream = null;
5           /* 将 MyBatis 配置文件转换为输入流 */
6           try {
7               inputStream =
8                       Resources.getResourceAsStream("mybatis - config.xml");
9           } catch (IOException e) {
10              e.printStackTrace();
11          }
12          /* 通过 SqlSessionFactoryBuilder 创建 SqlSessionFactory 对象 */
13          SqlSessionFactory build =
14                  new SqlSessionFactoryBuilder().build(inputStream);
15          /* 通过 SqlSessionFactory 创建 SqlSession 对象 */
16          SqlSession sqlSession = build.openSession(true);
```

```
17          AnimalMapper mapper = sqlSession.getMapper(AnimalMapper.class);
18          mapper.deleteAnimalById(4);
19          /* 关闭事务 */
20          sqlSession.close();
21      }
22  }
```

执行 TestDelete 类,测试@Delete 注解的执行结果如图 4-14 所示。

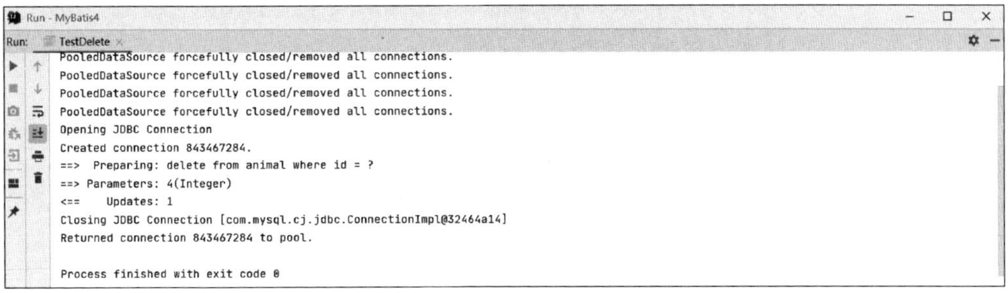

图 4-14　测试@Delete 注解的执行结果

从图 4-14 中可以看出,@Delete 注解正常解析并执行成功。

4.3.3　@Update 注解

@Update 注解主要用于映射更新语句,其作用等同于映射文件中的< update >元素。使用@Update 注解标注的方法将执行数据更新操作,它的基本使用方法和@Insert、@Delete 注解类似,具体使用步骤如下。

1. 修改 Mapper 接口

在 AnimalMapper 接口文件中声明更新动物数据的方法,具体代码如下所示。

```
@Update("update animal set number = #{number} where id = #{id}")
int updateAnimal(Animal animal);
```

2. 创建测试类

在 com.qfedu.test 包中新建 TestUpdate 类,该类用于测试@Update 注解的功能,具体代码如例 4-17 所示。

例 4-17　TestUpdate.java。

```
1  public class TestUpdate {
2      public static void main(String[] args) {
3          /* 创建输入流 */
4          InputStream inputStream = null;
5          /* 将 MyBatis 配置文件转换为输入流 */
6          try {
7              inputStream =
8                      Resources.getResourceAsStream("mybatis-config.xml");
9          } catch (IOException e) {
10             e.printStackTrace();
11         }
12         /* 通过 SqlSessionFactoryBuilder 创建 SqlSessionFactory 对象 */
13         SqlSessionFactory build =
14                 new SqlSessionFactoryBuilder().build(inputStream);
```

```
15          /* 通过 SqlSessionFactory 创建 SqlSession 对象 */
16          SqlSession sqlSession = build.openSession(true);
17          Animal animal = new Animal();
18          animal.setId(1);
19          animal.setNumber(250);
20          AnimalMapper mapper = sqlSession.getMapper(AnimalMapper.class);
21          mapper.updateAnimal(animal);
22          /* 关闭事务 */
23          sqlSession.close();
24      }
25 }
```

执行 TestUpdate 类,测试@Update 注解的执行结果如图 4-15 所示。

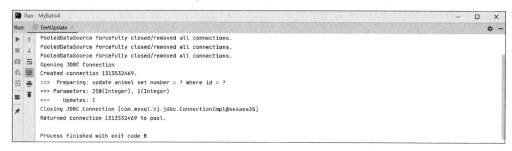

图 4-15   测试@Update 注解的执行结果

从图 4-15 可以看出,@Update 注解正常解析并执行成功。

4.3.4 @Select 注解

@Select 注解主要用于配置数据查询操作,其作用等同于映射文件中的< select >元素。使用@Select 注解标注的方法将执行数据查询操作,它的基本使用方法和@Insert、@Delete 注解类似,具体使用步骤如下。

1. 修改 Mapper 接口

在 AnimalMapper 接口文件中声明查询动物数据的方法,具体代码如下所示。

```
@Select("select * from animal")
List < Animal > findAllAnimal();
```

2. 创建测试类

在 com.qfedu.test 包中新建 TestSelect 类,该类用于测试@Select 注解的功能,具体代码如例 4-18 所示。

例 4-18   TestSelect.java。

```
1 public class TestSelect {
2    public static void main(String[] args) {
3        /* 创建输入流 */
4        InputStream inputStream = null;
5        /* 将 MyBatis 配置文件转换为输入流 */
6        try {
7            inputStream =
8                    Resources.getResourceAsStream("mybatis - config.xml");
```

```
9          } catch (IOException e) {
10             e.printStackTrace();
11         }
12         /* 通过 SqlSessionFactoryBuilder 创建 SqlSessionFactory 对象 */
13         SqlSessionFactory build =
14                 new SqlSessionFactoryBuilder().build(inputStream);
15         /* 通过 SqlSessionFactory 创建 SqlSession 对象 */
16         SqlSession sqlSession = build.openSession(true);
17         AnimalMapper mapper = sqlSession.getMapper(AnimalMapper.class);
18         mapper.findAllAnimal();
19         /* 关闭事务 */
20         sqlSession.close();
21     }
22 }
```

执行 TestSelect 类,测试@Select 注解的执行结果如图 4-16 所示。

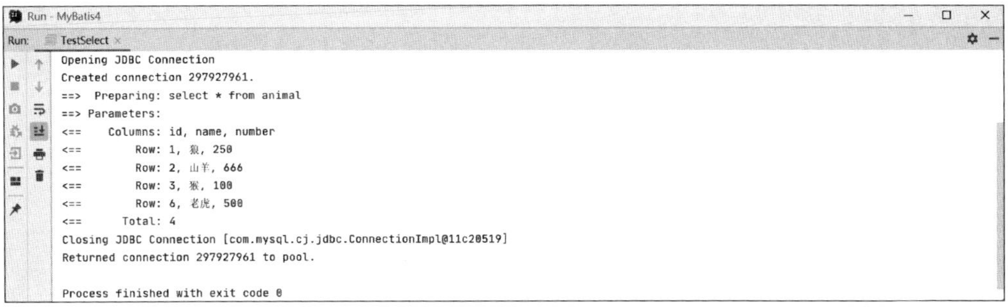

图 4-16　测试@Select 注解的执行结果

从图 4-16 可以看出,@Select 注解正常解析并执行成功。

4.3.5　@Param 注解

@Param 注解是 MyBatis 中用于指定方法参数名称的注解。通常,它与 SQL 查询语句中的占位符♯{parameter}一起使用,以明确指定方法参数如何映射到 SQL 查询语句中的参数,基本使用方法如下。

```
@Select("SELECT * FROM your_table WHERE column = ♯{value}")
YourEntity findData(@Param("value") String value);
```

上述代码中,@Param("value")注解用于指定方法参数 value 的名称,与 SQL 查询语句中的♯{value}占位符相对应。通过显式地指定参数名称,解决方法参数名称在字节码编译时会被编译成 arg0、arg1 等无意义的参数名的问题。需要注意的是,对于映射文件中的参数映射,通常不需要使用@Param 注解,因为映射文件中的参数名称可以更明确地映射参数,它主要用于注解方式的 SQL 查询方法中。@Param 注解的具体使用步骤如下。

1. 修改 Mapper 接口

在 AnimalMapper 接口中声明查询动物数据信息的方法,具体代码如下所示。

```
@Select("select * from animal where id = ♯{param1} "
        + "and number = ♯{param2}")
List < Animal > findSpecifyAnimal(@Param("param1")Integer id,
                                 @Param("param2")Integer number);
```

2. 创建测试类

在 com. qfedu. test 包中新建 TestParam 类,用于测试@Param 注解的功能,具体代码
如例 4-19 所示。

例 4-19 TestParam. java。

```
1  public class TestParam {
2      public static void main(String[] args) {
3          /* 创建输入流 */
4          InputStream inputStream = null;
5          /* 将 MyBatis 配置文件转换为输入流 */
6          try {
7              inputStream =
8                      Resources.getResourceAsStream("mybatis - config.xml");
9          } catch (IOException e) {
10             e.printStackTrace();
11         }
12         /* 通过 SqlSessionFactoryBuilder 创建 SqlSessionFactory 对象 */
13         SqlSessionFactory build =
14                 new SqlSessionFactoryBuilder().build(inputStream);
15         /* 通过 SqlSessionFactory 创建 SqlSession 对象 */
16         SqlSession sqlSession = build.openSession(true);
17         AnimalMapper mapper = sqlSession.getMapper(AnimalMapper.class);
18         mapper.findSpecifyAnimal(1,250);
19         /* 关闭事务 */
20         sqlSession.close();
21     }
22 }
```

执行 TestParam 类,测试@Param 注解的执行结果如图 4-17 所示。

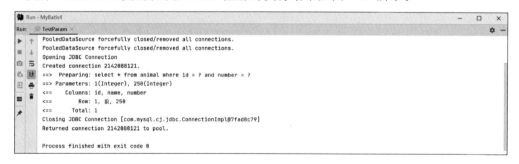

图 4-17 测试@Param 注解的执行结果

通过图 4-17 的查询日志可以看出,@Param 注解正常解析并执行成功。

4.4 实战演练:改造智慧农业果蔬系统中 普通用户的数据管理 2

为了巩固 MyBatis 注解开发的编程知识,本节将对第 3 章的智慧农业果蔬系统的普通
用户管理模块进行改造,采用 MyBatis 注解方式进行操作,以帮助读者熟练掌握 MyBatis 注
解开发语法的相关知识。本实战的实战描述、实战分析和实现步骤如下所示。

【实战描述】

使用第 3 章的 chapter03 项目，通过 MyBatis 框架的注解语法完成对数据库 chapter03 下普通用户表 user 的增、删、改、查操作，并在控制台打印出日志信息。

【实战分析】

（1）使用第 3 章 chapter03 数据库中的 user 表。

（2）向表中插入测试数据。

（3）在第 3 章 chapter03 项目下，使用注解方式修改 UserMapper 文件中的代码。

（4）编写和执行测试类，验证数据库中的数据表信息是否同步，并查看控制台的打印日志是否正确。

【实现步骤】

1. 修改 chapter03 项目

首先在 IDEA 软件中打开第 3 章的 chapter03 项目，然后修改 com. qfedu. mapper 包中的 UserMapper 接口，修改后的代码如例 4-20 所示。

例 **4-20** UserMapper. java。

```
1   public interface UserMapper {
2       //查询
3       @Select("select * from User")
4       List<User> findAllUser();
5       //新增
6       @Insert("insert into User(userName,passWord,phone,realName,
7               sex,address,email) values(#{userName},#{passWord},#{phone},
8               #{realName},#{sex},#{address},#{email})")
9       int insertUser(User User);
10      //删除
11      @Delete("delete from User where id = #{id}")
12      int deleteUser(Integer id);
13      //修改
14      @Update("update User set address = #{param1},realName = #{param2}
15              where id = #{param3}")
16      int updateUser(@Param("param1") String address,
17                      @Param("param2") String realName,
18                      @Param("param3") Integer id);
19  }
20  }
```

需要注意的是，MyBaits 注解开发方式不需要 UserMapper. xml 映射文件，故可以删除该文件。

2. 编写测试类

（1）在 com. qfedu. test 包中新建 TestFindAllUser 类，该类用于查询普通用户的数据信息，具体代码如例 4-21 所示。

例 **4-21** TestFindAllUser. java。

```
1   public class TestFindAllUser {
2       public static void main(String[] args) {
3           /*创建输入流*/
4           InputStream inputStream = null;
```

动态 SQL 和注解开发

```
5              /* 将 MyBatis 配置文件转换为输入流 */
6              try {
7                  inputStream =
8                          Resources.getResourceAsStream("mybatis - config.xml");
9              } catch (IOException e) {
10                 e.printStackTrace();
11             }
12             /* 通过 SqlSessionFactoryBuilder 创建 SqlSessionFactory 对象 */
13             SqlSessionFactory build =
14                     new SqlSessionFactoryBuilder().build(inputStream);
15             /* 通过 SqlSessionFactory 创建 SqlSession 对象 */
16             SqlSession sqlSession = build.openSession(true);
17             UserMapper mapper =
18             sqlSession.getMapper(UserMapper.class);
19             mapper.findAllUser();
20             /* 关闭事务 */
21             sqlSession.close();
22         }
23 }
```

（2）执行 TestFindAllUser 类的 main()方法,智慧农业果蔬系统查询所有普通用户的日志信息如图 4-18 所示。

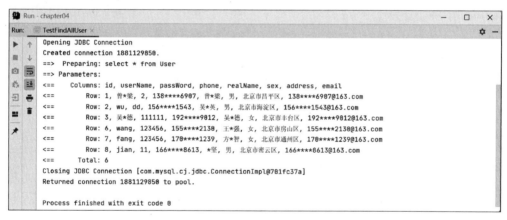

图 4-18　查询所有普通用户的日志信息

从图 4-18 中可以看出,控制台打印出智慧农业果蔬系统中所有普通用户信息的记录。

（3）在 com.qfedu.test 包中新建 TestInsertUser 类,用于测试新增普通用户功能,具体代码如例 4-22 所示。

例 4-22　TestInsertUser.java。

```
1  public class TestInsertUser {
2      public static void main(String[] args) {
3          /* 创建输入流 */
4          InputStream inputStream = null;
5          /* 将 MyBatis 配置文件转换为输入流 */
6          try {
7              inputStream =
8                      Resources.getResourceAsStream("mybatis - config.xml");
9          } catch (IOException e) {
```

```
10              e.printStackTrace();
11          }
12          /* 通过 SqlSessionFactoryBuilder 创建 SqlSessionFactory 对象 */
13          SqlSessionFactory build =
14                  new SqlSessionFactoryBuilder().build(inputStream);
15          /* 通过 SqlSessionFactory 创建 SqlSession 对象 */
16          SqlSession sqlSession = build.openSession(true);
17          UserMapper mapper = sqlSession.getMapper(UserMapper.class);
18          User user = new User();
19          user.setUserName("ye");
20          user.setPassWord("77381");
21          user.setRealName("叶 * 涛");
22          user.setPhone("177 * * * * 9172");
23          user.setSex("男");
24          user.setAddress("北京市");
25          user.setEmail("177 * * * * 9172@qq.com");
26          mapper.insertUser(user);
27          /* 关闭事务 */
28          sqlSession.close();
29      }
30  }
```

(4) 执行 TestInsertUser 类的 main()方法,智慧农业果蔬系统新增普通用户的日志信息如图 4-19 所示。

图 4-19　新增普通用户的日志信息

从图 4-19 中可以看出,控制台打印出智慧农业果蔬系统新增普通用户的结果为 1。

(5) 在 com.qfedu.test 包中新建 TestUpdateUser 类,该类用于测试更新普通用户信息的功能,具体代码如例 4-23 所示。

例 4-23　TestUpdateUser.java。

```
1  public class TestUpdateUser {
2      public static void main(String[] args) {
3          /* 创建输入流 */
4          InputStream inputStream = null;
5          /* 将 MyBatis 配置文件转换为输入流 */
6          try {
7              inputStream =
8                      Resources.getResourceAsStream("mybatis - config.xml");
9          } catch (IOException e) {
10              e.printStackTrace();
11          }
12          /* 通过 SqlSessionFactoryBuilder 创建 SqlSessionFactory 对象 */
```

第4章

动态 SQL 和注解开发

```
13      SqlSessionFactory build =
14              new SqlSessionFactoryBuilder().build(inputStream);
15      /* 通过 SqlSessionFactory 创建 SqlSession 对象 */
16      SqlSession sqlSession = build.openSession(true);
17      UserMapper mapper =
18      sqlSession.getMapper(UserMapper.class);
19      mapper.updateUser("天津","李*涛",11);
20      /* 关闭事务 */
21      sqlSession.close();
22      }
23  }
```

(6) 执行 TestUpdateUser 类中的 main()方法,智慧农业果蔬系统更新普通用户日志信息如图 4-20 所示。

图 4-20   更新普通用户日志信息

从图 4-20 中可以看出,控制台打印出智慧农业果蔬系统更新普通用户的结果为 1。

(7) 在 com. qfedu. test 包中新建 TestDeleteUser 类,用于测试删除普通用户信息的功能,具体代码如例 4-24 所示。

例 4-24   TestDeleteUser. java。

```
1   public class TestDeleteUser {
2       public static void main(String[] args) {
3           /* 创建输入流 */
4           InputStream inputStream = null;
5           /* 将 MyBatis 配置文件转换为输入流 */
6           try {
7               inputStream =
8                       Resources.getResourceAsStream("mybatis - config.xml");
9           } catch (IOException e) {
10              e.printStackTrace();
11          }
12          /* 通过 SqlSessionFactoryBuilder 创建 SqlSessionFactory 对象 */
13          SqlSessionFactory build =
14                  new SqlSessionFactoryBuilder().build(inputStream);
15          /* 通过 SqlSessionFactory 创建 SqlSession 对象 */
16          SqlSession sqlSession = build.openSession(true);
17          UserMapper mapper =
18          sqlSession.getMapper(UserMapper.class);
19          mapper.deleteUser(11);
20          /* 关闭事务 */
21          sqlSession.close();
22      }
23  }
```

（8）执行 TestDeleteUser 类中的 main()方法,智慧农业果蔬系统删除普通用户的日志信息如图 4-21 所示。

图 4-21　删除普通用户的日志信息

从图 4-21 可以看出,控制台打印出智慧农业果蔬系统删除的普通用户的结果为 1。

4.5　本 章 小 结

本章首先介绍了动态 SQL 语句中常见的元素,然后对@Select、@Insert、@Update、@Delete、@Param 这 5 种注解的使用方法进行了演示,并通过 2 个实战演练巩固动态 SQL 和注解开发的相关知识。通过对本章内容的学习,可以使读者更好地理解和应用 MyBatis 的动态 SQL 和注解方式开发,实现高效、灵活的数据库操作。

4.6　习　　　题

一、填空题

1. MyBatis 的更新操作通过配置_____注解来实现。

2. MyBatis 的_____注解用于映射插入语句,其作用等同于 XML 配置文件中的<insert>元素。

3. _____注解用于映射查询语句,其作用等同于 XML 文件中的<select>元素。

4. MyBaits 中<trim>元素的作用是去除一些特殊的字符串,它的_____属性代表的是语句的前缀。

5. 使用<set>元素来组装 update 语句时,<set>元素会自动消除 SQL 语句中最后一个多余的_____。

二、选择题

1. 以下不属于<foreach>元素中使用的属性是(　　　)。
   A. separator　　　　　B. collection　　　　C. current　　　　D. item

2. 当需要从多个选项中选择一个选项去执行时,可以使用的动态 SQL 元素是(　　　)。
   A. <if>　　　　　　　　　　　　　B. <choose>、<when>、<otherwise>
   C. <when>　　　　　　　　　　　D. <set>

3. 以下有关 MyBatis 动态 SQL 中的主要元素说法错误的是(　　　)。
   A. <if>用于单条件分支判断
   B. <choose>、<when>、<otherwise>用于多条件分支判断
   C. <foreach>循环语句,常用于 in 语句等列举条件中

D. 在映射文件进行更新操作时,只需要使用< set >元素就可以进行动态 SQL 组装

4. 以下关于< foreach >元素中使用的几种属性的描述错误的是(　　)。

　　A. item:配置的是循环中当前的元素

　　B. index:配置的是当前元素在集合的位置下标

　　C. collection:配置的是传递过来的参数类型,它可以是一个 array、list 或 collection、Map 集合的键、POJO 包装类中数组或集合类型的属性名等

　　D. separator:配置的是各个元素的间隔符

5. 在数据表 employee 中根据 id 删除员工信息,下列@Delete 注解的写法正确的是(　　)。

　　A. @Delete("delete from employee where id = ?")

　　B. @Delete("delete from employee where id = ?")

　　C. @Delete("delete from employee where id = ♯{id}")

　　D. 上述说法都不正确

三、简答题

1. 请简述 MyBatis 动态 SQL 中的常用元素的功能及使用方法。

2. 请简述 MyBatis 常用的注解开发有哪些。

四、操作题

使用数据库 dynamic 中的数据表 animal,设计一个统计功能。自动计算出当前数据库中所有动物的种类及数量。

第 5 章

MyBatis 缓存机制

学习目标

视频讲解

- 理解 MyBatis 一级缓存机制，能够描述一级缓存机制的概念和特点。
- 理解 MyBatis 二级缓存机制，能够描述二级缓存机制的概念和特点。
- 掌握 MyBatis 处理一级缓存的方法，能够灵活运用一级缓存机制。
- 掌握 MyBatis 处理二级缓存的方法，能够灵活运用二级缓存机制。
- 掌握 MyBatis 集成 EhCache 缓存的方法，能够准确配置 EhCache 缓存。

为了降低高并发访问给数据库带来的压力，大型企业项目中都会使用缓存。使用缓存可以降低磁盘 I/O 操作、减少程序与数据库的交互，帮助程序迅速获取所需数据，提升系统响应速度，对优化系统整体性能具有重要意义。本章将对 MyBatis 的缓存种类和 EhCache 缓存进行讲解。

5.1 MyBatis 缓存分类

在实际业务场景中，如果经常执行相同 SQL 语句的查询操作，会导致频繁与数据库交互，从而造成磁盘性能下降和资源浪费的情况。MyBatis 的缓存机制很好地解决了这一类问题，MyBatis 缓存将 SQL 语句或结果保存在内存中，以便下次执行相同的 SQL 时直接从缓存中读取，从而不用再次访问数据库。本节将对 MyBatis 的一级缓存和二级缓存的概念、特点及应用进行讲解。

5.1.1 一级缓存

1. MyBatis 一级缓存的概念及特点

MyBatis 一级缓存机制是指在同一个 SqlSession 中，对相同的 SQL 语句和参数，只执行一次数据库查询，第一次查询的结果会被缓存起来，后续的查询会直接从缓存中获取，从而提高查询效率。

MyBatis 一级缓存机制默认开启，它使用一个 HashMap 对象来存储缓存数据，key 为 hashCode＋sqlId＋SQL 语句，value 为查询结果对象。

MyBatis 一级缓存机制有以下特点。

- 一级缓存是 SqlSession 级别的，不同的 SqlSession 之间的缓存是相互隔离的。
- 一级缓存只对 select 语句有效，对 insert、update、delete 语句无效。

MyBatis 一级缓存也会有缓存失效或清空的情况，具体场景如下。

- 当执行任何 insert、update、delete 语句时,会清空当前 SqlSession 的所有缓存。
- 当执行不同的 SQL 语句或参数时,会重新生成新的 key 值,从而导致缓存失效。
- 当手动调用 sqlSession.clearCache()方法时,会清空当前 SqlSession 的所有缓存。
- 当 SqlSession 关闭或提交时,会清空当前 SqlSession 的所有缓存。

需要注意的是,sqlSession 是 SqlSession 类的对象。

2. MyBatis 一级缓存的应用

在深入理解 MyBatis 一级缓存的概念、特点和应用场景后,这里通过一个示例演示 MyBatis 一级缓存的应用,从而掌握 MyBatis 一级缓存的机制和使用,具体步骤如下。

(1) 使用第 2 章 2.5 节中的数据库 textbook 和数据表 education。

(2) 在 IDEA 中新建 chapter05 项目,将 MyBatis 的 JAR 包和 MySQL 驱动的 JAR 包添加到 WEB-INF 下的 lib 文件夹中。

(3) 创建 Education 类,该类和例 2-1 所示内容相同,此处不再赘述。

(4) 创建 mybatis-config.xml 配置文件,具体代码可参照例 2-2,此处不再赘述。

(5) 创建映射文件 EducationMapper.xml,具体代码如例 5-1 所示。

例 5-1 EducationMapper.xml。

```xml
1  <?xml version = "1.0" encoding = "UTF-8"?>
2  <!DOCTYPE mapper PUBLIC "-//mybatis.org//DTD Mapper 3.0//EN"
3          "http://mybatis.org/dtd/mybatis-3-mapper.dtd">
4  <mapper namespace = "education">
5      <select id = "findEducationById"
6      resultType = "com.qfedu.pojo.Education">
7          select * from education where id = #{id}
8      </select>
9      <update id = "updateEducation"
10     parameterType = "com.qfedu.pojo.Education">
11         update education set price = #{price} where id = #{id}
12     </update>
13 </mapper>
```

在例 5-1 中,第 7 行代码表示根据 id 查询教材的 SQL 语句,第 11 行代码表示根据 id 修改教材的 SQL 语句。

(6) 创建 TestCache01 类用于测试 MyBatis 一级缓存机制,具体代码如例 5-2 所示。

例 5-2 TestCache01.java。

```java
1  public class TestCache01 {
2      public static void main(String[] args) {
3          /* 创建输入流 */
4          InputStream inputStream = null;
5          /* 将 MyBatis 配置文件转换为输入流 */
6          try {
7              inputStream =
8                      Resources.getResourceAsStream("mybatis-config.xml");
9          } catch (IOException e) {
10             e.printStackTrace();
11         }
12         /* 通过 SqlSessionFactoryBuilder 创建 SqlSessionFactory 对象 */
13         SqlSessionFactory build =
```

```
14                  new SqlSessionFactoryBuilder().build(inputStream);
15          /*通过 SqlSessionFactory 创建 SqlSession 对象*/
16          SqlSession sqlSession = build.openSession(true);
17          Education education1 = sqlSession.selectOne(
18                              "education.findEducationById", 1);
19          System.out.println(education1.toString());
20          System.out.println("----------------------------------- ");
21          Education education2 = sqlSession.selectOne(
22                              "education.findEducationById", 1);
23          System.out.println(education2.toString());
24          /*关闭事务*/
25          sqlSession.close();
26      }
27 }
```

执行 TestCache01 类,MyBatis 一级缓存测试结果如图 5-1 所示。

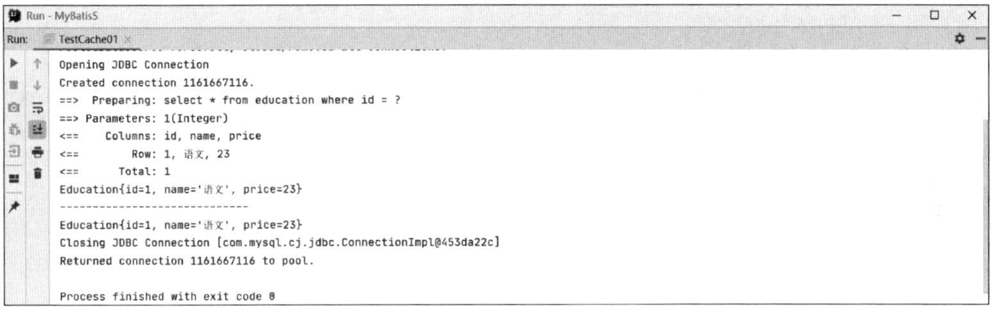

图 5-1　MyBatis 一级缓存测试结果

从图 5-1 的控制台打印结果可以看出,执行两次相同的查询语句,这是因为使用了 MyBatis 一级缓存机制。当程序第二次执行相同的查询语句时,日志并没有发出 SQL 语句,而是直接从一级缓存中获取了数据。

(7) 新建 TestCache02 类,该类用于测试因修改数据信息导致一级缓存失效的场景,具体代码如例 5-3 所示。

例 5-3　TestCache02.java。

```
1 public class TestCache02 {
2     public static void main(String[] args) {
3         /*创建输入流*/
4         InputStream inputStream = null;
5         /*将 MyBatis 配置文件转换为输入流*/
6         try {
7             inputStream =
8                     Resources.getResourceAsStream("mybatis-config.xml");
9         } catch (IOException e) {
10            e.printStackTrace();
11        }
12        /*通过 SqlSessionFactoryBuilder 创建 SqlSessionFactory 对象*/
13        SqlSessionFactory build =
14                new SqlSessionFactoryBuilder().build(inputStream);
15        /*通过 SqlSessionFactory 创建 SqlSession 对象*/
16        SqlSession sqlSession = build.openSession(true);
```

```
17          //查询 Id 为 1 的数据信息
18          Education education1 =
19          sqlSession.selectOne("education.findEducationById", 1);
20          System.out.println(education1.toString());
21          //修改 Id 为 2 的价格信息
22          Education education2 = new Education();
23          education2.setId(2);
24          education2.setPrice(19);
25          sqlSession.update("education.updateEducation",education2);
26          //再次查询 Id 为 1 的数据信息
27          Education education3 =
28          sqlSession.selectOne("education.findEducationById", 1);
29          System.out.println(education3.toString());
30          /*关闭事务*/
31          sqlSession.close();
32      }
33  }
```

执行 TestCache02 类,MyBatis 一级缓存失效的测试结果如图 5-2 所示。

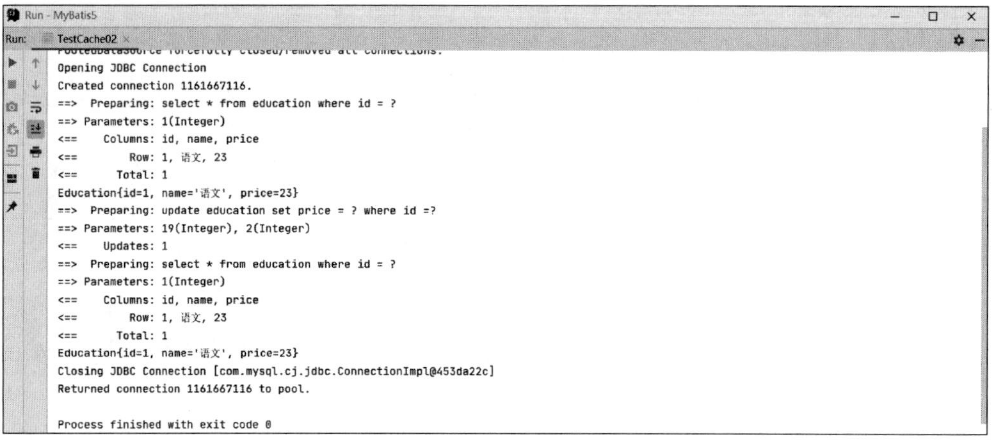

图 5-2　MyBatis 一级缓存失效的测试结果

从图 5-2 的控制台打印结果可以看出,程序首先查询 Id 为 1 的教材信息,其次更新 Id 为 2 的教材信息,然后再次查询 Id 为 1 的教材信息。由于程序执行了更新操作,符合本节介绍的 MyBaits 一级缓存失效的情况之一,所以当再次查询 Id 为 1 的教材信息时,缓存失效,只能再次执行 SQL 语句从数据库中读取结果。

5.1.2　二级缓存

1. MyBatis 二级缓存的概念及特点

MyBatis 二级缓存机制是指在不同的 SqlSession 中,对相同的 SQL 语句和参数,只执行一次数据库查询,第一次查询的结果会被缓存起来,后续的查询会直接从缓存中获取,从而提高查询效率。

MyBatis 二级缓存机制默认是关闭的,需要手动开启和配置。它使用一个 Cache 对象来存储缓存数据,同时支持自定义缓存的实现类或使用第三方缓存方案。

MyBatis 二级缓存机制有以下特点。

- 二级缓存是 Mapper 级别的缓存,多个 SqlSession 可以共享同一个 Mapper 的缓存, 也称为全局缓存。
- 二级缓存只对 select 语句有效,对 insert、update、delete 语句无效。

MyBatis 二级缓存也会有失效或清空的情况,具体场景如下。

- 当执行任何 insert、update、delete 语句时,会刷新当前 Mapper 的所有缓存。
- 当执行不同的 SQL 语句或参数时,会重新生成新的 key 值,从而导致缓存失效。
- 当手动调用 sqlSession. clearCache()方法时,会清空当前 SqlSession 的所有缓存。
- 当 SqlSession 关闭或提交时,会清空当前 SqlSession 的所有缓存。

需要注意的是,sqlSession 是 SqlSession 类的对象。

2. MyBatis 二级缓存的应用

在深入理解 MyBatis 二级缓存的概念、特点和应用场景后,这里通过一个示例演示 MyBatis 二级缓存的应用,从而掌握 MyBatis 二级缓存的机制和使用,具体步骤如下。

(1) 使用本章 5.1.1 节中的 chapter05 项目。

(2) 在映射文件 EducationMapper. xml 中的<mapper>元素下添加如下代码。

```
<cache></cache>
```

上述代码表示开启二级缓存机制。

(3) Education 类需要实现序列化接口,具体代码如下。

```
public class Education implements Serializable {}
```

(4) 新建 TestCache03 类用于测试二级缓存机制,具体代码如例 5-4 所示。

例 5-4 TestCache03. java。

```
1   public class TestCache03 {
2       public static void main(String[] args) {
3           /*创建输入流*/
4           InputStream inputStream = null;
5           /*将 MyBatis 配置文件转化为输入流*/
6           try {
7               inputStream =
8                       Resources. getResourceAsStream("mybatis - config. xml");
9           } catch (IOException e) {
10              e. printStackTrace();
11          }
12          /*通过 SqlSessionFactoryBuilder 创建 SqlSessionFactory 对象*/
13          SqlSessionFactory build =
14                  new SqlSessionFactoryBuilder(). build(inputStream);
15          /*通过 SqlSessionFactory 创建 SqlSession 对象*/
16          SqlSession sqlSession1 = build. openSession(true);
17          SqlSession sqlSession2 = build. openSession(true);
18          Education education1 =
19          sqlSession1. selectOne("education. findEducationById", 1);
20          //事务提交
21          sqlSession1. commit();
22          System. out. println(education1. toString());
23          System. out. println(" ---------------------------- ");
24          Education education2 =
```

```
25        sqlSession2.selectOne("education.findEducationById", 1);
26        sqlSession2.commit();
27        System.out.println(education2.toString());
28        /*关闭事务*/
29        sqlSession1.close();
30        sqlSession2.close();
31    }
32 }
```

执行 TestCache03 类,MyBatis 二级缓存的测试结果如图 5-3 所示。

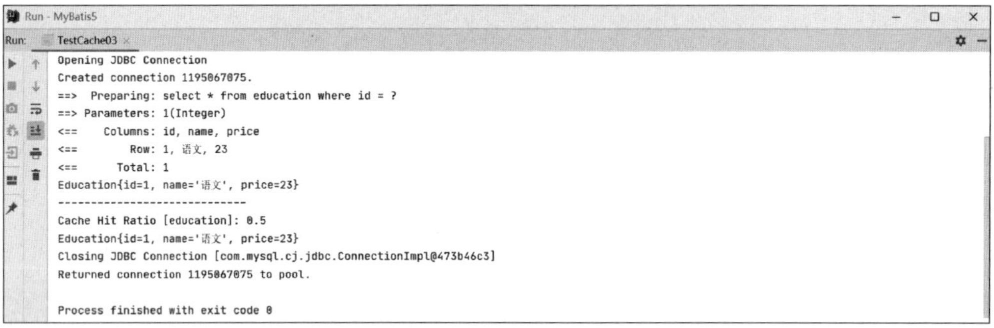

图 5-3 MyBatis 二级缓存的测试结果

从图 5-3 的控制台打印结果可以看出,在同一个 Java 程序中使用两个不同的 SqlSession 对象执行相同的查询语句,由于在配置文件中启用了 MyBatis 二级缓存,当程序第二次执行该查询语句时,日志并没有发出 SQL 语句,而是直接从二级缓存中读取了数据。

(5) 新建 TestCache04 类,该类用于测试因修改数据信息导致二级缓存失效的场景,具体代码如例 5-5 所示。

例 5-5 TestCache04.java。

```
1  public class TestCache04 {
2     public static void main(String[] args) {
3        /*创建输入流*/
4        InputStream inputStream = null;
5        /*将 MyBatis 配置文件转换为输入流*/
6        try {
7            inputStream =
8                    Resources.getResourceAsStream("mybatis-config.xml");
9        } catch (IOException e) {
10           e.printStackTrace();
11       }
12       /*通过 SqlSessionFactoryBuilder 创建 SqlSessionFactory 对象*/
13       SqlSessionFactory build =
14               new SqlSessionFactoryBuilder().build(inputStream);
15       /*通过 SqlSessionFactory 创建 SqlSession 对象*/
16       SqlSession sqlSession1 = build.openSession(true);
17       SqlSession sqlSession2 = build.openSession(true);
18       SqlSession sqlSession3 = build.openSession(true);
19       //查询 Id 为 1 的数据信息
20       Education education1 =
21           sqlSession1.selectOne("education.findEducationById", 1);
22       sqlSession1.commit();
```

```
23          System.out.println(education1.toString());
24          //修改 Id 为 2 的价格信息
25          Education education2 = new Education();
26          education2.setId(2);
27          education2.setPrice(18);
28          sqlSession2.update("education.updateEducation",education2);
29          sqlSession2.commit();
30          //再次查询 Id 为 1 的数据信息
31          Education education3 =
32          sqlSession3.selectOne("education.findEducationById", 1);
33          sqlSession3.commit();
34          System.out.println(education3.toString());
35          /* 关闭事务 */
36          sqlSession1.close();
37          sqlSession2.close();
38          sqlSession3.close();
39      }
40 }
```

执行 TestCache04 类，MyBatis 二级缓存失效的测试结果如图 5-4 所示。

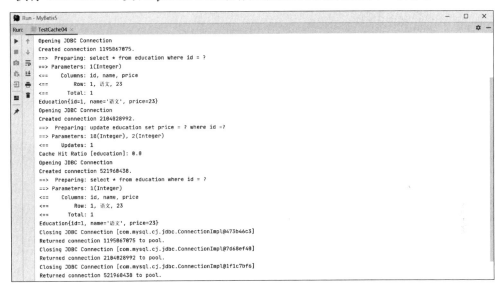

图 5-4　MyBatis 二级缓存失效的测试结果

从图 5-4 的控制台打印结果可以看出，程序首先查询 id 为 1 的教材信息，其次更新 id 为 2 的教材信息，然后再次查询 id 为 1 的教材信息。由于程序执行了更新操作，符合本节介绍的 MyBaits 二级缓存失效的情况之一，所以当再次查询 id 为 1 的教材信息时，缓存失效，只能再次执行 SQL 语句从数据库中读取结果。

5.2　EhCache 缓存

在实际开发中，很多项目会用到分布式架构。分布式架构是将项目拆分成若干个子项目并使它们协同发挥功能的解决方案。在分布式系统架构下，为了提升系统性能，通常会采用分布式缓存对缓存数据进行集中管理。由于 MyBatis 自身无法实现分布式缓存，需要整

合其他分布式缓存框架,如 EhCache 缓存。本节将对 EhCache 缓存概念、EhCache 下载和
MyBatis 整合 EhCache 缓存进行讲解。

5.2.1　EhCache 缓存简介

EhCache 缓存是一个纯 Java 进程的缓存框架,具有快速、精干等特点。EhCache 主要
面向通用缓存、Java EE 和轻量级容器。

ehcache.xml 是 EhCache 的配置文件,一般存放在系统应用的 classpath 中。EhCache
的配置文件有其自身特有的层次结构,具体结构如下所示。

```
1  <?xml version = "1.0" encoding = "UTF - 8"?>
2  < ehcache >
3      < diskStore path = ""/>
4  < defaultCache
5      maxElementsInMemory = ""
6      maxElementsOnDisk = ""
7      eternal = ""
8      overflowToDisk = ""
9      diskPersistent = ""
10     timeToIdleSeconds = ""
11     timeToLiveSeconds = ""
12  diskSpoolBufferSizeMB = ""
13     diskExpiryThreadIntervalSeconds = ""
14     memoryStoreEvictionPolicy = ""
15  />
16 < cache name = "" eternal = ""
17     maxElementsInMemory = ""
18     overflowToDisk = ""
19     diskPersistent = ""
20     timeToIdleSeconds = ""
21     timeToLiveSeconds = ""
22     memoryStoreEvictionPolicy = "" />
23 </ehcache >
```

上述配置信息中,第3行代码的< diskStore >元素用于指定一个文件目录。当 EhCache
把数据写到硬盘上时,会把数据写到该文件目录下。第16行的< cache >元素可以设置自定
义的配置信息。第4行代码中的< defaultCache >元素包含了一些属性用于定义配置信息,
具体如表 5-1 所示。

表 5-1　< defaultCache >元素的属性

属 性 名 称	说　　明
maxElementsInMemory	指定内存中最大缓存对象数
maxElementsOnDisk	指定磁盘中最大缓存对象数
eternal	指定缓存的 elements 是否永远不过期
overflowToDisk	指定当内存缓存溢出的时候是否将过期的 element 缓存到磁盘上
timeToIdleSeconds	指定 EhCache 中的数据前后两次被访问的时间间隔
timeToLiveSeconds	指定缓存 element 的有效生命期
diskPersistent	在 VM 重启时是否启用磁盘保存 EhCache 中的数据

表 5-1 列举出了 EhCache 配置文件中< defaultCache >元素的属性,开发人员可根据需要调整 EhCache 缓存的具体功能。

5.2.2 EhCache 的下载

(1)访问 EhCache 官网或者 EhCache 的 GitHub 网址,根据实际场景选择对应版本号进行下载。EhCache 官网下载页面如图 5-5 所示。

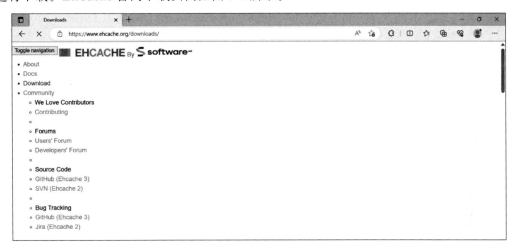

图 5-5 EhCache 官网下载页面

(2)首先将下载好的压缩包文件解压,然后打开解压后的文件夹,找到 mybatis-ehcache-1.0.3.jar 文件,最后打开 lib 目录,找到 ehcache-core-2.6.8.jar 文件。这两个文件即为 MyBatis 整合 EhCache 缓存所需的 JAR 包。EhCache 的 JAR 包目录如图 5-6 所示。

名称	修改日期	类型	大小
mybatis-ehcache-1.0.3	2014/3/24 22:03	文件夹	
fastjson-1.2.2.jar	2014/11/25 15:43	Executable Jar File	400 KB
slf4j-api-1.7.21.jar	2023/4/17 14:29	Executable Jar File	41 KB

图 5-6 EhCache 的 JAR 包目录

5.2.3 MyBatis 整合 EhCache 缓存

MyBatis 整合 EhCache 缓存的具体步骤如下所示。

1. 引入 EhCache 的 JAR 包

将 mybatis-ehcache-1.0.3.jar 文件和 lib 目录下的 ehcache-core-2.6.8.jar 文件复制到新项目 chapter05 的 lib 目录下,完成 JAR 包的导入。

2. 配置 EhCache 的 type 属性

在 Education.xml 映射文件中,配置< cache >标签的 type 属性,具体代码如下所示。

```
< cache type = "org.mybatis.caches.ehcache.EhcacheCache"></cache >
```

3. 配置 EhCache

在 chapter05 项目的 resource 目录下新建 EhCache 的配置文件 ehcache. xml,具体代码如例 5-6 所示。

例 5-6　ehcache. xml。

```
1   <?xml version = "1.0" encoding = "UTF – 8"?>
2   < ehcache xmlns:xsi = "http://www.w3.org/2001/XMLSchema – instance"
3           xsi:noNamespaceSchemaLocation = "../config/ehcache.xsd">
4      < diskStore path = "D:/ehcache/"/>
5      < defaultCache
6              maxElementsInMemory = "10"
7              maxElementsOnDisk = "100000000"
8              eternal = "false"
9              overflowToDisk = "true"
10             diskPersistent = "false"
11             timeToIdleSeconds = "120"
12             timeToLiveSeconds = "120"
13             diskExpiryThreadIntervalSeconds = "120"
14             memoryStoreEvictionPolicy = "LRU"/>
15  </ehcache >
```

在例 5-6 中,< diskStore >的 path 属性设置缓存地址为 D 盘下的 ehcache 目录, maxElementsInMemory 指定在内存中缓存元素的最大数目为 10;因为本例要演示缓存溢出后数据会存入磁盘的效果,所以此处的值需要设置得偏低,在实际开发中需要根据具体需求设置;overflowToDisk 属性值为 true,当内存缓存溢出时,过期的 element 会被缓存到磁盘上。

4. 执行结果

执行 TestCache03 类的 main()方法,EhCache 缓存执行结果如图 5-7 所示。

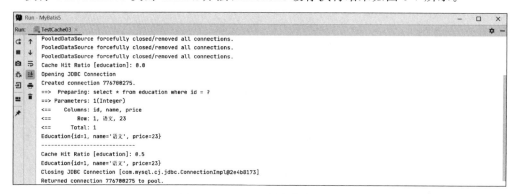

图 5-7　EhCache 缓存执行结果

从图 5-7 的执行结果可以看出,EhCache 缓存和使用 MyBatis 默认的二级缓存结果相同,当第 2 个 SqlSession 对象执行相同的查询 SQL 语句时,命中率(Cache Hit Ratio)为 0.5,程序没有发出 SQL 语句,这就说明,程序从 EhCache 缓存中获取了数据。

打开 D 盘,可以发现 D 盘中出现了 ehcache 目录,打开 D:\ehcache 目录,该目录中存有 EhCache 缓存信息,如图 5-8 所示。

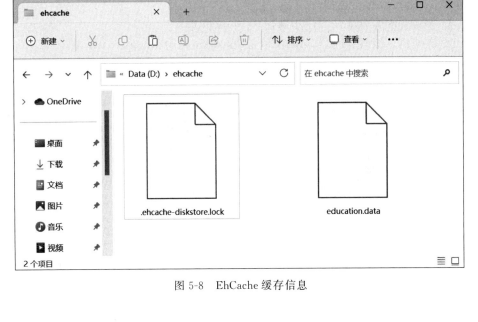

图 5-8　EhCache 缓存信息

5.3　本章小结

本章首先介绍了 MyBatis 的一级缓存和二级缓存的特点及使用方法,然后对 EhCache 缓存概念、EhCache 缓存的下载和 MyBatis 整合 EhCache 缓存进行了讲解。通过本章的学习,可以使读者更好地理解和应用 MyBatis 的缓存机制以及 MyBatis 与 EhCache 缓存的整合使用,从而提高应用的性能和稳定性。

5.4　习　　题

一、填空题

1. MyBatis 的缓存分为_____和_____。
2. 一级缓存是_____级别的缓存,二级缓存是_____级别的缓存。
3. MyBatis 缓存中,一级缓存默认是开启的,二级缓存默认是_____的。
4. 当数据库发生修改、删除或新增时,MyBatis 缓存会_____。
5. 当执行两次相同的查询语句时,MyBatis 会首先从_____中读取查询结果。

二、选择题

1. 关于 MyBatis 一级缓存的描述,下列选项错误的是(　　　)。

    A. 当程序对数据库执行了 DML 操作,MyBatis 会删除一级缓存中的相关内容

    B. 当一级缓存开启时,如果 SqlSession 第一次执行某查询语句,MyBatis 会写入一级缓存

    C. 当一级缓存开启时,如果 SqlSession 第二次执行某查询语句,MyBatis 一定可以从一级缓存中读取数据

    D. MyBatis 一级缓存的作用域是 SqlSession

2. 关于 MyBatis 的二级缓存,下列选项错误的是(　　)。

    A. MyBatis 二级缓存的作用域是跨 Mapper 的

    B. 在使用二级缓存时,MyBatis 以 namespace 区分 Mapper

    C. MyBatis 二级缓存默认是开启的

    D. 如果 MyBatis 二级缓存为可读写缓存,则被操作的 POJO 类需实现序列

3. 在< cache >元素的属性中,用于指定收回策略的是(　　)。

    A. Eviction   B. flushInterval

    C. size   D. readOnly

4. 关于 MyBatis 整合 EhCache 缓存,下列说法错误的是(　　)。

    A. MyBatis 的二级缓存可以自定义缓存源

    B. EhCache 是一种获得广泛应用的开源分布式缓存框架

    C. MyBatis 自身可以实现分布式缓存

    D. EhCache 通常采用名称为 ehcache.xml 的配置文件实现功能配置

5. 在 EhCache 缓存的配置文件中,下列用于指定磁盘存储的是(　　)。

    A. < diskStore >   B. < defaultCache >

    C. < cache >   D. < ehcache >

三、简答题

1. 请简述 MyBatis 一级缓存的概念和特点。

2. 请简述 MyBatis 二级缓存的概念和特点。

四、操作题

通过 MyBatis 整合 EhCache 缓存的方法,查询表 education 中所有教材的信息,将查询结果存入 EhCache 缓存中。

第 6 章 | Spring 基础

学习目标

视频讲解

- 了解 Spring 框架的基本概念和优势,能够简洁地概括其核心特点和优势。
- 了解 Spring 框架的功能体系,能够准确描述 Spring 的 8 类功能体系。
- 理解 Spring 容器的特点,能够描述 BeanFactory 接口和 ApplicationContext 接口的区别和联系以及 Spring 容器的启动流程。
- 掌握 Spring 程序的编写,能够完成第一个 Java EE 应用程序。

作为 Java 生态圈影响久远的优秀框架之一,Spring 框架因具有良好的设计和分层架构,改变了传统重量型框架臃肿、低效的劣势,大大降低项目开发中的技术复杂度,已成为 Java EE 开发中备受追捧的框架之一。本章将对 Spring 框架的概念、功能体系、Spring 容器以及 Spring 的应用示例进行讲解。

6.1 Spring 简介

Spring 框架是 Java EE 编程领域的一个轻量级开源框架,于 2002 年创建,旨在解决企业级编程开发中的复杂性难题,实现敏捷开发。

Spring 框架致力于为 Java EE 应用提供全面的解决方案,涵盖数据层、业务层和持久层。其优势主要体现在以下 6 个方面。

1. 解耦以简化开发

Spring 框架通过 IoC 容器实现对象之间的解耦,避免硬编码导致的过度程序耦合。使用 Spring 框架,开发人员不必再为单例模式和属性文件解析等这些底层的需求编写代码,可以更专注于上层的应用开发。

2. 支持 AOP 编程

通过 Spring 框架提供的 AOP(Aspect Oriented Programming)机制,用户可以方便地进行面向切面编程,许多不容易用传统 OOP(Object Oriented Programming)实现的功能可以通过 AOP 轻松完成。

3. 声明式事务的支持

在 Spring 框架中,开发人员可以通过声明式编程事务的方式灵活地进行事务管理,从而提高开发效率和质量。

4. 易程序测试

Spring 框架可以用非容器依赖的编程方式进行测试工作,例如对 Junit4 测试框架的支持,使 Spring 程序的测试更加便捷。

5. 易集成各种框架

Spring 框架提供了对 Hibernate、MyBatis 和 Quartz 等优秀框架的集成和支持,从而降低了各种框架的使用难度。

6. 降低 Java EE API 的使用难度

Spring 框架对 JDBC 和远程调用等 Java EE API 提供了封装层,通过简易封装,这些 API 的使用难度大为降低。

6.2 Spring 功能体系

Spring 的功能体系是指 Spring 框架提供的各个模块和组件,它们协同工作以支持不同业务场景的应用开发。本书采用 Spring 5.0 版本为读者讲解其功能体系,读者可在 Spring Framework 的官网下载本书提供的资源包,将资源包解压后导入项目的 lib 目录即可使用。

Spring 框架根据功能不同划分成了多个模块,包括 Data Access/Integration、Web、AOP、Aspects、Instrumentation、Messaging、Core Container 和 Test 八大模块,在开发过程中,可以根据需求有选择性地使用所需要的模块。本节将对 Spring 功能体系的各模块进行简要介绍。Spring 框架的功能体系如图 6-1 所示。

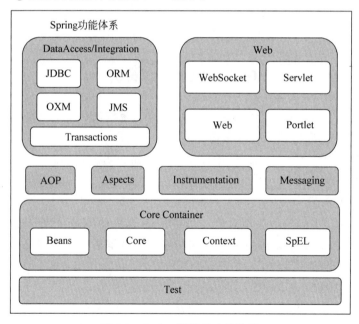

图 6-1 Spring 框架的功能体系

接下来,本节将对 Spring 框架功能体系中的各个模块进行详细介绍。

6.2.1 DataAccess/Integration 模块

DataAccess/Integration 模块是 Spring 框架中的一个重要模块,它涵盖了数据访问和集成相关的功能。该模块包括 JDBC、ORM(Object Relational Mapping)、OXM(O/X Mapping)、JMS(Java Message Service)和 Transactions。这 5 类组件的具体介绍如下。

（1）JDBC 组件：JDBC 组件是 Spring 框架中用于数据库访问的基础组件。它提供了一个 JDBC 的样例模板，使开发人员能够轻松地与数据库进行交互，使用这些模板能消除传统冗长的 JDBC 编码，同时，JDBC 组件还支持事务控制的相关代码，确保数据库操作的一致性。

（2）ORM 组件：ORM 是一种将对象与关系数据库进行映射的技术。它可以将 Java 对象自动映射为关系数据库中的表，从而提供了一种更简单的方式操作数据库。ORM 可以自动处理对象关系的映射和数据库操作的细节，使开发人员能够更加专注于业务逻辑的实现。通过 ORM，开发人员可以以面向对象的方式进行数据库操作，而不必手动编写 SQL 语句和事务处理代码，大大提高了开发效率和代码的可维护性。

（3）OXM 组件：OXM 是一种用于将对象序列化为 XML 或从 XML 反序列化对象的技术。它提供了一种将 Java 对象与 XML 数据格式之间进行映射的方式，从而在不同平台之间传输和交换数据。OXM 可以使开发人员无须手动处理 XML 数据格式的转换和序列化，以此提高开发效率和代码的可维护性。

（4）JMS 组件：JMS 是一种用于实现消息传递的技术，并且可以实现异步通信和消息传递的功能。JMS 支持多种消息传递协议，例如点对点（Point-to-Point）和发布/订阅（Publish/Subscribe）模型。通过使用 JMS 组件，开发人员可以轻松地在应用程序之间发送和接收消息，实现异步通信和解耦。

（5）Transactions 组件：Transactions 是一种用于实现事务管理的技术。开发人员可以在 Java EE 应用程序中添加事务处理逻辑，从而确保数据的一致性和完整性。Transactions 组件还可以管理数据库事务，确保在多个数据库操作中的所有事务成功完成，或者回滚到初始状态。

6.2.2 Web 模块

Web 模块是 Spring 框架中的一个核心模块，它主要用于开发和构建 Web 应用程序，例如处理和响应 Web 请求、管理和渲染视图、表单处理和数据绑定、管理静态资源等。Spring 框架的 Web 模块包括 Web、Servlet、WebSocket 和 Portlet。这 4 类组件的具体介绍如下。

（1）WebSocket 组件：WebSocket 是一种实现基于 WebSocket 协议的技术。它提供了一种在 Web 应用程序中进行实时通信的机制。WebSocket 组件允许在浏览器和服务器之间建立持久的连接，并允许双向通信。通过使用 WebSocket 组件，开发人员可以在 Web 应用程序中实现实时数据同步、推送通知和实时通信等功能。

（2）Servlet 组件：Servlet 组件是一种用于处理 Web 请求和响应的技术，支持基于 Servlet API 的 Web 应用程序开发，并且提供了数据绑定和数据验证等一套易用的 JSP 标签。

（3）Web 组件：Web 组件主要用于开发 Web 应用程序。它提供了一种基于 Java 的 Web 应用程序架构，将 Model、View 和 Controller 组合在一起，用于处理 HTTP 请求和响应。Web 组件还包含其他高级功能，例如 Web 应用程序的上下文传输、文件上传、WebSocket 协议等。通过使用 Web 组件可以轻松地构建可扩展、灵活性高和易于维护的 Web 应用程序。

（4）Portlet 组件：Portlet 组件主要用于开发基于 Portlet 的应用程序。它提供了一种在 Portlet 开发环境中实现 MVC 架构的 API,用于处理 Portlet 请求和响应。通过使用 Portlet 组件,开发人员可以更轻松地构建和管理基于 Portlet 的 Web 应用程序,从而提高开发效率和代码质量。

6.2.3　AOP、Aspects、Instrumentation、Messaging 模块

Spring 框架的功能体系(图 6-1)中有 4 个模块,分别是 AOP、Aspects、Instrumentation 和 Messaging。AOP 和 Aspects 模块主要用于面向切面编程;Instrumentation 模块主要用于实现类加载和自动化生成类文件的功能;Messaging 模块主要用于实现消息传递的功能。接下来我们讲解这 4 个模块的概念、功能和特点。

(1) AOP 模块:AOP 是 Spring 框架提供的一种面向切面编程的特性,它允许开发人员在程序中自定义横切关注点,例如日志记录、权限控制、性能统计等通用功能,并将这些关注点与业务逻辑分离,以降低业务逻辑与通用功能之间的耦合。AOP 模块通过动态地将这些通用功能添加到应用程序代码中实现切面编程,具体实现方式包括动态代理、字节码增强等技术,这样开发人员可以更加灵活地织入和管理各种通用功能,使得开发过程更加灵活和可维护。

(2) Aspects 模块:Aspects 模块主要用于实现面向切面编程的功能。该模块允许开发人员将横切关注点从主体业务逻辑中分离出来,并将其定义为切面(Aspect)。切面可以定义切入口(Pointcut)、通知(Advice)和切面(Aspect)等元素,用于在应用程序中的特定点上执行特定的操作。通过使用 Aspects 模块,可以简化代码,提高代码的可维护性和可扩展性。同时,Aspects 模块还提供了一些内置的切面,例如 Spring 的安全性、事务管理等,可以方便地在应用程序中使用。

(3) Instrumentation 模块:Instrumentation 模块主要用于实现类加载和自动化生成类文件的功能。该模块允许开发人员对应用程序中的类文件进行字节码操作,通过修改字节码实现一些特殊的功能和要求。例如,通过 Instrumentation 模块可以在运行时为类添加注解、动态生成类、修改类的行为等。通过使用 Instrumentation 模块,可以实现对应用程序的动态修改和扩展功能,从而提高了应用程序的可维护性和可扩展性。

(4) Messaging 模块:Messaging 模块主要用于实现消息传递的功能。Messaging 模块支持多种消息传递协议,例如点对点(Point-to-Point)和发布/订阅(Publish/Subscribe)模型。该模块实现了异步通信和消息传递的功能。通过使用 Messaging 模块,开发人员能以面向消息的方式进行应用程序开发,将应用程序分解为发送消息和接收消息的组件。这有利于提高应用程序的可维护性和可扩展性,同时减少应用程序之间的耦合性。Messaging 模块还提供了一些内置功能,例如消息转换、消息路由等。

6.2.4　Core Container 模块

Core Container 模块是 Spring 框架的核心模块之一,该模块提供了 Spring 框架的基本功能,例如依赖注入、面向切面编程、事务管理等功能,使得开发人员可以更加轻松地构建复杂的企业级 Web 应用程序。Spring 框架的 Core Container 模块包括 Beans、Core、Context 和 SpEL,这 4 类组件的具体介绍如下。

(1) Beans 组件:Beans 组件提供了 Bean 的创建、配置和检索等功能。该组件允许开

发人员使用 Java 代码创建和管理 Bean,并提供了一些工具类简化 Bean 的创建和配置,例如 BeanUtils、PropertiesUtil 等。此外,Beans 组件还提供了一些高级特性,例如 Bean 的生命周期管理、Bean 的自动装配、Bean 的作用域管理等。

(2) Core 组件:Core 组件包含了 Spring 框架的核心功能,例如依赖注入、面向切面编程、事务管理等功能。它还提供了 Spring 框架的基本配置,可以通过 XML、Java 代码或注解等方式来配置和初始化 Spring 应用程序上下文。Core 组件通过封装 Spring 框架的底层部分,例如资源访问、类型转换及一些常用工具类等功能,使得开发人员可以更方便地管理 Bean 的属性和属性值。

(3) Context 组件:Context 组件主要用于创建、初始化和配置应用程序上下文。该组件提供了多种配置方式,例如 XML 配置文件、Java 代码配置和注解配置等方式。此外,Context 组件还提供了一些高级特性,例如资源绑定、数据验证、国际化、Java EE 支持、容器生命周期和事件传播等。

(4) SpEL 组件:SpEL 组件是一种表达式语言的规范特性,主要用于在 Spring 框架中动态地操作对象。该组件允许开发人员使用一种简洁的语法来访问和操作对象,例如属性、方法、集合等。SpEL 组件还支持自定义函数和自定义注解,使得开发人员可以实现更加灵活和可扩展的应用程序。

6.2.5 Test 模块

Test 模块主要用于编写单元测试、集成测试和端到端测试等场景。该模块可以集成常见的测试框架,例如 JUnit、TestNG 等。此外,Test 模块还提供了注解支持、Mock 对象和集成测试工具等特性,使得开发人员可以更加轻松地编写高质量测试用例测试代码。接下来带领读者学习测试用例中一些常见的注解。

1. @RunWith 注解

在 Spring 测试框架中,@RunWith 注解用于指定测试运行器。测试运行器是 JUnit、TestNG 和 TestFixtures 等测试框架的扩展,它允许自定义测试运行的方式。使用 @RunWith 注解时,只需在测试类上使用@RunWith 注解并指定合适的运行器即可,示例代码如下。

```
@RunWith(JUnit4.class)
public class Chapter06 {}
```

2. @SpringBootTest 注解

@SpringBootTest 注解会使程序启动一个完整的 SpringBoot 应用程序上下文,并加载所有的 Spring Bean 及配置。同时,开发人员还可以使用 @SpringBootTest 注解的 webEnvironment 属性指定应用程序上下文的 Web 环境类型,示例代码如下。

```
@SpringBootTestclass(webEnvironment = SpringBootTest.WebEnvironment.RANDOM_PORT)
MyApplicationTests {}
```

3. @Autowired 注解

@Autowired 注解用于自动注入依赖的 Bean 或配置属性。在测试类中,可以使用 @Autowired 注解自动注入依赖的 Bean,示例代码如下。

```
@Autowired
private UserDao userDao;
```

4. @Test 注解

被@Test 注解标记的方法为测试方法,示例代码如下。

```
@Test
public void method(){}
```

5. @Before 注解

@Before 注解用于在每个测试方法执行前执行的一些操作,例如设置环境变量、加载配置文件等。需要注意的是,@Before 注解只执行一次。示例代码如下。

```
@Before
public void before(){}
```

6. @After 注解

@After 注解用于在每个测试方法执行后执行的一些操作,例如关闭资源、释放锁等。需要注意的是,@After 注解只执行一次。示例代码如下。

```
@After
public void after(){}
```

6.3　Spring 容器

Spring 容器是 Spring 框架的核心组件之一,它负责管理 Spring 应用程序中对象的生命周期和依赖关系。通过 Spring 容器提供的依赖注入和控制反转等功能,使得应用程序代码更加简单、可扩展和易于使用。本节将对 Spring 容器的概念、BeanFactory 接口、ApplicationContext 接口的区别与联系,以及 Spring 的启动流程进行讲解。

6.3.1　Spring 容器简介

在 Spring 框架中,Spring 容器是实现各项功能的基础,用于管理和组织应用程序中的对象。Spring 容器类似一家工厂,负责创建、组装和管理应用程序中被配置的类。当 Spring 容器启动时,所有被配置的类都会被纳入到 Spring 容器的管理之中。Spring 容器中管理的类统称为 Bean,它们由 Spring 容器负责创建、初始化和销毁。

为了便于开发,Spring 容器提供了一套容器 API,开发人员可使用这些 API 完成对 Bean 的操作。在 Spring 容器的 API 中,比较常用的是 BeanFactory 接口和 ApplicationContext 接口。BeanFactory 是 Spring 容器最基本的接口,提供了基本的 Bean 管理功能。它使用延迟初始化策略,在需要时才创建 Bean,从而减少系统资源的开销。ApplicationContext 是 BeanFactory 的子接口,是更高级、更强大的容器接口。ApplicationContext 在应用程序启动时即完成 Bean 的初始化。此外,ApplicationContext 提供了更丰富的功能,例如自动装配、事件传播、AOP 等,适用于大多数应用场景。6.3.2 节和 6.3.3 节将对 BeanFactory 和 ApplicationContext 接口进行详细讲解。

Spring 容器可以通过 XML 文件、Java 代码配置方式或注解方式进行配置。使用 XML

配置方式,开发人员可以在 XML 文件中定义 Bean 的配置信息;而使用 Java 配置方式,开发人员可以通过 Java 代码定义 Bean 的配置;注解方式则是使用注解标记 Bean,使得 Spring 容器可以自动识别和管理这些 Bean,从而简化了配置过程。

通过使用 Spring 容器,开发人员可以更加便捷地实现依赖注入和控制反转等操作,从而提高应用程序的灵活性和可维护性。Spring 容器强大的功能性和灵活性使得开发人员能够更专注于业务逻辑的实现,而不必过多关心对象的创建和管理,从而提高开发效率和代码质量。

6.3.2 BeanFactory 接口

BeanFactory 接口是 Spring 容器的核心,该接口提供了一种灵活的机制,可以实现在运行时动态地配置 Bean,而无须对应用程序进行编译。此外,BeanFactory 接口还提供了一些高级功能,例如支持国际化,可以在不同的语言环境中访问 Bean,同时,它还支持 Bean 的实例化、配置和组装过程,从而更好地满足应用程序的需求。

BeanFactory 接口提供了一系列操作 Bean 的方法,具体如表 6-1 所示。

表 6-1   BeanFactory 接口的方法

方 法 名 称	说　　　明
getBean(String name)	根据名称获取 Bean
getBean(String name,Class < T > type)	根据名称、类型获取 Bean
< T > T getBean(Class < T > requiredType)	根据类型获取 Bean
Object getBean(String name,Object...args)	根据名称获取 Bean
isSingleton(String name)	判断是否为单实例
isPrototype(String name)	判断是否为多实例
isTypeMatch(String name,Resolvable Typetype)	判断名称、类型是否匹配
isTypeMatch(String name,Class <? > type)	判断名称、类型是否匹配
Class <? > getType(String name)	根据名称获取类型
String[]getAliases(String name)	根据实例的名字获取实例的别名数组
boolean containsBean(String name)	根据 Bean 的名称判断是否含有指定的 Bean

表 6-1 中列举了 BeanFactory 接口中常用的方法。通过这些方法,开发人员可以更加灵活地操作 Bean 实例,实现对象之间的依赖管理和动态配置。

6.3.3 ApplicationContext 接口

ApplicationContext 接口是 Spring 框架中的一个重要接口,它继承了 BeanFactory 接口,并提供了更多企业级功能。相较于 BeanFactory 接口,ApplicationContext 接口增加了以下特性。

- 提供国际化访问功能,支持处理不同语言环境下的消息和文本资源。
- 支持 URL 和文件系统的访问,使得配置文件可以位于不同的位置和来源。
- 可以同时加载多个配置文件,实现更加灵活的配置管理。
- 引入事件机制,让容器能够对应用事件进行支持和响应。
- 支持以声明方式启动并创建 Spring 容器。

除此之外,ApplicationContext 接口可以为单例的 Bean 实行预初始化,并根据< property >

元素执行 Setter 方法,从而提升程序获取 Bean 实例时的性能,因此,在实际开发中,使用 ApplicationContext 接口更多。

在实际开发场景中,如果想要获取 ApplicationContext 接口的实例,首先开发人员可以自定义一个实现 ApplicationContextAWARe 接口的工具类,然后把这个工具类配置到 Spring 容器中即可。原理是 ApplicationContextAWARe 接口有一个 setApplicationContext()方法,该方法由 Spring 容器调用并传入 ApplicationContext 实例中,此时通过自定义工具类中的 setApplicationContext()方法便可获取 ApplicationContext 接口的实例。

为了便于开发,Spring 框架提供了几个常用的 ApplicationContext 接口实现类,具体介绍如表 6-2 所示。

表 6-2　常用的 ApplicationContext 接口的实现类

类　名　称	说　明
ClassPathXmlApplicationContext	从类路径加载配置文件并创建 ApplicationContext 实例
FileSystemXmlApplicationContext	从文件系统加载配置文件并创建 ApplicationContext 实例
AnnotationConfigApplicationContext	从注解中加载配置文件,创建 ApplicationContext 实例
WebApplicationContext	从 Web 根目录中加载配置文件并创建 ApplicationContext 实例
ConfigurableWebApplicationContext	扩展 WebApplicationContext 类并允许通过配置的方式实例化 WebApplicationContext 类

表 6-2 中列举了几种常用的 ApplicationContext 接口实现类,开发人员可根据具体需求灵活使用。

BeanFactory 接口和 ApplicationContext 接口的区别和联系主要如下。

* BeanFactory 接口:是 Spring 框架核心容器的底层接口,提供了创建、管理和查找 Bean 的基本功能。作为一个轻量级容器,BeanFactory 接口主要实现了 IoC 和 DI 的基本功能,但不包含其他高级特性,例如国际化、事件处理等。一般情况下,选择 BeanFactory 接口主要是为了减少应用程序的内存消耗和启动时间。
* ApplicationContext 接口:是 BeanFactory 接口的子接口,提供了更多的功能,例如事件发布、国际化、资源访问、AOP 支持等。ApplicationContext 接口是 Spring 框架的完整版,是 Spring 应用程序中最常用的容器之一。ApplicationContext 在启动时会自动装载 Bean,并在需要时进行延迟加载,以提高应用程序的性能。

ApplicationContext 接口在 BeanFactory 接口的基础上提供了更多的功能,它更加强大和灵活,成为开发 Spring 应用程序的首选容器。

BeanFactory 和 ApplicationContext 接口在 Spring 框架中扮演着不同的角色,开发人员可以根据应用程序的需求和性能要求来选择适合的容器,从而实现更加高效、灵活的 Spring 应用程序。

6.3.4　Spring 容器的启动流程

Spring 容器的启动流程是 Spring 框架运行的基础,它负责加载和初始化应用程序中的所有 Bean,并准备好应用程序即将使用的各种资源和功能。Spring 容器的启动流程大致可分为以下 7 个步骤。

1. 加载配置文件或解析注解

在启动过程中,Spring 容器会根据配置文件或注解来获取应用程序的配置信息。这些配置信息包括 Bean 的定义、依赖关系、AOP 配置等。加载配置文件的方式可以通过 ClassPathXmlApplicationContext 或 XmlWebApplicationContext 等类来读取配置信息。

2. 创建容器实例

一般情况下,Spring 容器实例是在加载配置文件时创建的。当 Spring 容器被创建时,它会立即读取配置文件,并根据配置文件中的内容实例化和初始化所有 Bean。如果应用程序使用了基于注解的配置方式,Spring 容器也会扫描注解,并根据注解信息创建相应的 Bean 实例。

3. 实例化和初始化 Bean

Spring 容器首先会为每个 Bean 创建一个实例,然后处理 DI、AWARe 接口等操作,最后完成初始化并将 Bean 放入容器中。对于使用注解方式的 Bean,Spring 容器会根据注解信息自动进行依赖注入和初始化操作。

4. 注册 Bean 的后置处理器

无论是基于 XML 方式配置还是基于注解方式配置,Spring 容器都会在实例化和初始化 Bean 之后注册这些后置处理器,并调用它们的回调方法对 Bean 进行进一步处理。

5. 调用 Bean 的生命周期回调方法

在 Bean 实例化和初始化完成后,Spring 容器会调用 Bean 的生命周期回调方法。例如 init-method()方法和 destroy-method()方法。这一步骤对于基于 XML 方式配置的 Bean 和基于注解方式配置的 Bean 都适用。

6. 将 Bean 注册到容器中

在 Bean 初始化完成后,Spring 容器会将其注册到 Bean 工厂中,以备后续使用。无论是 XML 方式配置的 Bean 还是注解方式配置的 Bean 都会被注册到容器中。

7. 完成容器的初始化

一旦所有 Bean 都已经实例化、初始化并注册到容器中,Spring 容器就完成了初始化过程,包括基于 XML 方式配置和注解方式配置的 Bean 都已经准备就绪。

学习 Spring 容器的启动流程对于理解 Spring 框架的工作原理、配置和灵活运用 Spring 框架、调试和排错以及提高开发效率等方面都具有重要的意义。

6.4 实战演练:Spring 的简单应用

前面讲解了 Spring 的功能体系和容器等基础知识,本节将通过 Spring 框架和配置文件完成 Bean 赋值,并在控制台输出"hello world"演示 Spring 的简单应用。

1. 环境准备

在 IDEA 中新建 Web 项目 chapter06,将 Spring 的 JAR 包添加到 chapter06 项目的 lib 目录下,本案例中所用 Spring 核心 JAR 包如图 6-2 所示。

2. 创建 Bean

在 chapter06 项目的 src 目录下创建 com. qfedu. bean 包,在该包中新建 World 类,具体代码如例 6-1 所示。

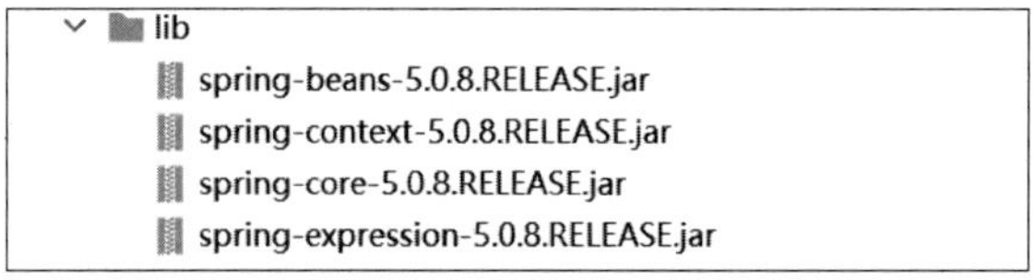

```
✓ 📁 lib
    📄 spring-beans-5.0.8.RELEASE.jar
    📄 spring-context-5.0.8.RELEASE.jar
    📄 spring-core-5.0.8.RELEASE.jar
    📄 spring-expression-5.0.8.RELEASE.jar
```

图 6-2　Sping 核心 JAR 包

例 6-1　World. Java。

```
1    public class World {
2        private String msg;
3        public void setMsg(String msg) {
4            this.msg = msg;
5        }
6        public void print(){
7            System.out.println(msg);
8        }
9    }
```

在例 6-1 中,第 2 行代码声明了一个成员变量 msg;第 6～8 行代码定义了一个 print()方法,在该方法中调用 println()方法输出成员变量 msg 的值。

3. 创建配置文件

在 chapter06 项目的 src 目录下新建配置文件 applicationContext. xml,Spring 通过该文件获取 Bean 的配置信息,具体代码如例 6-2 所示。

例 6-2　applicationContext. xml。

```
1    <?xml version = "1.0" encoding = "UTF - 8"?>
2    < beans xmlns = "http://www.springframework.org/schema/beans"
3        xmlns:xsi = "http://www.w3.org/2001/XMLSchema - instance"
4        xsi:schemaLocation = "http://www.springframework.org/schema/beans
5        http://www.springframework.org/schema/beans/spring - beans.xsd">
6        <!-- 将指定的类配置给 Spring -->
7        < bean id = "world" class = "com.qfedu.bean.World">
8        < property name = "msg" value = "hello world"></property>
9        </bean>
10   </beans>
```

在例 6-2 中,第 7～9 行代码指定了一个由 Spring 管理的类 World,< bean >元素的 class 属性指定该类的完全限定名,id 属性指定该类的唯一 id 值,< property >元素的 name 属性指定该类的成员变量名称 msg,value 属性表示为 msg 变量注入值。

4. 测试功能

在 chapter06 项目的 src 目录下创建 com. qfedu. test 包,在该包中新建 TestSpring 类,具体如例 6-3 所示。

例 6-3　TestSpring. java。

```
1    public class TestSpring{
2        public static void main(String[] args) {
3            //通过读取配置文件获取 ApplicationContext 对象
4            ApplicationContext applicationContext = new
5                ClassPathXmlApplicationContext("applicationContext.xml");
6            //根据 id 获取 Bean 对象
```

```
7              World world = applicationContext.getBean("world", World.class);
8              world.print();
9          }
10 }
```

在例 6-3 中,第 7 行和第 8 行代码首先通过 Spring 获取 World 对象,然后调用 print()
方法输出提示信息"hello world"。

需要注意的是,由于 Spring 通过配置文件获得了 Bean 的配置信息,当调用 World 对象
的 print()方法时,控制台将输出相应的提示信息"hello world"。

执行 TestSpring 类的 main()方法,Spring 框架通过 Bean 完成属性赋值的执行结果如
图 6-3 所示。

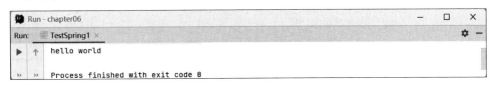

图 6-3　Spring 框架通过 Bean 完成属性赋值

从图 6-3 中可以看出,控制台输出 World 类中 print()方法的提示信息,说明 Spring 成
功完成 World 对象的创建及 print()方法的调用,同时,World 类的成员变量 msg 的值也被
成功注入。

6.5　本章小结

本章首先对 Spring 概念及其功能体系的各模块进行了简单介绍,然后对 Spring 容器概
念、BeanFactory 接口和 ApplicationContext 接口的区别与联系及 Spring 的启动流程进行
了讲解,最后通过一个 Spring 应用示例巩固 Spring 的基础知识。通过本章的学习,读者可
以掌握 Spring 的基础知识,为学习 Spring 进阶和高级知识打下坚实的基础。

6.6　习　　题

一、填空题

1. Spring 功能体系的 Web 模块主要用于_____。

2. Spring 提供了两个接口来操作 Bean,分别是_____和_____。

3. 在 Spring 中,可以使用_____方式将对象注入容器中,这种方式也被称为基于
XML 的依赖注入。

4. 在 Spring 中,_____模块可以通过 ApplicationContext 接口提供上下文信息。

5. Spring 功能体系的 Test 模块主要用于_____。

二、选择题

1. Spring 框架的特点不包括以下哪个选项?(　　　)

　　A. 轻量级　　　　　　　　　　　　　　B. 可测试性

　　C. 面向切面编程支持　　　　　　　　　D. 只支持关系数据库

Spring 基础

2. 下列哪个模块不属于 Spring 框架? (　　)

    A. Web　　　　　　　　B. AOP　　　　　　C. ORM　　　　　　D. Test

3. Spring 功能体系的 AOP 模块是(　　)。

    A. 一种 Web 框架　　　　　　　　　　　B. 一种 ORM 框架

    C. 一种面向切面的编程框架　　　　　　D. 一种流程引擎

4. 在 ApplicationContext 接口的实现类中,用于通过注解加载配置信息的是(　　)。

    A. ClassPathXmlApplicationContext

    B. FileSystemXmlApplicationContext

    C. AnnotationConfigApplicationContext

    D. WebApplicationContext

5. Spring 是一种什么类型的框架? (　　)

    A. Web 框架　　　　B. ORM 框架　　　C. 容器框架　　　D. 安全框架

三、简答题

1. 请简述 Spring 的功能体系。

2. 请简述 Spring 容器中 BeanFactory 和 ApplicationContext 的区别与联系。

四、操作题

请按以下要求编写一个程序:

(1) 编写一个 People 类,在该类中封装成员变量 name 和成员方法 description()。

(2) 将 People 类配置到 Spring 中,通过 Spring 的配置文件为 People 类的成员变量 name 注入值,然后在 Spring 程序中调用 description()方法输出成员变量 name 的值。

第7章   Spring 的 Bean 管理

视频讲解

学习目标

- 理解 Spring 的 Bean 的作用域，能够描述 Bean 的 7 种作用域。
- 理解 Spring 的 Bean 的生命周期，能够描述 Bean 的实例化、依赖注入、初始化和销毁过程。
- 掌握 Spring 的 Bean 的注入方式，能够灵活运用 Bean 的 3 种主要注入方式。
- 掌握 Spring 的 Bean 的管理方式，能够有效管理 Bean 的 4 种配置方式。
- 掌握 IoC 和 DI 的概念，能够清晰描述其作用和实现原理。
- 掌握 IoC 和 DI 的实现方式，能够灵活应用 IoC 和 DI 的 3 种主要实现方式。
- 掌握 Maven 管理项目的方式，能够灵活运用 Maven 创建和管理项目。

容器功能是 Spring 的基础功能，当 Bean 被配置到 Spring 之后，对象的生命周期及依赖关系就会纳入 Spring 的统一管理。在实际开发中，基于容器功能，Spring 可有效降低类与类之间的耦合，同时对类的统一管理也可以简化开发，提升开发效率。因此，对于开发人员来说，深入理解 Spring 管理 Bean 的技术细节显得尤为重要。本章将对 IoC 和 DI 的概念及实现方式、Bean 的作用域、Bean 的数据配置、Bean 的生命周期、Maven 管理和使用 Maven 创建 Spring 项目进行讲解。

7.1   IoC 和 DI

IoC 和 DI 是 Java 中两种重要的设计思想。它们的核心理念是将对象的创建和使用从开发人员手中解放出来，将控制权交给容器。开发人员不再需要直接操作对象，也不需要关心对象的创建和使用，而是只需要关注业务逻辑的实现即可。本节将对 IoC 和 DI 的简介和实现方式进行讲解。

7.1.1   IoC 和 DI 简介

IoC 是一种设计思想，是指将对象的控制权由程序代码反转给外部容器。在 Spring 中，控制反转是实现 Spring 容器的指导思想。有了 Spring 容器，开发人员无须编写管理对象生命周期和依赖关系的代码，此项工作将由 Spring 容器根据配置自动完成，如此一来，对象的控制权由程序代码反转给 Spring 容器。

DI 是控制反转的另一种说法，同时也为控制反转提供了实现方法。依赖注入是指调用类对其他类的依赖关系由容器注入，这就避免了调用类对其他类的过度依赖，降低了类与类之间的耦合。

接下来,通过一个实例说明依赖注入。现有一个学生类和一个教材类,学生类对图书类存在有依赖关系,如图 7-1 所示。

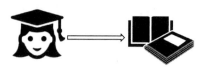

图 7-1　学生类依赖教材类

如果需要在学生类中调用教材类实现功能,按照原始的做法,在学生类中使用 new 关键字创建一个教材类的对象,然后再调用教材类的对象完成下一步操作。但是,在实际开发中,这种做法会导致调用者与被依赖者的硬编码耦合,各个类之间的职责不明显,对项目后期的升级维护非常不利,因而不建议采用该方法。

此时如果引入 Spring 框架并采用依赖注入的做法,那么上述问题就可以被避免。使用依赖注入的做法后,学生类无须主动创建教材类对象,只需被动等待 Spring 容器注入即可,如此一来,学生类和教材类之间高度解耦,程序的可扩展性增强。

7.1.2　IoC 和 DI 的实现方式

IoC 和 DI 将对象之间的依赖关系从代码中解耦,交给容器进行管理。而容器则可以更加专注于对象之间的依赖关系管理,提高代码的可扩展性和可维护性。本节将重点讲解 3 种常见的依赖注入方式:构造器注入、属性注入和注解注入。每种注入方式都有其优缺点和适用场景,开发人员可根据实际需求和情况选择哪种方式。接下来对这 3 种注入方式进行详细讲解。

1. 构造器注入

构造器注入是一种将依赖通过目标对象的构造函数来注入的方式,它的主要原理是在目标对象的构造函数中接收依赖对象,并通过容器来解析和提供这些依赖对象。构造函数注入通常适用于必需的依赖关系较多的场景,它能够在对象创建时一次性注入所有依赖对象。接下来,通过一个示例演示在 Spring 框架中使用构造器注入 Bean 的值,具体步骤如下。

(1) 在 IDEA 软件中创建一个 Java EE 项目 chapter07。项目步骤可参考 6.4 节,此处不再赘述。

(2) 在 chapter07 项目的 src 目录下创建 com.qfedu.bean 包,并在该包中新建 User 类,具体代码如例 7-1 所示。

例 7-1　User.java。

```
1   public class User {
2       private Integer id;
3       private String name;
4       private Integer age;
5       public User(Integer id, String name, Integer age) {
6           this.id = id;
7           this.name = name;
8           this.age = age;
9       }
```

```
10      @Override
11      public String toString() {
12          return "User{" +
13                  "id=" + id +
14                  ", name='" + name + '\'' +
15                  ", age=" + age +
16                  '}';
17      }
18 }
```

例 7-1 中,第 5~9 行代码为 User 类的构造方法,第 11~17 行为 User 类的 toString()
方法,用来输出 User 类的属性信息。

(3) 在 applicationContext. xml 文件中使用< constructor-arg >标签通过构造器注入的
方式向 User 类的 id、name 和 age 属性注入值,主要代码如下所示。

```
< Bean id = "user" class = "com.qfedu.Bean.User">
    < constructor - arg name = "id" value = "1"></constructor - arg>
    < constructor - arg name = "name" value = "田*健"></constructor - arg>
    < constructor - arg name = "age" value = "18"></constructor - arg>
</Bean>
```

上述代码中,constructor-arg 属性表示通过构造器注入;name 属性表示构造器中的形
参;value 属性表示需要注入的值。

(4) 在 com. qfedu. test 包中新建 TestSpring01 类,具体代码如例 7-2 所示。

例 7-2　TestSpring01. java。

```
1  public class TestSpring01 {
2      public static void main(String[] args) {
3          //通过读取配置文件获取 ApplicationContext 对象
4          ApplicationContext applicationContext = new
5        ClassPathXmlApplicationContext("applicationContext.xml");
6          //根据 id 获取 Bean 对象
7          User user = applicationContext.getBean("user", User.class);
8          System.out.println("user = " + user);
9      }
10 }
```

(5) 执行 TestSpring01 类。构造器注入的执行结果如图 7-2 所示。

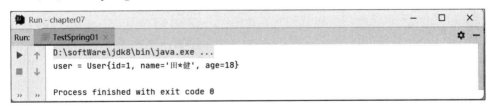

图 7-2　构造器注入的执行结果

从图 7-2 中可以看出,User 类的属性值已经注入成功。

2. 属性注入

属性注入是一种通过目标对象的 Setter 方法注入依赖对象的方式。主要原理是为目
标对象定义 Setter 方法接收依赖对象,并使用容器自动注入这些对象。Setter 方法注入适

Spring 的 Bean 管理

用于可选的依赖关系,它允许在对象创建后动态设置依赖对象。接下来,通过一个示例演示在 Spring 中使用属性注入 Bean 的值,具体步骤如下。

(1) 在 com. qfedu. bean 包中新建 Role 类,通过属性注入的方式向 User 类的 id、name 和 age 属性注入值,具体代码如例 7-3 所示。

例 7-3 Role. java。

```
1  public class Role {
2      private Integer id;
3      private String name;
4      private Integer age;
5      public void setId(Integer id) {
6          this.id = id;
7      }
8      public void setName(String name) {
9          this.name = name;
10     }
11     public void setAge(Integer age) {
12         this.age = age;
13     }
14     @Override
15     public String toString() {
16         return "Role{" +
17                 "id = " + id +
18                 ", name = '" + name + '\'' +
19                 ", age = " + age +
20                 '}';
21     }
22 }
```

例 7-3 中,第 5~13 行代码为 Role 类的 Setter 方法;第 14~21 行为 Role 类的 toString() 方法,用来输出 Role 类的属性信息。

(2) 在 chapter07 的 applicationContext. xml 配置文件中使用< property >标签为 Role 类的 Setter 方法的参数注入值,主要代码如下所示。

```
< Bean id = "role" class = "com. qfedu. Bean. Role">
    < property name = "id" value = "2"></property>
    < property name = "name" value = "boss"></property>
    < property name = "age" value = "45"></property>
</Bean>
```

上述代码中,< property >标签表示通过 Setter 方法注入;name 属性表示已实现 Setter 方法的变量名;value 属性表示需要注入的值。

(3) 在 com. qfedu. test 包中新建 TestSpring02 测试类,具体代码如例 7-4 所示。

例 7-4 TestSpring02. java。

```
1  public class TestSpring02 {
2      public static void main(String[] args) {
3          //通过读取配置文件获取 ApplicationContext 对象
4          ApplicationContext applicationContext = new
5          ClassPathXmlApplicationContext("applicationContext.xml");
6          //根据 id 获取 Bean 对象
```

```
7          Role role = applicationContext.getBean("role", Role.class);
8          System.out.println("role = " + role);
9      }
10 }
```

（4）执行 TestSpring02 类的 main()方法。属性注入的执行结果如图 7-3 所示。

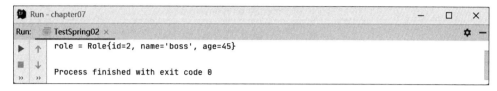

图 7-3　属性注入的执行结果

从图 7-3 中可以看出，Role 类的属性值已经注入成功。

3. 注解注入

注解注入是一种通过在源代码中使用注解标记依赖关系的方式。主要原理是通过注解描述依赖关系，并使用容器解析注解信息并自动注入依赖对象。注解注入简化了依赖关系的管理，但需确保使用的框架或编译器支持该功能。

通过一个示例演示在 Spring 中使用注解方式注入 Bean 的值，具体步骤如下。

（1）在 com.qfedu.bean 包中新建 AnnoBean 类，通过@Bean 注解的方式向 AnnoBean 类中注入 Bean，具体代码如例 7-5 所示。

例 7-5　AnnoBean.java。

```
1  @Configuration
2  public class AnnoBean {
3      @Bean
4      public User user() {
5          User user = new User(1,"十一",11);
6          return user;
7      }
8
9  }
```

在例 7-5 中，第 1 行代码的@Configuration 注解表示此类属于配置类；第 3 行代码的@Bean 注解表示将 user()方法标记为 Spring 容器中的一个 Bean；第 5 行代码表示为 User 实体类赋值。

（2）在 com.qfedu.test 包中新建 TestAnno 测试类，具体代码如例 7-6 所示。

例 7-6　TestAnno.java。

```
1  public class TestAnno {
2      public static void main(String[] args) {
3          AnnoBean anno = new AnnoBean();
4          System.out.println("anno = " + anno.user());
5      }
6  }
```

（3）执行 TestAnno 类的 main()方法。注解注入执行结果如图 7-4 所示。

从图 7-4 中可以看出，User 类的属性值已经注入成功。

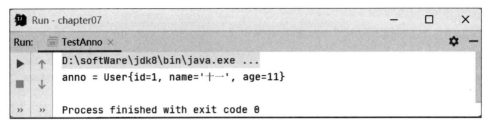

图 7-4　注解注入执行结果

在实际开发中,合理选择和使用这 3 种实现方式,可以提高代码质量、开发效率和系统的可维护性。

7.2　Spring 的 Bean

Bean 是 Spring 中的核心概念之一,它允许开发人员在应用程序中注册和管理 Java 对象。通过在 Spring 中注册 Bean,开发人员可以很好地管理应用程序中的数据和事务。本节将对 Bean 的简介、作用域、数据配置和生命周期进行讲解。

7.2.1　Bean 简介

Bean 是 Spring 框架中一个重要概念,它代表了 Spring 容器管理的核心,是构建和配置应用程序的重要基础。Spring 框架中 Bean 的特性和规范如下。

- 实现了 JavaBean 规范:Bean 必须是符合 JavaBean 规范的 Java 对象,这意味着它必须具有私有属性、公共 Getter 和 Setter 方法以及一个无参构造函数。
- 通过配置文件或注解进行配置:Bean 的属性和依赖关系可以通过配置文件或注解进行配置。在配置文件中,可以通过指定 Bean 的 class 属性和其他属性(如 id、name)等来定义 Bean。
- 能够被 Spring 容器管理:Bean 必须能够被 Spring 容器管理,这意味着它必须被定义在 Spring 容器的配置文件中,或者通过注解的方式标记在 Bean 类上。

在 Spring 框架中,Bean 是非常重要的组件,它们是应用程序的基本构建块,Bean 的特点具体如下。

- 简单易用:Spring 框架的 Bean 采用了面向接口编程的方式,只需要声明一个接口,并在接口中定义要创建的 Bean 实例的方法即可。
- 注解驱动:Spring 框架提供了一套丰富的注解,用于定义 Bean 的属性和方法。这些注解可以自动生成代码。
- 自动配置:Spring 框架支持自动配置,无须手动配置每个 Bean 的属性,Spring 框架会自动根据配置信息创建 Bean 实例。
- 高度可配置性:Spring 框架支持 AOP 和 Spring Web MVC 等高级功能,这使得 Bean 具有强大的可配置性。开发人员可以根据实际需求灵活配置 Bean 的行为。
- 轻量级:Spring 框架的 Bean 属于轻量级实例,开发人员可以在不影响应用程序性能的情况下,轻松地创建和管理大量的 Bean。

7.2.2 Bean 的作用域

Bean 的作用域是指一个 Bean 在整个应用程序中的作用范围。通过设置 Bean 的作用域,可以控制 Bean 的实例化数量、共享性和生命周期等行为,以满足不同的应用需求。Spring 框架支持多种不同 Bean 的作用域,开发人员能够根据应用程序的需求管理 Bean 的创建和销毁。Spring 中常见的 Bean 的作用域如表 7-1 所示。

表 7-1 Spring 中常见的 Bean 的作用域

作 用 域	说 明
singleton	指定 Bean 为单例,一个 Spring 容器中只有一个实例。无论获取多少次,返回的都是同一个对象
prototype	指定 Bean 为多例,每次通过 Spring 获取的对象都是新建的
request	对于每一次请求,容器都会返回一个新的实例
session	对于一次 session 请求,在客户端的 JSessionId 未失效的情况下,获取到的 Bean 都是同一个
globalSession	对于一次 globalSession 请求,请求到的 Bean 都是同一个,在 Web 环境中与 session 作用域相同,仅在 portlet 上下文有效
application	为每一个 ServletContext 对象分配一个新的 Bean
websocket	为每一个 websocket 对象分配一个新的 Bean

表 7-1 所示的 7 种作用域中,singleton 和 prototype 作用域比较常用。接下来对这两种作用域进行详细讲解。

1. singleton

Spring 框架的 singleton 是一种单例设计模式,用于确保在整个应用程序中只有一个实例被创建和使用。这有助于避免在多线程或多进程环境中创建和使用相同的对象,从而提高应用程序的性能和可靠性。

在 Spring 框架中,singleton 通常与 IoC 容器一起使用。IoC 容器用于创建和管理 Spring 应用程序中的 Bean,而 singleton 则确保在整个应用程序中只有一个 Bean 被创建和使用。

接下来,通过一个示例演示使用 singleton 属性定义 Bean 作用域,具体步骤如下。

(1) 使用本章节的 chapter07 项目,在配置文件 applicationContext. xml 的 < Bean >标签中添加 scope 属性,主要代码如下所示。

```
< Bean id = "test" class = "com.qfedu.test.Test" scope = "singleton"/>
```

上述代码中的 scope 属性表示作用域,可以指定为表 7-1 中的 7 种作用域之一。此处,通过设置 scope 属性为 singleton,表示当前 Bean 为单例模式。

(2) 创建 com. qfedu. test 包,并在该包中新建 Test 类,具体代码如例 7-7 所示。

例 7-7 Test. java。

```
1  public class Test {
2      public static void main(String[ ] args) {
3          //通过读取配置文件获取 ApplicationContext 对象
4          ApplicationContext applicationContext = new
5          ClassPathXmlApplicationContext("applicationContext.xml");
6          //根据 id 获取 Bean 对象
```

```
7            Test t1 = applicationContext.getBean("test", Test.class);
8            Test t2 = applicationContext.getBean("test", Test.class);
9            System.out.println("t1 = " + t1);
10           System.out.println("t2 = " + t2);
11       }
12 }
```

（3）执行 Test 类的 main()方法,Test 类测试 singleton 作用域的结果如图 7-5 所示。

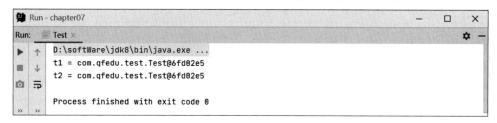

图 7-5　Test 类测试 singleton 作用域的结果

从图 7-5 中可以看出,两个 Test 实体类的对象相同,说明此时 Spring 容器采用的是单例模式,所有对象都是同一个单例对象。

2. prototype

Spring 的 prototype 是一种原型设计模式,每次从容器中获取 Bean 时都会创建一个新的实例,即每次调用 getBean()方法时,都会生成一个新的对象,为有状态 Bean。

接下来,通过一个示例使用 prototype 属性定义 Bean 的作用域,具体步骤如下。

首先将配置文件 applicationContext.xml 中<Bean>标签的 scope 属性修改为 prototype,然后再次执行 Test 类。Test 类测试 prototype 作用域的结果如图 7-6 所示。

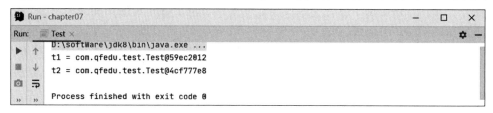

图 7-6　Test 类测试 prototype 作用域的结果

从图 7-6 中可以看出,两个 Test 实体类的对象不同,说明此时 Spring 容器是多例模式,每次创建对象都是一个新的实例对象。

7.2.3　Bean 的数据配置

在 Spring 中通常使用 XML 文件实现 Bean 的配置。XML 配置文件的根元素是<beans>,<beans>元素中可以创建很多<bean>子元素,每个<bean>子元素用于定义一个 Bean,并且描述该 Bean 在 Spring 容器中的配置方式。

在实际开发中,根据业务需求,有时需要将集合 List、Set、Map、数组等注入 Bean 中;有时需要将一个 Bean 的属性值注入另一个 Bean 中;有时需要使用 p 命名空间将值注入 Bean 中;有时需要使用 SpEL(Spring Expression Language)表达式的方式将值注入 Bean 中。接下来将详细讲解这几种数据配置方式的实现代码。

1. 注入集合

使用 Spring 容器向 Diversity 类注入集合的具体步骤如下。

（1）在 com.qfedu.bean 包中新建 Diversity 类，该类用于测试 Spring 的注入集合功能，具体代码如例 7-8 所示。

例 7-8 Diversity.java。

```
1   public class Diversity {
2       private List < String > myList;
3       private Map < String,String > myMap;
4       private String[] myArray;
5       public void setMyList(List < String > myList) {
6           this.myList = myList;
7       }
8       public void setMyMap(Map < String, String > myMap) {
9           this.myMap = myMap;
10      }
11      public void setMyArray(String[] myArray) {
12          this.myArray = myArray;
13      }
14      @Override
15      public String toString() {
16          return "Diversity{" +
17                  "myList = " + myList +
18                  ", myMap = " + myMap +
19                  ", myArray = " + Arrays.toString(myArray) +
20                  '}';
21      }
22  }
```

在例 7-8 中，Diversity 类封装了 List、Map、Array 3 种类型的成员变量，并提供了 myList、myMap 和 myArray 成员变量的 Setter 方法。通过在 XML 配置文件中注入相应的值后，Diversity 类的 toString() 方法便可以获得这些注入的值。

（2）在 chapter07 的 applicationContext.xml 配置文件中添加 List、Map 和 Array 对应的配置信息，主要代码如下所示。

```
< Bean id = "diversity" class = "com.qfedu.Bean.Diversity">
    < property name = "myList">
      <!-- 注入 List -->
        < list >
            < value > list01 </value >
            < value > list02 </value >
        </list >
    </property >
      <!-- 注入 Map -->
    < property name = "myMap">
        < map >
            < entry key = "key01" value = "map01"></entry >
            < entry key = "key02" value = "map02"></entry >
        </map >
    </property >
      <!-- 注入 array -->
```

```
            < property name = "myArray">
                < array >
                    < value > array01 </value >
                    < value > array02 </value >
                </array >
            </property >
    </Bean >
```

上述代码中,< bean >元素下共有 3 个< property >标签,这 3 个< property >标签分别包含了< list >、< map >和< array >元素。其中,< list >元素用于为 myList 成员变量注入 List 集合,< map >元素用于为 myMap 成员变量注入 Map 集合,< array >元素用于为 myArray 成员变量注入数组。

(3) 在 com. qfedu. test 包中新建 TestSpring03 测试类,具体代码如例 7-9 所示。

例 7-9 TestSpring03. java。

```
1   public class TestSpring03 {
2       public static void main(String[ ] args) {
3           //通过读取配置文件获取 ApplicationContext 对象
4           ApplicationContext applicationContext = new
5           ClassPathXmlApplicationContext("applicationContext.xml");
6           //根据 id 获取 Bean 对象
7           Diversity diversity = applicationContext.getBean("diversity",
8           Diversity.class);
9           System.out.println("diversity = " + diversity);
10      }
11  }
```

(4) 执行 TestSpring03 类。注入集合的执行结果如图 7-7 所示。

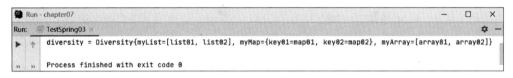

图 7-7 注入集合的执行结果

至此使用 Spring 容器向 Diversity 类注入集合的步骤完成。

从图 7-7 中可以看出,控制台输出 Diversity 类的属性信息,其中成员变量的值和 applicationContext. xml 配置文件中< property >标签配置的值相同,证明使用 Spring 容器实现了向 Bean 注入集合类型数据。

2. Bean 的属性值注入另一个 Bean 中

在 Spring 容器中,存在一个 Bean 的属性值可能是另外一个 Bean 的实例的情况,这意味着当前 Bean 对其他 Bean 存在依赖关系。为了实现这些依赖关系,可以通过在 applicationContext. xml 文件中使用< ref >标签或< property >标签的 ref 属性进行配置。

接下来通过一个示例演示将一个 Bean 的属性值注入另一个 Bean 中,具体步骤如下。

(1) 在 com. qfedu. Bean 包中新建 Employee 类,具体代码如例 7-10 所示。

例 7-10 Employee. java。

```
1   public class Employee {
2       private User user;
```

```
3        public void setUser(User user) {
4            this.user = user;
5        }
6        @Override
7        public String toString() {
8            return "Employee{" +
9                    "user = " + user +
10                    '}';
11        }
12 }
```

在例 7-10 中，第 2～5 行代码在 Employee 类中首先封装了 User 类，然后提供了相应的 Setter 方法。通过使用 Spring 容器的属性注入机制，可以将相应的值注入 Employee 对象中。注入完成后，便可以通过 Employee 对象获取这些注入的值。

（2）在 applicationContext.xml 文件中添加 user 的配置信息，主要代码如下所示。

```
1   < Bean id = "employee" class = "com.qfedu.Bean.Employee">
2       < property name = "user">
3           < ref Bean = "user"></ref >
4       </property>
5   </Bean>
```

上述代码中，第 2 行代码的<property>标签下包含一个<ref>元素，<ref>元素表示将 User 类的实例配置给 Employee 类作为属性。

（3）在 com.qfedu.test 包中新建 TestSpring04 测试类，具体代码如例 7-11 所示。

例 7-11 TestSpring04。

```
1   public class TestSpring04 {
2       public static void main(String[] args) {
3           //通过读取配置文件获取 ApplicationContext 对象
4           ApplicationContext applicationContext = new
5           ClassPathXmlApplicationContext("applicationContext.xml");
6           //根据 id 获取 Bean 对象
7           Employee employee = applicationContext.getBean("employee",
8           Employee.class);
9           System.out.println("employee = " + employee);
10      }
11  }
```

（4）执行 TestSpring04 类，Bean 的属性值注入另一个 Bean 的执行结果如图 7-8 所示。

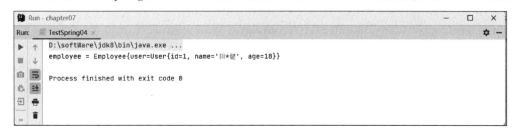

图 7-8 Bean 的属性值注入另一个 Bean 的执行结果

从图 7-8 中可以看出,控制台输出 Employee 类中 User 属性的信息,其中 User 类的值和配置文件中< property >标签下引用< ref >元素配置的值相同,证明使用 Spring 容器实现了把 Bean 的值注入其他 Bean 中。

(5) 修改 applicationContext. xml 文件中 Employee 类的配置信息,主要代码如下所示。

```
< Bean id = "employee" class = "com. qfedu. Bean. Employee">
    < property name = "user" ref = "user"></property >
</Bean >
```

(6) 重新执行 TestSpring04 类。使用< ref >属性完成 Bean 注入如图 7-9 所示。

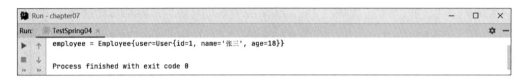

图 7-9　使用< ref >属性完成 Bean 注入

从图 7-9 的执行结果可以看出,通过< property >标签的 ref 属性可以实现与< ref >元素同样的功能。

3. 使用 p 命名空间注入值

通常情况下,Spring 的配置文件是基于< property >标签配置 Bean 的属性,但是当 Bean 实例的属性即实体类的成员变量足够多时,使用大量的< property >标签配置其属性会显得冗余,为了解决这个问题,Spring 引入了 p 命名空间。

p 命名空间是 Spring 中的一种特定机制,用于简化配置文件中属性的注入,但与使用< property >标签不同的是,当引入 p 命名空间后,可以通过"p:属性"完成属性注入,而不再需要< property >标签。接下来,通过一个示例演示使用 p 命名空间注入 Bean 的值,具体步骤如下。

(1) 修改 applicationContext. xml 配置文件中< Beans >元素的代码,主要代码如下。

```
1    <?xml version = "1.0" encoding = "UTF – 8"?>
2    < Beans xmlns = "http://www. springframework. org/schema/Beans"
3          xmlns:xsi = "http://www. w3.org/2001/XMLSchema – instance"
4          xmlns:p = "http://www. springframework. org/schema/p"
5          xsi:schemaLocation = "http://www. springframework. org/schema/Beans
6          http://www. springframework. org/schema/Beans/spring – Beans. xsd">
```

上述代码中,第 4 行代码用于引入 p 命名空间。当开发人员使用 p 命名空间时,需要在配置文件中添加此行代码。

(2) 修改 applicationContext. xml 中 Employee 类的 Bean 的配置信息,主要代码如下所示。

```
< Bean id = "employee" class = "com. qfedu. Bean. Employee"
p:user – ref = "user"></Bean >
```

(3) 执行 com. qfedu. test 包中的 TestSpring04 类。使用 p 命名空间执行 TestSpring04 类的结果如图 7-10 所示。

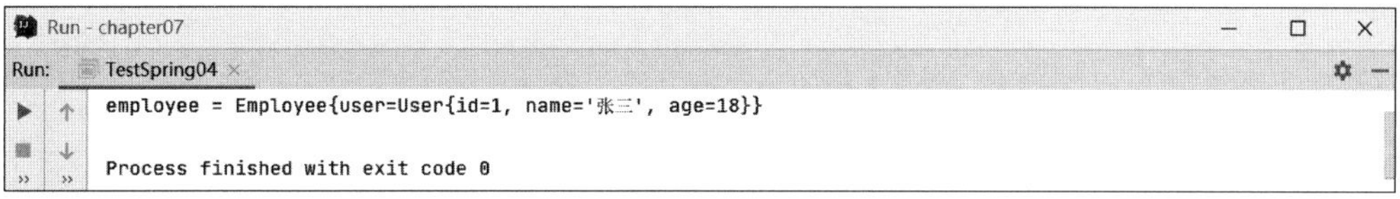

图 7-10　使用 p 命名空间执行 TestSpring04 类的结果

从图 7-10 的执行结果中可以看出，控制台输出了 Employee 类的属性信息，并且和配置文件中"p:属性"设置的值匹配，因此，程序实现了使用 p 命名空间注入值的功能。

4. 使用 SpEL 注入

SpEL 是一种在运行时构建复杂表达式、存取对象图属性、调用对象方法的表达式语言。它的语法格式一般为♯{表达式}，能够为 Bean 的属性进行动态赋值，也可以通过 Bean 的 id，调用对象的方法或引用对象的属性、计算表达式的值、匹配正则表达式等引用其他 Bean。下面讲解 SpEL 的常见语法格式。

（1）访问对象属性：SpEL 可以通过"."操作符访问对象的属性，代码格式如下所示。

```
♯{对象.成员变量}
```

（2）访问集合元素：SpEL 可以通过"[]"操作符访问集合元素，代码格式如下所示。

```
♯{list[索引]}
```

（3）调用方法：SpEL 可以通过"()"操作符调用对象的方法，代码格式如下所示。

```
♯{对象.方法名}
```

（4）运算符表达式：SpEL 语法格式支持直接填写运算表达式，此处以三目表达式为例，代码格式如下所示。

```
♯{表达式 1?表达式 2:表达式 3}
```

（5）正则表达式：SpEL 语法格式支持填写正则表达式，此处以验证邮箱格式为例，代码格式如下所示。

```
♯{邮箱格式 == '[a-zA-Z0-9.-%+-]+@[a-zA-Z0-9.-]+\\.com'}
```

接下来，本节通过一个示例演示使用 SpEL 表达式把值注入 Bean 中，具体步骤如下。

（1）在 com.qfedu.Bean 包中新建 Department 类，具体代码如例 7-12 所示。

例 7-12　Department.java。

```
1   public class Department {
2       private String name;
3       private Integer number;
4       public String getName() {
5           return name;
6       }
7       public void setName(String name) {
8           this.name = name;
9       }
10      public Integer getNumber() {
11          return number;
12      }
13      public void setNumber(Integer number) {
14          this.number = number;
15      }
```

```
16        @Override
17        public String toString() {
18            return "Department{" +
19                    "name = '" + name + '\'' +
20                    ", number = " + number +
21                    '}';
22        }
23 }
```

例 7-12 中,Department 类定义了 name 和 number 两种数据类型的成员变量并提供了 Getter 方法、Setter 方法以及 toString()方法。由于要使用 SpEL 表达式获取 Department 类的成员变量值,因此必须要为 Department 类声明 Getter 方法。

(2) 在 com. qfedu. Bean 包中新建 Company 类,具体代码如例 7-13 所示。

例 7-13 Company. java。

```
1  public class Company {
2      private String name;
3      private Integer number;
4      public void setName(String name) {
5          this.name = name;
6      }
7      public void setNumber(Integer number) {
8          this.number = number;
9      }
10     @Override
11     public String toString() {
12         return "Company{" +
13                 "name = '" + name + '\'' +
14                 ", number = " + number +
15                 '}';
16     }
17 }
```

(3) 在 applicationContext. xml 文件中添加 Department 类和 Company 类的 Bean 配置信息。主要代码如下所示。

```
1  < Bean id = "department" class = "com. qfedu. Bean. Department">
2      < property name = "name" value = "财务部"></property >
3      < property name = "number" value = "666"></property >
4  </Bean>
5  < Bean id = "company" class = "com. qfedu. Bean. Company">
6      < property name = "name" value = "#{department.name}"></property >
7      < property name = "number" value = "#{department.number}"></property >
8  </Bean>
```

上述代码中,第 6 行和第 7 行的< property >标签分别将 Department 类的 name 属性和 number 属性注入 Company 类的 name 属性和 number 属性中。

(4) 在 com. qfedu. test 包中新建 TestSpring05 类,具体代码如例 7-14 所示。

例 7-14 TestSpring05. java。

```
1  public class TestSpring05 {
2      public static void main(String[] args) {
```

```
3          //通过读取配置文件获取 ApplicationContext 对象
4          ApplicationContext applicationContext = new
5          ClassPathXmlApplicationContext("applicationContext.xml");
6          //根据 id 获取 Bean 对象
7          Company company = applicationContext.getBean("company",
8          Company.class);
9          System.out.println("company = " + company);
10     }
11 }
```

（5）执行测试类 TestSpring05。使用 SpEL 表达式把值注入 Bean 的执行结果如图 7-11 所示。

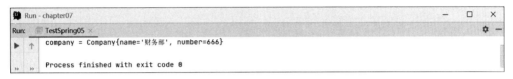

图 7-11　使用 SpEL 表达式把值注入 Bean 的执行结果

从图 7-11 中可以看出，控制台输出了 Company 对象的信息，且 Company 对象的属性信息和 Department 对象的属性信息是匹配的，证明使用 SpEL 表达式成功向 Bean 注入了值。

7.2.4　Bean 的生命周期

掌握 Bean 的生命周期知识可以更好地理解 Spring 框架的工作原理，管理 Bean 的生命周期和配置，提高代码的可测试性和可靠性。在 Spring 中，Bean 的生命周期包括 4 个阶段，具体介绍如下。

（1）实例化：Spring 通过反射机制创建 Bean 的实例，Spring 会调用 createBean()方法进行实例化。

（2）属性赋值：Spring 容器对 Bean 的属性进行赋值。

（3）初始化：Bean 执行初始化方法，例如构造函数、设置属性值等。在这个阶段，Bean 会完成所有的准备工作，例如依赖注入、数据校验等。

（4）销毁：当 Bean 销毁时，容器会调用相应的销毁方法释放资源，并完成相关的清理工作。

上述是 Bean 生命周期的 4 个阶段，每个阶段都会触发相应的操作。在实际开发中，开发人员需要根据需求触发相应的操作，完成 Bean 的生命周期管理。本节将重点演示初始化阶段和销毁阶段。

1. Bean 初始化阶段

使用 init-method 属性对 Bean 实例进行初始化的操作是一种简洁且不会将代码与 Spring 接口耦合的方式。接下来，通过一个示例演示使用 init-method 属性进行 Bean 的初始化，具体步骤如下。

（1）在 com.qfedu.Bean 包中新建 Bean01 类，具体代码如例 7-15 所示。

例 7-15　Bean01.java。

```
1   public class Bean01 {
2       private String id;
```

Spring 的 Bean 管理

```
3          private String name;
4          public Bean01() {
5          }
6          public String getId() {
7              return id;
8          }
9          public void setId(String id) {
10             this.id = id;
11         }
12         public String getName() {
13             return name;
14         }
15         public void setName(String name) {
16             this.name = name;
17         }
18         @Override
19         public String toString() {
20             return "Bean01{" +
21                     "id = '" + id + '\'' +
22                     ", name = '" + name + '\'' +
23                     '}';
24         }
25         public void init(){
26             System.out.println("Bean 的初始化完成,调用了 init()方法");
27             System.out.println(this.toString());
28         }
29 }
```

在例 7-15 中,第 25～28 行代码在 Bean01 类中定义了 init()方法,如果该方法的名称和配置文件中 init-method 属性的值相同,那么当对应的 Bean 完成初始化时,init()方法会被调用。

(2) 在 applicationContext.xml 文件中添加 Bean01 类的 Bean 配置信息。主要代码如下所示。

```
<Bean id = "Bean01" class = "com.qfedu.Bean.Bean01" init - method = "init">
    <property name = "id" value = "1"></property>
    <property name = "name" value = "xiaoming"></property>
</Bean>
```

上述代码<Bean>标签中的 init-method 属性表示 Bean 完成初始化时要调用 init()方法。

(3) 在 com.qfedu.test 包中新建 TestSpring06 类,具体代码如例 7-16 所示。

例 7-16 TestSpring06.java。

```
1 public class TestSpring06 {
2     public static void main(String[] args) {
3         //通过读取配置文件获取 ApplicationContext 对象
4         ApplicationContext applicationContext = new
5         ClassPathXmlApplicationContext("applicationContext.xml");
6     }
7 }
```

(4) 执行 TestSpring06 类,使用 init-method 属性进行 Bean 初始化结果如图 7-12 所示。

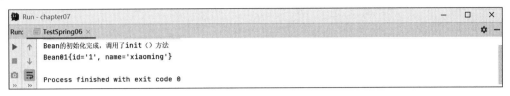

图 7-12　使用 init-method 属性进行 Bean 初始化结果

从图 7-12 中可以看出,当 Spring 容器完成初始化时,程序自动调用了 Bean01 类中的 init()方法。

除了 init-method 属性之外,还可以通过实现 initializingBean 接口的方式实现自定义 Bean 的初始化阶段功能,initializingBean 接口源码中定义了一个 afterPropertiesSet()方法,表示如果某个 Bean 实现了 initializingBean 接口,那么该 Bean 在完成初始化时,它的 afterPropertiesSet()方法将会被执行。接下来,通过一个示例演示使用 initializingBean 接口完成 Bean 的初始化,具体步骤如下。

(1) 在 com.qfedu.Bean 包中新建 Bean02 类,具体代码如例 7-17 所示。

例 7-17　Bean02.java。

```
1   public class Bean02 implements InitializingBean {
2       private String name;
3       public Bean02() {
4       }
5       public String getName() {
6           return name;
7       }
8       public void setName(String name) {
9           this.name = name;
10      }
11      @Override
12      public String toString() {
13          return "Bean02{" +
14                  "name = '" + name + '\'' +
15                  '}';
16      }
17      @Override
18      public void afterPropertiesSet() throws Exception {
19          System.out.println("Bean 的初始化完成,
20                          调用了 afterPropertiesSet()方法");
21          System.out.println(this.toString());
22      }
23  }
```

在例 7-17 中,第 17~22 行代码实现了 InitializingBean 接口的 afterPropertiesSet()方法,当 Bean02 类完成初始化时,它的 afterPropertiesSet()方法将被调用。

(2) 在 applicationContext.xml 文件中添加 Bean02 类的 Bean 配置信息。主要代码如下所示。

```
< Bean id = "Bean02" class = "com. qfedu. Bean. Bean02">
    < property name = "name" value = "ming"></property >
</Bean >
```

需要注意的是,为了避免 Bean01 类的配置干扰执行结果,需要先注释掉 applicationContext. xml 中 Bean01 类的配置信息。

(3)Bean02 类的 Bean 配置信息配置完毕后,再次执行 TestSpring06 类。使用实现 InitializingBean 接口方式自定义初始化阶段执行指定方法的结果如图 7-13 所示。

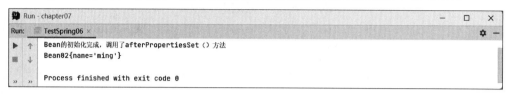

图 7-13   使用实现 InitializingBean 接口方式自定义初始化阶段执行指定方法的结果

从图 7-13 中可以看出,当 Spring 容器完成初始化时,程序自动调用了 Bean02 类中的 afterPropertiesSet()方法。

2. Bean 销毁阶段

Bean 的销毁阶段是 Bean 生命周期的最后一个阶段,它标志着 Bean 的结束和释放相关资源。可通过 destroy-method 属性或实现 DisposableBean 接口的方式在 Bean 销毁之前执行指定方法。接下来通过一个示例演示使用 destroy-method 属性完成 Bean 销毁之前执行指定的方法,具体步骤如下。

(1)在 com. qfedu. Bean 包中新建 Bean03 类,具体代码如例 7-18 所示。

例 7-18   Bean03. java。

```
1   public class Bean03 {
2       private String name;
3       public String getName() {
4           return name;
5       }
6       public void setName(String name) {
7           this. name = name;
8       }
9       public Bean03() {
10      }
11      @Override
12      public String toString() {
13          return "Bean03{" +
14                  "name = '" + name + '\'' +
15                  '}';
16      }
17      public void close(){
18          System. out. println("Bean 的初始化完成实例即将被销毁,调用了
19          close()方法");
20          System. out. println(this. toString());
21      }
22  }
```

在例 7-18 中,第 17~21 行代码在 Bean03 类中定义了 close()方法,如果该方法的名称

被指定为配置文件中 destroy-method 属性,当对应的 Bean 在实例销毁之前,该方法会被调用。

（2）在 applicationContext. xml 文件中添加 Bean03 类的 Bean 配置信息。主要代码如下所示。

```
< Bean id = "Bean03" class = "com. qfedu. Bean. Bean03"
destroy - method = "close">
    < property name = "name" value = "xiaohong"></property>
</Bean>
```

上述代码中< Bean >标签下的 destroy-method 属性表示 Bean 在销毁之前要调用 close()方法。

（3）在 com. qfedu. test 包中新建 TestSpring07 类,具体代码如例 7-19 所示。

例 7-19 TestSpring07. java。

```
1  public class TestSpring07 {
2      public static void main(String[] args) {
3          //通过读取配置文件获取 ApplicationContext 对象
4          ApplicationContext applicationContext = new
5          ClassPathXmlApplicationContext("applicationContext.xml");
6          //关闭容器,此时 Bean 实例将被销毁
7          AbstractApplicationContext ac =
8                          (AbstractApplicationContext)applicationContext;
9          ac. registerShutdownHook();
10     }
11 }
```

（4）执行 TestSpring07 测试类。使用 destroy-method 属性完成 Bean 销毁之前执行指定方法的结果如图 7-14 所示。

图 7-14 使用 destroy-method 属性完成 Bean 销毁之前执行指定方法的结果

从图 7-14 中可以看出,当 Spring 容器在销毁 Bean 时,程序自动调用了 Bean03 类中的 close()方法。

除了 destroy-method 属性之外,还可以通过实现 DisposableBean 接口的方式实现上述功能,DisposableBean 接口中定义了一个 destroy()方法,如果某个 Bean 实现了 DisposableBean 接口,那么该 Bean 在被销毁时,它的 destroy()方法将被执行。接下来通过一个示例演示使用 DisposableBean 接口完成 Bean 销毁之前执行指定的方法,具体步骤如下。

（1）在 com. qfedu. Bean 包中新建 Bean04 类,具体代码如例 7-20 所示。

例 7-20 Bean04. java。

```
1  public class Bean04 implements DisposableBean {
2      private String name;
3      public String getName() {
```

```
4           return name;
5       }
6       public void setName(String name) {
7           this.name = name;
8       }
9       public Bean04() {
10      }
11      @Override
12      public String toString() {
13          return "Bean03{" +
14              "name = '" + name + '\'' +
15              '}';
16      }
17      @Override
18      public void destroy() throws Exception {
19          System.out.println("Bean的初始化完成实例即将被销毁,destroy()方法");
20          System.out.println(this.toString());
21      }
22  }
```

在例 7-20 中,第 17~21 行代码实现了 DisposableBean 接口的 destroy() 方法,当 Bean04 类被销毁时,它的 destroy()方法将被调用。

(2) 在 applicationContext.xml 文件中添加 Bean04 类的 Bean 配置信息。主要代码如下所示。

```
< Bean id = "Bean04" class = "com.qfedu.Bean.Bean04">
    < property name = "name" value = "hong"></property>
</Bean>
```

需要注意的是,为了避免 Bean03 类的配置干扰执行结果,先注释掉 applicationContext.xml 中 Bean03 类的配置信息。

(3) 使用 DisposableBean 接口完成 Bean 的配置信息后,再次执行 TestSpring07 测试类。

使用 DisposableBean 接口自定义销毁阶段执行指定方法的结果如图 7-15 所示。

图 7-15　使用 DisposableBean 接口自定义销毁阶段执行指定方法的结果

从图 7-15 中可以看出,当 Spring 容器被销毁时,程序自动调用了 Bean04 类中的 destroy()方法。

7.3　Maven 管理

Maven 是一个 JAR 包管理工具,它为 Web 项目提供了一个仓库,这个仓库用来存放所有项目可能用到的 JAR 包。当项目需要某个 JAR 包时,只需向 Maven 提供相应 JAR 包的

id,Maven 就会把对应的 JAR 包下载到仓库中并提供给项目。同时,Maven 也是一款强大的项目管理工具,能够自动化构建、测试和部署 Java EE 项目。Maven 的使用能够让开发人员更加专注于项目的开发和维护,减少开发过程中的重复性工作,提高开发效率和项目质量。

在使用 Maven 之前,首先需要了解 Maven 的 4 个基本概念,然后学习 Maven 的使用步骤,最后总结 Maven 的优点。本书采用的是较新版本 Maven 3.9.4。

1. Maven 的 4 个基本概念

(1) Repository:存放 Maven 构建所需的依赖库和项目仓库。Memory Repository 用于本地项目的构建和测试;Central Repository 用于存储公共的第三方 JAR 包和构建好的项目。

(2) Dependency:在 POM 文件中描述项目依赖的相关文件,例如 JAR 包和配置文件等。Maven 会自动下载和管理这些依赖文件,使得构建和部署项目更加便捷。

(3) Plugin:Maven 的构建过程是通过插件实现的。插件是一个独立的构建组件,能够自动执行特定的任务,例如编译、打包及测试等。

(4) POM:存放项目的元信息,包括项目依赖、插件信息和构建过程等。Maven 根据 POM 文件中的信息来自动化构建和部署项目。

2. Maven 的使用步骤

在讲解 Maven 使用步骤之前,先介绍一下 Maven 常用的命令。Maven 常用命令如表 7-2 所示。

表 7-2　Maven 常用命令

命　　令	说　　明
mvn clean	清除以前构建生成的文件
mvn compile	将项目源代码编译成可执行文件
mvn test	运行项目的测试
mvn package	将编译后的代码打包成可执行的 JAR 包或 WAR 文件
mvn install	将编译后的代码打包成可执行的 JAR 包或 WAR 文件
mvn deploy	将打包后的代码部署到远程 Maven 仓库供其他人使用
mvn deploy	生成项目的文档网站
mvn dependency:tree	列出项目依赖的树结构
mvn clean install	列出项目依赖的树结构
mvn clean package	清除并重新构建项目,并将代码打包成可执行的 JAR 包或 WAR 文件

表 7-2 中列出了 Maven 的常用命令。接下来使用这些常用命令演示 Maven 发布项目的主要流程。

(1) 安装 Maven:在 Maven 官网下载并安装 Maven 3.9.4,下载页面如图 7-16 所示。

图 7-16 中的红色框线部分是 Maven 3.9.4 的下载格式,例如.zip、.tar 格式等。

(2) 创建项目:使用 Maven 命令创建项目。打开 Windows 系统的命令行窗口输入以下命令。

```
mvn archetype:generate - DgroupId = com.example.project - DartifactId =
my - project - DarchetypeArtifactId = maven - archetype - webapp
 - DinteractiveMode = false
```

上述命令表示将在当前目录下创建一个名称为 my-project 的新项目。

Spring 的 Bean 管理

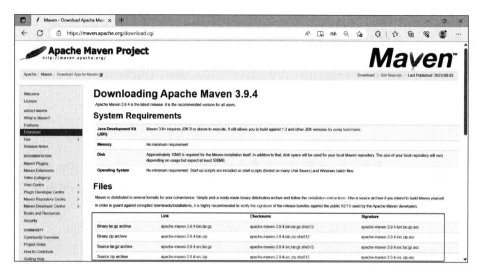

图 7-16　Maven 官网下载页面

（3）修改 POM 文件：打开项目的 pom.xml 文件，修改其中的依赖、插件和构建等信息。

（4）构建项目：使用 Maven 构建项目。在命令行窗口中输入以下命令。

```
mvn clean package
```

上述命令表示删除目标文件夹、编译代码并打包。

（5）测试项目：使用 Maven 对项目进行单元测试。在命令行窗口中输入以下命令。

```
mvn test
```

上述命令用于执行测试，该命令会执行所有在项目中的测试类，并生成测试报告。测试报告会保存在"target/surefire-reports"目录下。

（6）安装项目：使用 Maven 将构建好的项目安装到本地仓库或线上中央仓库。在命令行窗口中输入以下命令。

```
mvn install
```

上述命令表示将安装构建好的项目保存到本地仓库中。

（7）发布项目：将 WAR 包或 JAR 包发布到服务器即可。

3. Maven 的优点

Maven 管理项目的优点如下。

- 简化项目管理：使用 Maven 可以自动下载和管理项目依赖，简化项目管理和开发过程。
- 提高项目质量：Maven 提供了丰富的插件和工具，例如单元测试、代码质量分析等，有助于提高项目质量和可维护性。
- 支持 POM：POM 文件能够统一描述项目的依赖、插件、构建过程等信息，有助于改进开发流程和项目管理。
- 跨平台支持：Maven 是基于 Java 的自动构建工具，能够跨平台使用，使得开发过程更加便利。

7.4 使用 Maven 创建 Spring 项目

本节采用 Maven 方式创建一个简单的 Spring 应用程序。通过 Spring 容器管理 Cat 和 Fish 类的实例,并在执行完毕后输出 Cat 类和 Fish 类中无参构造方法中的提示信息,使读者掌握使用 Maven 方式创建 Spring 项目和 Bean 的加载机制。

使用 Maven 方式创建 Spring 项目的具体步骤如下。

1. 创建项目

(1)在 IDEA 软件中创建一个新的 Maven 项目 chapter06,可以手动创建项目并添加所需库和配置文件,也可以使用 Maven 方式创建项目。本节采用 Maven 方式创建项目。打开 IDEA 开发软件,首先在窗口左侧选择 Maven 项目,然后单击 Next 按钮即可创建项目名称。使用 IDEA 创建 Maven 项目如图 7-17 所示。

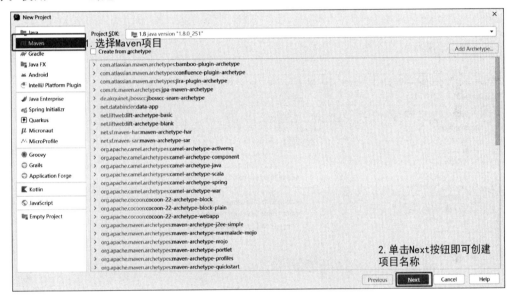

图 7-17　使用 IDEA 创建 Maven 项目

(2)Maven 项目创建完毕后,会自动创建 pom.xml 文件,pom.xml 文件如图 7-18 所示。

pom.xml 文件作为 Maven 的基础配置文件,主要用于配置项目结构、依赖关系及其他项目之间的关系等重要信息。

2. 添加 Spring 依赖

无论是使用 Maven 等构建工具创建项目还是复制 JAR 包到 lib 目录中创建项目,都需要将图 6-1 中的 Spring 框架功能体系模块按需引入到项目中。在 Maven 项目中的 pom.xml 文件中添加相关依赖的代码如例 7-21 所示。

例 7-21　pom.xml。

```
1  <?xml version = "1.0" encoding = "UTF - 8"?>
2  < project xmlns = "http://maven. apache. org/POM/4.0.0"
3          xmlns:xsi = "http://www. w3. org/2001/XMLSchema - instance"
```

```
4            xsi:schemaLocation = "http://maven.apache.org/POM/4.0.0
5            http://maven.apache.org/xsd/maven - 4.0.0.xsd">
6    < modelVersion > 4.0.0 </modelVersion >
7    < groupId > org.example </groupId >
8    < artifactId > chapter06 </artifactId >
9    < version > 1.0 - SNAPSHOT </version >
10   < dependencies >
11       < dependency >
12           < groupId > org.springframework </groupId >
13           < artifactId > spring - core </artifactId >
14           < version > 5.3.9 </version >
15       </dependency >
16       < dependency >
17           < groupId > org.springframework </groupId >
18           < artifactId > spring - context </artifactId >
19           < version > 5.3.9 </version >
20       </dependency >
21   </dependencies >
22 </project >
```

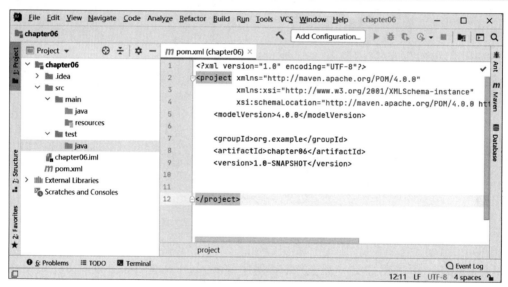

图 7-18   pom.xml 文件

在例 7-21 中,第 11～15 行代码表示 spring-core 的依赖配置;第 16～20 行代码表示 spring-context 的依赖配置。在本项目中引入这两个依赖即可实现本节所需要演示的功能。

3. 创建 Bean

(1) 首先在 src 目录下创建 com.qfedu.bean 包,并在该包中新建 Cat 类,具体代码如例 7-22 所示。

例 7-22   Cat.java。

```
1  public class Cat {
2      private String msg;
3      public Cat() {
4          System.out.println("猫对象的无参构造方法被创建了");
```

```
5        }
6        public String getMsg() {
7            return msg;
8        }
9        public void setMsg(String msg) {
10           this.msg = msg;
11       }
12       public void eat(){
13           System.out.println("猫在吃" + msg);
14       }
15   }
```

在例 7-22 中,第 3～5 行代码表示 Cat 类的无参构造方法,当 Cat 类被实例化后,会打印第 4 行代码中的提示信息"猫对象的无参构造方法被创建了";第 12～14 行代码定义了一个 eat()方法,当调用此方法时,会输出第 13 行代码中的提示信息""猫在吃"＋msg",其中 msg 为全局变量,当使用 setMsg()方法时,会对 msg 属性赋值。

(2) 在 com.qfedu.bean 包中新建 Fish 类,Fish 类和 Cat 类作用相同,此处不再赘述,具体代码如例 7-23 所示。

例 7-23 Fish.java。

```
1    public class Fish {
2        private String msg;
3        public Fish(){
4            System.out.println("鱼对象的无参构造方法被创建了");
5        }
6        public String getMsg() {
7            return msg;
8        }
9        public void setMsg(String msg) {
10           this.msg = msg;
11       }
12       public void eat(){
13           System.out.println("鱼在吃" + msg);
14       }
15   }
```

4. 创建配置文件

在 resources 资源目录下新建 ApplicationContext.xml 配置文件,Spring 可以通过该文件获取 Bean 的配置信息,具体代码如例 7-24 所示。

例 7-24 ApplicationContext.xml。

```
1    <?xml version = "1.0" encoding = "UTF-8"?>
2    < Beans xmlns = "http://www.springframework.org/schema/Beans"
3            xmlns:xsi = "http://www.w3.org/2001/XMLSchema-instance"
4            xsi:schemaLocation = "http://www.springframework.org/schema/Beans
5            http://www.springframework.org/schema/Beans/spring-Beans.xsd">
6        < Bean id = "cat" class = "com.qfedu.Bean.Cat">
7            < property name = "msg" value = "小鲤鱼"></property>
8        </Bean>
9        < Bean id = "fish" class = "com.qfedu.Bean.Fish">
```

```
10              < property name = "msg" value = "小虾米"></property>
11        </Bean>
12 </Beans>
```

在例7-24中,第6行代码用<Bean>元素的class属性指定Cat类,id表示该类的唯一id值;第7行代码的<property>标签的name属性指定Cat类的成员变量值,value属性给对应的成员变量赋值;第6～11行代码表示注入值的方式为属性注入。

5. 测试功能

(1) 在chapter06的src目录下创建com. qfedu. test包,并在该包中新建TestSpring测试类,具体代码如例7-25所示。

例7-25 TestSpring. java。

```
1  public class TestSpring {
2      public static void main(String[] args) {
3          //通过读取配置文件获取ApplicationContext对象
4          ApplicationContext applicationContext = new
5          ClassPathXmlApplicationContext("applicationContext.xml");
6          //根据id获取Bean对象
7          Cat cat = applicationContext.getBean("cat", Cat.class);
8          cat.eat();
9          Fish fish = applicationContext.getBean("fish", Fish.class);
10         fish.eat();
11     }
12 }
```

在例7-25中,第7行代码表示通过唯一id获取Cat类对象;第9行代码表示获取Fish类对象。当调用eat()方法时,控制台输出对应提示信息。

(2) 执行TestSpring类。Spring程序执行结果如图7-19所示。

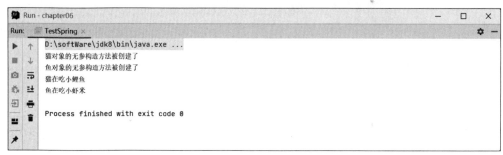

图7-19　Spring程序执行结果

从图7-19可以看出,Spring容器成功创建了Cat类和Fish类的对象,并调用了它们的无参构造方法和eat()方法中的提示信息。此外,通过控制台输出的提示信息可以得知,ApplicationContext. xml配置文件中的value值被成功注入到了相应的Bean中。

从输出结果还可以看出,多个Bean可以同时被Spring容器管理。Fish类的无参构造方法在Cat类的eat()方法之前被调用,说明Fish类实例化时间比调用Cat类的eat()方法的时间要早,这是因为它在容器启动时就完成了实例化,而Cat类则需要等到eat()方法被调用时才会进行实例化。

为了进一步优化Spring容器的性能,可以考虑修改ApplicationContext. xml配置文件中的配置信息,加入 lazy-init 属性。该属性的作用是延迟 Bean 对象的初始化,只有在真正需要使用该 Bean 对象时才会进行初始化操作,从而提高应用程序的响应速度和性能表现。

修改 ApplicationContext. xml 配置文件中的配置信息,加入 lazy-init 的属性,主要代码如下所示。

```
1  < Bean id = "cat" class = "com. qfedu. Bean. Cat">
2      < property name = "msg" value = "小鲤鱼"></property>
3  </Bean>
4  < Bean id = "fish" class = "com. qfedu. Bean. Fish" lazy - init = "true">
5      < property name = "msg" value = "小虾米"></property>
6  </Bean>
7  </Beans>
```

上述代码中,第 4 行的 lazy-init 属性为 true 时,表示 Fish 类将在使用其内部属性或方法时,才会被实例化。当 lazy-init 属性为 true 时 TestSpring 类的运行结果如图 7-20 所示。

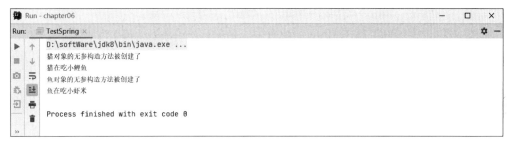

图 7-20　当 lazy-init 属性为 true 时 TestSpring 类的运行结果

至此使用 Maven 方式创建 Spring 项目的步骤完成。

从图 7-20 中可以看出,Fish 类的无参构造方法在 Cat 类的 eat( )方法之后才被执行。由此可见,Fish 类在容器启动时并没有被实例化,而是在第一次调用时才完成实例化。因此它的实例化时间比调用 Cat 类的 eat( )方法的时间晚。

7.5　本 章 小 结

本章首先介绍了 IoC 和 DI 的简介和实现方式,然后对 Bean 的概念、Bean 的作用域、Bean 的数据配置和 Bean 的生命周期进行了讲解,最后讲解了如何使用 Maven 方式管理和创建项目。通过对本章内容的学习,读者可以更好地掌握 Spring 中 Bean 的核心机制以及 Maven 的强大之处,并将所学知识应用到实际项目中,提高应用程序的可维护性和可扩展性。

7.6　习　　　题

一、填空题

1. Spring 最为核心的两个设计思想是_____和_____。

2. 在 Spring 配置文件< bean >元素的属性中,_____属性指定 Bean 对象的作用域。

3. 在默认情况下,Spring 中 Bean 实例的作用域是_____。

4. Spring 常见的注入方式有 3 种,分别是_____、_____和_____。

5. Spring 的作用域有 7 种,其中_____和_____作用域最常使用。

二、选择题

1. 在 Spring 中,Bean 的生命周期包括以下哪些步骤?(   )

    A. 实例化、属性赋值、初始化、销毁

    B. 初始化、实例化、属性赋值、销毁

    C. 初始化、属性赋值、实例化、销毁

    D. 属性赋值、初始化、实例化、销毁

2. 在 Spring 中,下列哪个命令用于创建 Bean?(   )

    A. java:properties、applicationContext. xml 或 applicationContext. yml

    B. applicationContext. createBean()或 applicationContext. getBean()

    C. @Bean 或@Component 注解

    D. @Configuration 或@ComponentScan 注解

3. 在 Spring 中,以下属于 Bean 的配置方式的是(   )。

    A. 属性配置、注解配置和 XML 配置   B. 属性配置和注解配置

    C. XML 配置和数据配置   D. 只使用注解配置和完全禁用

4. 以下哪项不属于 Bean 的作用域?(   )

    A. singleton   B. prototype   C. request   D. page

5. 在 Spring 框架中,以下关于描述 DI 容器处理依赖注入的配置,正确的是(   )。

    A. 直接在 Bean 定义中使用@Autowired 注解进行配置

    B. 通过 Environment 对象的 getAutowireCapableBeanFactory()方法获取一个可以自动装配 Bean 的工厂方法

    C. 通过@Qualifier 注解指定要注入的 Bean 的名称,让容器自动找到并注入

    D. 不进行任何配置,由容器自动发现并注入依赖

三、简答题

1. 简述 Spring 中 Bean 的作用域。

2. 简述 Spring 中 Bean 的生命周期。

3. 简述 Spring 中 IoC 和 DI 的实现方式。

四、操作题

按以下要求,编写一个程序:

(1)编写一个 Person 类和 Address 类,Person 类中封装成员变量 name、age,Address 类中封装成员变量 name、address。

(2)将 Person 类和 Address 类配置到 Spring 中,通过 Spring 的配置文件将 Address 对象注入 Person 中,然后在 PersonServiceImpl 中打印出 name、age 和 address 的内容。

第8章 Spring JDBC

学习目标

- 了解 Spring JDBC 的概念,能够描述 Spring JDBC 的使用背景、特点、作用及优缺点。
- 掌握 Spring JDBC 的 JdbcTemplate 类的常用方法,能够使用 JdbcTemplate 类实现 JDBC 操作。
- 掌握 Spring JDBC 的 JdbcDaoSupport 类的常用方法,能够使用 JdbcDaoSupport 类实现 JDBC 操作。
- 掌握 Spring JDBC 的应用场景,能够完成 DDL、DQL 和 DML 操作。

Spring JDBC 作为 Spring 框架的重要组成部分,旨在简化应用程序与数据库之间的交互。它封装了复杂的数据库操作,提供了一组简单、易用的 API 接口,使得开发人员能够更便捷地与数据库进行交互,而无须关注底层的数据库连接和操作细节。此外,Spring JDBC 还提供对多种数据库的支持,从而简化了在异构数据库上的操作过程。因此,学习和掌握 Spring JDBC 是一项非常必要的技能。本章将对 Spring JDBC 的基础、重要组件及如何操作数据库进行讲解。

8.1 Spring JDBC 基础

JDBC 是 Java 语言中用于执行与数据库交互的 AP,它定义了一组 Java 接口和类,用于连接和操作各种类型的数据库。但是传统 JDBC 存在代码烦琐、表关系维护复杂、硬编码等缺陷。为了解决这些问题,Spring 提供了改善和增强 JDBC 的方案,即 Spring JDBC。

Spring JDBC 是一个基于 Java 的数据访问对象框架,旨在简化与数据库的交互。当使用 Spring JDBC 时,可以通过简单的配置来管理数据库连接和事务,而无须手动处理这些烦琐的任务,并且通过 Spring JDBC 提供的 API 能够更加轻松地执行 SQL 语句、处理结果集、执行批量更新等。除此之外,Spring JDBC 还提供对多种数据库的支持,使得开发人员可以在同一个应用程序中灵活切换不同类型的数据库,而无须修改大量的代码。

Spring 的 JDBC 模块由 4 个包组成,分别是 core(核心包)、object(对象包)、dataSource(数据源包)和 support(支持包),这些包相互协作,共同支撑了 Spring 的 JDBC 功能。

Spring 对 JDBC 的增强主要体现在它封装了传统 JDBC 并提供了 JdbcTemplate 类,JdbcTemplate 类是 Spring JDBC 的核心类。此外,Spring JDBC 还提供了 JdbcDaoSupport 类,该类内部定义了 JdbcTemplate 类型的成员变量。

8.2 Spring JDBC 的重要组件

使用 JdbcTemplate 类和 JdbcDaoSupport 类可以避免开发人员手动处理数据库连接、异常处理、资源释放等烦琐的细节,简化数据库访问的编码过程,提高开发效率。本节将对 JdbcTemplate 类和 JdbcDaoSupport 类进行详细讲解。

8.2.1 JdbcTemplate 类

JdbcTemplate 是 Spring 框架中用于数据库操作的核心模板类。它封装了 JDBC API,简化了数据库操作,并且提供了异常处理等功能。

JdbcTemplate 类中提供了一系列方法,可以很方便地通过接口调用 JDBC 代码,执行 SQL 查询、插入、更新和删除数据等操作,避免了手动编写大量的重复代码,提高了开发效率。同时,JdbcTemplate 类也支持基于注解的方式,使得自定义和扩展变得非常简便。

JdbcTemplate 类的常用方法如表 8-1 所示。

表 8-1　JdbcTemplate 类的常用方法

方 法 名 称	说　　　明
int[] batchUpdate(String sql)	使用批处理在单个 Jdbc 语句上发出多个 SQL 更新
int[] batchUpdate(String sql,BatchPreparedStatementSetter pss)	执行批处理更新操作,将多个 SQL 更新语句一次性发送到数据库执行
void execute(String sql)	发出单个 SQL 执行,通常是 DDL 语句
< T > T execute(String sql,PreparedStatementCallback < T > psc)	执行 Jdbc 数据访问操作,实现 Jdbc PreparedStatement 上的回调操作
< T > T execute(String callString,CallableStatementCallback < T > csc)	执行 Jdbc 数据访问操作,实现处理 Jdbc CallableStatement 的回调操作
int getFetchSize()	返回此 JdbcTemplate 获取的记录数的大小
int getMaxRows()	返回此 JdbcTemplate 指定的最大行数
Boolean islgnoreWARnings()	返回是否忽略 SQLWARnings
List query (String sql, Object [ ] args, RowMapper < T > rowMapper)	执行 SQL 查询并将结果映射到实体类中
List query(String sql,PreparedStatementSetter pss,RowMapper < T > rowMapper)	执行预编译 SQL 查询语句,并将查询结果映射到指定的实体类中
List query(String sql,RowMapper < T > rowMapper)	执行给定静态 SQL 的查询,通过 RowMapper 将每一行映射到 Java 对象
List query(String sql,RowMapper < T > rowMapper,Object args)	执行 SQL 查询并将结果映射到实体类中
queryForObject(String sql,Class < T > requiredType)	执行 SQL 语句,返回结果对象
queryForObject(String sql,Class < T > requiredType,Object args)	执行 SQL 语句,传入参数,返回结果对象
List queryForList(String sql)	执行 SQL 语句,返回包含执行结果的 List 集合

方 法 名 称	说　　明
List queryForList(String sql,Class < T > elementType)	执行 SQL 语句,返回包含执行结果的 List 集合
List queryForList(String sql,Class < T > elementType ,Object args)	执行 SQL 查询,并将结果映射到指定的实体类列表中
queryForList(String sql,Object args)	执行 SQL 查询,并将结果映射到指定的实体类列表中
void setFetchSize(int fetchSize)	设置此 JdbcTemplate 获取的记录数的大小
void setIgnoreWARnings(boolean b)	设置是否要忽略 SQLWARnings
int update(String sql)	执行不带参数的 SQL 更新语句
int update(String sql,Object args)	执行带单个参数的 SQL 更新语句
int update(String sql,Object[]args,int[]argTypes)	执行带多个参数的 SQL 更新语句

表 8-1 中介绍了 JdbcTemplate 类的常用方法,读者可以根据实际场景选择合适的方法进行使用。接下来通过一个案例演示使用 JdbcTemplate 类的 queryForList()方法实现查询学生信息表的功能,具体步骤如下。

(1) 在 MySQL 中创建 chapter08 数据库和 student 数据表,创建 student 表的 SQL 语句如下所示。

```
DROP TABLE IF EXISTS 'student';
CREATE TABLE 'student' (
  'id' int(0) NOT NULL AUTO_INCREMENT,
  'name' varchar(255) CHARACTER SET utf8mb4 COLLATE
    utf8mb4_0900_ai_ci NULL DEFAULT NULL,
    'age' int(0) NULL DEFAULT NULL,
  PRIMARY KEY ('id') USING BTREE
) ENGINE = InnoDB CHARACTER SET = utf8mb4 COLLATE =
utf8mb4_0900_ai_ci ROW_FORMAT = Dynamic;
```

(2) 向 student 数据表中添加 3 条数据,添加的 SQL 语句如下所示。

```
INSERT INTO 'student' VALUES (1, '谷 * 豪', 13);
INSERT INTO 'student' VALUES (2, '宋 * 书', 14);
INSERT INTO 'student' VALUES (3, '李 * 鑫', 15);
```

(3) 在 IDEA 软件中使用 Maven 方式创建 chapter08 项目后,在 pom. xml 文件中添加 Spring JDBC、C3P0 和 MySQL 的相关依赖,pom. xml 文件的具体代码如例 8-1 所示。

例 8-1　pom. xml。

```
1   <?xml version = "1.0" encoding = "UTF - 8"?>
2   < project xmlns = "http://maven.apache.org/POM/4.0.0"
3           xmlns:xsi = "http://www.w3.org/2001/XMLSchema - instance"
4           xsi:schemaLocation = "http://maven. apache.org/POM/4.0.0
5           http://maven. apache.org/xsd/maven - 4.0.0.xsd">
6       < modelVersion > 4.0.0 </modelVersion >
7       < groupId > org. example </groupId >
8       < artifactId > chapter08 </artifactId >
9       < version > 1.0 - SNAPSHOT </version >
```

```
10      < dependencies >
11          < dependency >
12              < groupId > org. springframework </groupId >
13              < artifactId > spring - jdbc </artifactId >
14              < version > 5. 3. 18 </version >
15          </dependency >
16          < dependency >
17              < groupId > com. mchange </groupId >
18              < artifactId > c3p0 </artifactId >
19              < version > 0. 9. 5. 2 </version >
20          </dependency >
21          < dependency >
22              < groupId > mysql </groupId >
23              < artifactId > mysql - connector - java </artifactId >
24              < version > 8. 0. 28 </version >
25          </dependency >
26      </dependencies >
27 </project >
```

（4）在 chapter08 项目的 src 目录下创建 com. qfedu. test 包，并在该包中新建 TestJdbcTemplate01 测试类。该类用于查询学生信息表的数据，具体代码如例 8-2 所示。

例 8-2　TestJdbcTemplate01. java。

```java
1  public class TestJdbcTemplate01 {
2      public static void main(String[ ] args) throws Exception {
3          //创建数据源
4          ComboPooledDataSource dataSource = new ComboPooledDataSource();
5          dataSource. setDriverClass("com. mysql. jdbc. Driver");
6  dataSource. setJdbcUrl("jdbc:mysql://localhost:3306/chapter08");
7          dataSource. setUser("root");
8          dataSource. setPassword("root");
9          //创建 JdbcTemplate 对象
10         JdbcTemplate jdbcTemplate = new JdbcTemplate(dataSource);
11         String sql = "select * from student";
12         List < Map < String, Object >> maps = jdbcTemplate. queryForList(sql);
13         System. out. println("maps = " + maps);
14     }
15 }
```

（5）执行 TestJdbcTemplate01 类，查询学生信息表的结果如图 8-1 所示。

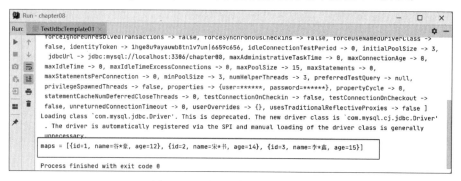

图 8-1　查询学生信息表的结果

从图 8-1 中可以看出,控制台输出 student 数据表中的数据信息。使用 JdbcTemplate 类简化了数据库操作,提高了开发效率。

8.2.2 JdbcDaoSupport 类

JdbcDaoSupport 类是 Spring JDBC 提供的一个类,它内部定义了 JdbcTemplate 类型的成员变量。接下来通过一个示例演示使用 JdbcDaoSupport 类实现封装 Dao 层并查询学生信息表的数据信息,具体步骤如下。

(1) 在 chapter08 项目的 src 目录下创建 com. qfedu. pojo 包,并在该包中新建 Student 实体类,具体代码如例 8-3 所示。

例 8-3 Student. java。

```
1  //此处省略了构造方法、Getter、Setter 和 toString()方法
2  public class Student {
3      private Integer id;
4      private String name;
5      private Integer age;
6  }
```

(2) 创建 com. qfedu. dao 包,并在该包中新建 StudentDao 接口,用于编写查询所有学生信息的方法,具体代码如例 8-4 所示。

例 8-4 StudentDao. java。

```
1  public interface StudentDao {
2      //查询所有学生信息
3      List < Student > findAllStudent();
4  }
```

(3) 在 com. qfedu. dao 包中新建 StudentDaoImpl 类,该类用于实现 StudentDao 接口中查询所有学生信息的方法,具体代码如例 8-5 所示。

例 8-5 StudentDaoImpl. java。

```
1   public class StudentDaoImpl extends JdbcDaoSupport
2   implements StudentDao{
3       @Override
4       public List < Student > findAllStudent() {
5           String sql = "select * from student";
6           BeanPropertyRowMapper < Student > rowMapper = new
7                           BeanPropertyRowMapper <>(Student.class);
8           return getJdbcTemplate().query(sql,rowMapper);
9       }
10  }
```

(4) 在 chapter08 项目的 resources 目录下新建 applicationContext. xml 配置文件,具体代码如例 8-6 所示。

例 8-6 applicationContext. xml。

```
1  <?xml version = "1.0" encoding = "UTF − 8"?>
2  < beans xmlns = "http://www.springframework.org/schema/beans"
```

138

```
3              xmlns:xsi = "http://www.w3.org/2001/XMLSchema - instance"
4              xmlns:p = "http://www.springframework.org/schema/p"
5              xsi:schemaLocation = "http://www.springframework.org/schema/beans
6              http://www.springframework.org/schema/beans/spring - beans.xsd">
7        <!-- 注册数据源 -->
8        < bean name = "dataSource"
9          class = "com.mchange.v2.c3p0.ComboPooledDataSource">
10           < property name = "driverClass"
11                 value = "com.mysql.jdbc.Driver"></property>
12           < property name = "jdbcUrl"
13                 value = "jdbc:mysql://localhost:3306/chapter08"></property>
14           < property name = "user" value = "root"></property>
15           < property name = "password" value = "root"></property>
16       </bean>
17       <!-- 注册 JdbcTemplate 类 -->
18       < bean name = "jdbcTemplate"
19       class = "org.springframework.jdbc.core.JdbcTemplate">
20           < property name = "dataSource" ref = "dataSource"></property>
21       </bean>
22       <!-- 注册接口类 -->
23       < bean name = "studentDao" class = "com.qfedu.dao.StudentDaoImpl">
24           < property name = "jdbcTemplate" ref = "jdbcTemplate"></property>
25       </bean>
26  </beans>
```

在例 8-6 中,第 8～16 行代码表示注册数据源;第 18～21 行代码表示注册 JdbcTemplate 类;第 23～25 行代码表示注册 studentDao 接口类。

(5) 新建 TestJdbcDaoSupport01 类,用于查询 student 表的数据信息,具体代码如例 8-7 所示。

例 8-7 TestJdbcDaoSupport01.java。

```
1  public class TestJdbcDaoSupport01 {
2    public static void main(String[] args) throws Exception {
3        //通过读取配置文件获取 ApplicationContext 对象
4        ApplicationContext applicationContext = new
5                ClassPathXmlApplicationContext("applicationContext.xml");
6        //根据 id 获取 Bean 对象
7        StudentDao studentDao = applicationContext.getBean("studentDao",
8                       StudentDao.class);
9        System.out.println("student 数据表的信息为:" +
10       studentDao.findAllStudent());
11   }
12 }
```

(6) 执行 TestJdbcDaoSupport01 类,查询 student 表的所有数据的结果如图 8-2 所示。

从图 8-2 中可以看出,控制台输出 student 数据表的所有数据信息,证明使用 JdbcDaoSupport 类成功实现封装 Dao 层并正确输出 student 数据表信息。

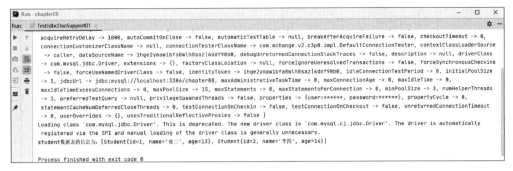

图 8-2　查询 student 表的所有数据的结果

8.3　Spring JDBC 操作数据库

Spring JDBC 的应用场景主要体现在数据库访问、事务管理、ORM 框架集成、批量处理和数据映射等方面，它提供了便捷的 API 和丰富的功能，提高了代码的可维护性和可测试性。本节将通过 Spring JDBC 的 API 基于 DDL(Data Definition Language)、DQL(Data Query Language)和 DML(Data Manipulation Language)3 类操作分别完成与数据库的交互。

8.3.1　DDL 操作

DDL 是一种用于定义数据库对象（如表、列、索引、视图等）的语言。本节将使用 JdbcTemplate 类的 execute()方法完成 DDL 操作，该方法可以执行单个 SQL 语句，通常用于执行数据库的创建、修改和删除等操作。通过使用 JdbcTemplate 类的 execute()方法，开发人员可以方便地执行 DDL 语句，对数据库对象进行定义和管理。接下来通过一个示例演示使用 DDL 方式完成创建 pupil 数据表，具体步骤如下。

（1）在 chapter08 项目的 com.qfedu.test 包中新建 TestDDL 测试类，该类用于执行创建 pupil 数据表的功能，具体代码如例 8-8 所示。

例 8-8　TestDDL.java。

```
1  public class TestDDL {
2      public static void main(String[] args) {
3          //通过读取配置文件获取 ApplicationContext 对象
4          ApplicationContext applicationContext = new
5                  ClassPathXmlApplicationContext("applicationContext.xml");
6          JdbcTemplate jdbcTemplate = applicationContext.getBean(
7                  "jdbcTemplate", JdbcTemplate.class);
8          String sql = "CREATE TABLE 'pupil'(" +
9                  " 'id' int(0) NOT NULL AUTO_INCREMENT," +
10                 " 'name' varchar(255) CHARACTER SET utf8mb4 COLLATE" +
11                 " utf8mb4_0900_ai_ci NULL DEFAULT NULL," +
12                 " 'age' int(0) NULL DEFAULT NULL," +
13                 " PRIMARY KEY ('id') USING BTREE)";
14         //调用 JdbcTemplate 的 execute()方法
15         jdbcTemplate.execute(sql);
16     }
17 }
```

在例 8-8 中,第 4 行和第 5 行代码通过读取 applicationContext. xml 配置文件获取 ApplicationContext 对象;第 6 行和第 7 行代码调用 getBean()方法获取 JdbcTemplate 对象;第 8~13 行代码用于定义创建 pupil 表的 DDL 语句;第 15 行代码调用 execute()方法执行 SQL 语句。

(2) 执行 TestDDL 测试类。使用 DDL 方式创建 pupil 数据表的执行结果如图 8-3 所示。

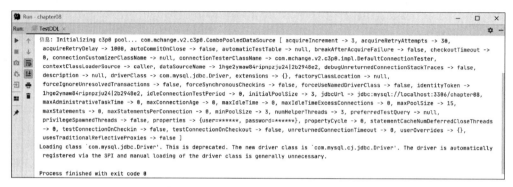

图 8-3　使用 DDL 方式创建 pupil 数据表的执行结果

(3) 在 Windows 命令行窗口中输入查询 pupil 数据表结构的 SQL 语句,具体语句如下所示。

```
describe pupil;
```

(4) 执行查询 pupil 数据表结构的 SQL 语句,pupil 数据表结构如图 8-4 所示。

```
mysql> describe pupil;
+-------+--------------+------+-----+---------+----------------+
| Field | Type         | Null | Key | Default | Extra          |
+-------+--------------+------+-----+---------+----------------+
| id    | int          | NO   | PRI | NULL    | auto_increment |
| name  | varchar(255) | YES  |     | NULL    |                |
| age   | int          | YES  |     | NULL    |                |
+-------+--------------+------+-----+---------+----------------+
3 rows in set (0.00 sec)

mysql>
```

图 8-4　pupil 数据表结构

从图 8-4 中可以看出,pupil 表的数据结构和例 8-8 中 TestDDL 类中第 8~13 行代码创建的 SQL 语句一一对应,证明使用 JdbcTemplate 类的 execute()方法实现了 DDL 操作。

使用 JdbcTemplate 类的 execute()方法可以轻松地执行 DDL 语句,创建、修改或删除数据库对象,从而实现对数据库结构的定义和管理。通过这样的操作可以更加方便和高效地进行数据库设计和维护。

8.3.2　DQL 操作

DQL 指数据库查询语言,在 Spring JDBC 中,可以通过 JdbcTemplate 类的 query()方法、queryForObject()方法和 queryForList()方法实现 DQL 操作。通常情况下,需要查询单条记录时,使用 query()方法或 queryForObject()方法;而在需要查询多条记录时使用 query()方法或 queryForList()方法。在处理结果集时,若需要自定义返回结果的映射规则,则可以通过 RowMapper<T>接口来实现。接下来本节使用 3 个案例详细讲解 query()方法、queryForObject()方法和 queryForList()方法的实际应用场景。

1. query()方法实现 DQL 操作

使用 query()方法实现查询 student 表数据信息的具体步骤如下。

(1) 在 chapter08 项目的 com.qfedu.test 包中新建 TestDQL01 测试类,该类通过 query()方法实现查询 student 表中数据信息的操作,具体代码如例 8-9 所示。

例 8-9 TestDQL01.java。

```
1  public class TestDQL01 {
2      public static void main(String[] args) {
3          //通过读取配置文件获取 ApplicationContext 对象
4          ApplicationContext applicationContext = new
5              ClassPathXmlApplicationContext("applicationContext.xml");
6          JdbcTemplate jdbcTemplate = applicationContext.getBean(
7                                  "jdbcTemplate", JdbcTemplate.class);
8          String sql = "select * from student";
9          //创建 BeanPropertyRowMapper
10         BeanPropertyRowMapper<Student> rowMapper = new
11                             BeanPropertyRowMapper<>(Student.class);
12         List<Student> students = jdbcTemplate.query(sql, rowMapper);
13         System.out.println("students = " + students);
14     }
15 }
```

(2) 执行 TestDQL01 测试类。使用 query()方法查询 student 表中数据信息的执行结果如图 8-5 所示。

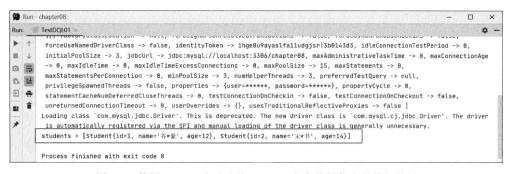

图 8-5 使用 query()方法查询 student 表中数据信息的执行结果

至此使用 query()方法实现查询 student 表中数据信息的步骤完成。

从图 8-5 中可以看出,控制台输出的 students 信息和数据库中 student 数据表的信息完全对应,证明使用 JdbcTemplate 类的 query()方法实现了查询 student 表中数据信息的 DQL 操作。

2. queryForObject()方法实现 DQL 操作

使用 queryForObject()方法实现查询 id 为 1 的学生信息的具体步骤如下。

(1) 在 chapter08 项目的 com.qfedu.test 包中新建 TestDQL02 测试类,该类通过 queryForObject()方法实现查询 id 为 1 的学生信息的操作,具体代码如例 8-10 所示。

例 8-10 TestDQL02.java。

```
1   public class TestDQL02 {
2       public static void main(String[] args) {
3           //通过读取配置文件获取 ApplicationContext 对象
4           ApplicationContext applicationContext = new
5               ClassPathXmlApplicationContext("applicationContext.xml");
6           JdbcTemplate jdbcTemplate = applicationContext.getBean(
7                                       "jdbcTemplate", JdbcTemplate.class);
8           String sql = "select * from student where id = 1";
9           //创建 BeanPropertyRowMapper
10          BeanPropertyRowMapper < Student > rowMapper = new
11                          BeanPropertyRowMapper <>(Student.class);
12          Student student = jdbcTemplate.queryForObject(sql, rowMapper);
13          System.out.println("student = " + student);
14      }
15  }
```

（2）执行 TestDQL02 测试类。使用 queryForObject()方法查询 id 为 1 的学生信息的执行结果如图 8-6 所示。

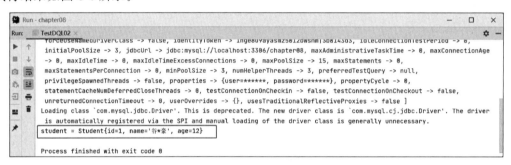

图 8-6　使用 queryForObject()方法查询 id 为 1 的学生信息的执行结果

至此使用 queryForObject()方法实现查询 id 为 1 的学生信息的操作步骤完成。

从图 8-6 可以看出，控制台输出的 student 信息和数据库中 id 为 1 的 student 数据表信息完全对应，证明使用 JdbcTemplate 类的 queryForObject()方法实现了查询 id 为 1 的学生信息的 DQL 操作。

3. queryForList()方法实现 DQL 操作

使用 queryForList()方法实现查询所有学生数据信息的具体步骤如下。

（1）在 chapter08 项目的 com.qfedu.test 包中新建 TestDQL03 测试类，该类通过 queryForList()方法实现查询所有学生数据信息的操作，具体代码如例 8-11 所示。

例 8-11 TestDQL03.java。

```
1   public class TestDQL03 {
2       public static void main(String[] args) {
3           //通过读取配置文件获取 ApplicationContext 对象
4           ApplicationContext applicationContext = new
5   ClassPathXmlApplicationContext("applicationContext.xml");
6           JdbcTemplate jdbcTemplate =
7   applicationContext.getBean("jdbcTemplate", JdbcTemplate.class);
8           String sql = "select * from student";
```

```
9              List < Map < String, Object >> maps = jdbcTemplate.queryForList(sql);
10             System. out. println("maps = " + maps);
11       }
12 }
```

（2）执行 TestDQL03 测试类。使用 queryForList()方法查询所有学生数据信息的执行结果如图 8-7 所示。

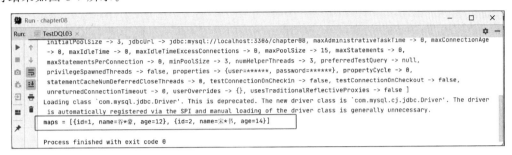

图 8-7　使用 queryForList()方法查询所有学生数据信息的执行结果

至此使用 queryForList()方法实现查询所有学生数据信息的操作步骤完成。

从图 8-7 中可以看出，控制台输出的 maps 信息和数据库中 student 数据表的信息完全对应，证明使用 JdbcTemplate 类的 queryForList()方法实现了查询所有学生数据信息的DQL 操作。

使用 JdbcTemplate 类的 query()方法、queryForObject()方法和 queryForList()方法可以轻松地执行 DQL 语句，查询数据库中的表信息，从而实现对数据库中表信息的监测和统计。通过这样的操作可以更加方便和高效地对数据表进行维护和监控。

8.3.3　DML 操作

DML 是数据库操作语言的缩写，它用于对数据库中的数据进行增、删、改的操作。在Spring JDBC 中，可以通过 JdbcTemplate 类的 update()方法实现 DML 操作。接下来，本节使用 3 个案例详细讲解使用 JdbcTemplate 类中的 update()方法实现更新、添加和删除操作。

1. 更新操作

使用 update()方法实现更新 student 表中 id 为 1 的学生年龄信息的具体步骤如下。

（1）在 chapter08 项目的 com. qfedu. test 包中新建 TestDML01 测试类，该类通过update()方法实现更新 student 表中 id 为 1 的学生年龄信息的操作，具体代码如例 8-12所示。

例 8-12　TestDML01. java。

```
1  public class TestDML01 {
2      public static void main(String[] args) {
3          //通过读取配置文件获取 ApplicationContext 对象
4          ApplicationContext applicationContext = new
5              ClassPathXmlApplicationContext("applicationContext. xml");
6          JdbcTemplate jdbcTemplate = applicationContext. getBean(
7                      "jdbcTemplate", JdbcTemplate. class);
8          String sql = "update student set age = 18 where id = 1";
```

```
9            int update = jdbcTemplate.update(sql);
10           if(update > 0){
11               System.out.println("更新成功");
12           }else{
13               System.out.println("更新失败");
14           }
15       }
16  }
```

（2）执行 TestDML01 测试类。使用 update()方法更新 student 表中 id 为 1 的学生年龄信息的执行结果如图 8-8 所示。

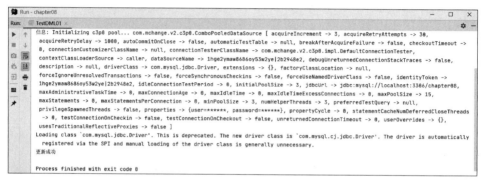

图 8-8　使用 update()方法更新 student 表中 id 为 1 的学生年龄信息的执行结果

从图 8-8 可以看出，控制台输出"更新成功"，查看 student 数据表中 id 为 1 的学生年龄后者已更改为 18 岁，证明使用 JdbcTemplate 类的 update()方法实现了 DML 的更新操作。

2. 添加操作

使用 update()方法实现向 student 表中添加一名 15 岁的、姓名为李 * 鑫的学生信息的具体步骤如下。

（1）在 chapter08 项目的 com.qfedu.test 包中新建 TestDML02 测试类，该类通过使用 update()方法实现向 student 表中添加一名 15 岁的、姓名为李 * 鑫的学生信息的操作，具体代码如例 8-13 所示。

例 8-13　TestDML02.java。

```
1  public class TestDML02 {
2      public static void main(String[] args) {
3          //通过读取配置文件获取 ApplicationContext 对象
4          ApplicationContext applicationContext = new
5  ClassPathXmlApplicationContext("applicationContext.xml");
6          JdbcTemplate jdbcTemplate =
7  applicationContext.getBean("jdbcTemplate", JdbcTemplate.class);
8          String sql = "insert into student values ('3','李 * 鑫',15)";
9          int update = jdbcTemplate.update(sql);
10         if(update > 0){
11             System.out.println("添加成功");
12         }else {
13             System.out.println("添加失败");
14         }
15     }
16  }
```

（2）执行 TestDML02 测试类。使用 update()方法实现向 student 表中添加一名 15 岁的、姓名为李＊鑫的学生信息的执行结果如图 8-9 所示。

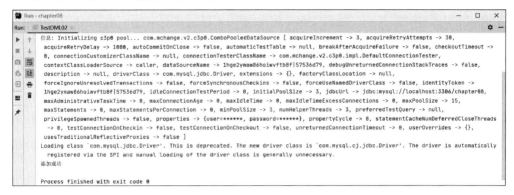

图 8-9　向 student 表中添加一名 15 岁的、姓名为李＊鑫的学生信息的执行结果

从图 8-9 可以看出，控制台输出"添加成功"，查看数据库中 student 数据表中 id 为 3、姓名为李＊鑫、年龄为 15 岁的学生数据，显示已添加成功，证明使用 JdbcTemplate 类的 update()方法实现了 DML 的添加操作。

3. 删除

使用 update()方法实现删除 id 为 3 的学生信息的具体步骤如下。

（1）在 chapter08 项目的 com. qfedu. test 包中新建 TestDML03 测试类，用于使用 update()方法实现删除 id 为 3 的学生信息操作，具体代码如例 8-14 所示。

例 8-14　TestDML03. java。

```
1  public class TestDML03 {
2      public static void main(String[] args) {
3          //通过读取配置文件获取 ApplicationContext 对象
4          ApplicationContext applicationContext = new
5              ClassPathXmlApplicationContext("applicationContext.xml");
6          JdbcTemplate jdbcTemplate = applicationContext.getBean(
7                          "jdbcTemplate", JdbcTemplate.class);
8          String sql = "delete from student where id = 3";
9          int update = jdbcTemplate.update(sql);
10         if(update > 0){
11             System.out.println("删除成功");
12         }else {
13             System.out.println("删除失败");
14         }
15     }
16 }
```

（2）执行 TestDML03 测试类。使用 update()方法删除 id 为 3 的学生信息的执行结果如图 8-10 所示。

从图 8-10 可以看出，控制台输出"删除成功"，查看数据库的 student 数据表中 id 为 3 的学生数据，显示已被删除，证明使用 JdbcTemplate 类的 update()方法实现了 DML 的删除操作。

使用 JdbcTemplate 类的 update()方法可以轻松地执行 DML 语句，新增、更新或删除

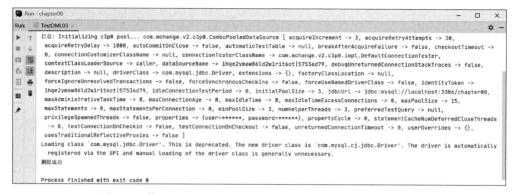

图8-10　使用 update()方法删除 id 为 3 的学生信息的执行结果

数据表信息,从而实现对数据表的维护和管理。通过这样的操作可以更加方便和高效地对数据表进行操作和处理。

8.4　实战演练:改造智慧农业果蔬系统中普通用户的数据管理 3

为了巩固 Spring JDBC 的编程知识,本节将对第 3 章的智慧农业果蔬系统的普通用户管理项目中的用户管理模块进行改造,采用 Spring JDBC 方式进行操作,以帮助读者掌握 Spring JDBC 开发的相关语法知识。本实战的实战描述、实战分析和实现步骤如下所示。

【实战描述】

创建 Maven 项目 chapter08,通过 Spring JDBC 框架的开发语法完成对 MySQL 数据库 chapter03 下普通用户表 user 的增、删、改、查操作,并在控制台输出日志信息。

【实战分析】

(1) 在 chapter08 数据库中导入第 3 章 chapter03 数据库中的 user 表。

(2) 向 user 表中插入测试数据。

(3) 在 chapter03 项目中,使用 Spring JDBC 方式对人员管理模块进行改造。

(4) 编写和执行测试类,验证数据库中的数据表信息是否同步成功,并查看控制台的输出日志是否正确。

【实现步骤】

1. 项目改造

(1) 首先使用 IDEA 创建一个 Maven 项目 chapter08,然后把 chapter03 项目下的 User 类和 UserMapper 接口复制到 chapter08 的 com. qfedu. pojo 和 com. qfedu. dao 包下。

(2) 在 pom. xml 文件中引入 Spring JDBC 所需依赖,包括 spring-core、spring-context、spring-jdbc、mysql-connector-java 和 c3p0。pom. xml 的主要代码如例 8-15 所示。

例 8-15　pom. xml。

```
1  < dependencies >
2      < dependency >
3          < groupId > org. springframework </groupId >
4          < artifactId > spring − core </artifactId >
```

```
5              < version > 5.3.9 </version >
6          </dependency >
7          < dependency >
8              < groupId > org. springframework </groupId >
9              < artifactId > spring - context </artifactId >
10             < version > 5.3.9 </version >
11         </dependency >
12         < dependency >
13             < groupId > org. springframework </groupId >
14             < artifactId > spring - jdbc </artifactId >
15             < version > 5.3.18 </version >
16         </dependency >
17         < dependency >
18             < groupId > com. mchange </groupId >
19             < artifactId > c3p0 </artifactId >
20             < version > 0.9.5.2 </version >
21         </dependency >
22         < dependency >
23             < groupId > mysql </groupId >
24             < artifactId > mysql - connector - java </artifactId >
25             < version > 8.0.28 </version >
26         </dependency >
27 </dependencies >
```

（3）在 chapter08 项目的 resources 目录下新建 applicationContext. xml 配置文件，具体代码如例 8-16 所示。

例 8-16 applicationContext. xml。

```
1  <?xml version = "1.0" encoding = "UTF - 8"?>
2  < beans xmlns = "http://www. springframework. org/schema/beans"
3          xmlns:xsi = "http://www. w3. org/2001/XMLSchema - instance"
4          xmlns:p = "http://www. springframework. org/schema/p"
5          xsi:schemaLocation = "http://www. springframework. org/schema/beans
6          http://www. springframework. org/schema/beans/spring - beans. xsd">
7  <!-- 注册数据源 -->
8  < bean name = "dataSource" class = "com. mchange. v2. c3p0. ComboPooledDataSource">
9  < property name = "driverClass" value = "com. mysql. jdbc. Driver"></property >
10 < property name = "jdbcUrl"
11 value = "jdbc:mysql://localhost:3306/chapter08"></property >
12     < property name = "user" value = "root"></property >
13     < property name = "password" value = "root"></property >
14 </bean >
15 <!-- 注册 jdbcTemplate 类 -->
16 < bean name = "jdbcTemplate"
17 class = "org. springframework. jdbc. core. JdbcTemplate">
18         < property name = "dataSource" ref = "dataSource"></property >
19 </bean >
20 <!-- 注册接口类 -->
21 < bean name = "userDao" class = "com. qfedu. dao. UserDaoImpl">
22     < property name = "jdbcTemplate" ref = "jdbcTemplate"></property >
23 </bean >
24 </beans >
```

在例 8-16 中，第 7 ～ 14 行代码表示注册数据源；第 16 ～ 19 代码表示注册

JdbcTemplate 类；第 21~23 行代码表示注册 userDao 接口类。

（4）将 chapter08 项目下的 UserMapper 接口更名为 UserDao 接口，并编写 UserDaoImpl 实现类，具体代码如例 8-17 所示。

例 8-17 UserDaoImpl. java。

```
1  public class UserDaoImpl extends JdbcDaoSupport implements UserDao{
2      @Override
3      public List < User > findAllUser() {
4          String sql = "select * from user";
5          BeanPropertyRowMapper < User > rowMapper = new
6  BeanPropertyRowMapper <>(User.class);
7          return getJdbcTemplate().query(sql,rowMapper);
8      }
9      @Override
10     public Integer insertUser() {
11         String sql = "insert into user values
12 (9,'wangwu','123','666','王五','男','北京','999@com')";
13         return getJdbcTemplate().update(sql);
14     }
15     @Override
16     public Integer updateUser() {
17         String sql = "update user set passWord = '520' where id = 9";
18         return getJdbcTemplate().update(sql);
19     }
20     @Override
21     public void deleteUser() {
22         String sql = "delete from user where id = 9";
23         getJdbcTemplate().execute(sql);
24     }
25 }
```

2. 编写测试类

（1）在 chapter08 项目的 com. qfedu. test 包中新建 TestJdbcFindUser 类，该类通过 JDBC 驱动方式实现查询所有普通用户的功能，具体代码如例 8-18 所示。

例 8-18 TestJdbcFindUser. java。

```
1  public class TestJdbcFindUser {
2      public static void main(String[ ] args) throws Exception {
3          //通过读取配置文件获取 ApplicationContext 对象
4          ApplicationContext applicationContext =
5            new ClassPathXmlApplicationContext("applicationContext.xml");
6          //根据 id 获取 Bean 对象
7          UserDao UserDao = applicationContext.getBean(
8                                              "userDao",UserDao.class);
9          System.out.println("user 数据表的信息为:" + UserDao.findAllUser());
10     }
11 }
```

（2）执行 TestJdbcFindUser 类。使用 JDBC 方式查询所有普通用户的执行结果如图 8-11 所示。

从图 8-11 中可以看出，TestJdbcFindUser 类输出 user 数据表的所有普通用户信息，使

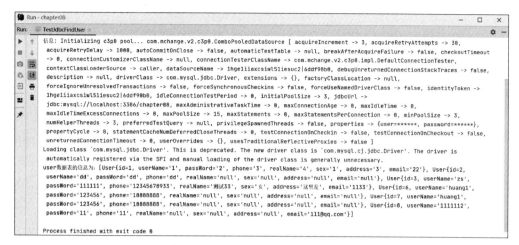

图 8-11　使用 JDBC 方式查询所有普通用户的执行结果

用 JDBC 驱动方式查询所有普通用户的功能测试成功。

（3）在 chapter08 项目的 com. qfedu. test 包中新建 TestJdbcAddUser 类，该类通过
JDBC 驱动方式测试新增普通用户的功能，具体代码如例 8-19 所示。

例 8-19　TestJdbcAddUser. java。

```
1  public class TestJdbcAddUser {
2      public static void main(String[] args) throws Exception {
3          //通过读取配置文件获取 ApplicationContext 对象
4          ApplicationContext applicationContext =
5              new ClassPathXmlApplicationContext("applicationContext.xml");
6          //根据 id 获取 Bean 对象
7          UserDao UserDao = applicationContext.getBean(
8                                       "userDao", UserDao.class);
9          System.out.println("user 数据表变更行数:" + UserDao.insertUser());
10     }
11 }
```

（4）执行 TestJdbcAddUser 类。使用 JDBC 方式新增普通用户的执行结果如图 8-12 所示。

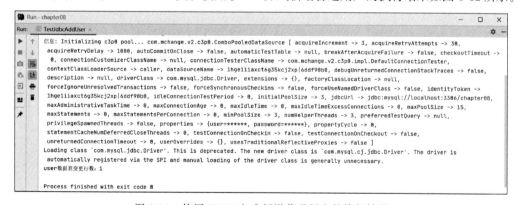

图 8-12　使用 JDBC 方式新增普通用户的执行结果

从图 8-12 中可以看出，TestJdbcAddUser 类输出"user 数据表的变更行数：1"。使用
JDBC 驱动方式新增普通用户的功能测试成功。

149

第 8 章

Spring JDBC

（5）在 chapter08 项目的 com.qfedu.test 包中新建 TestJdbcUpdateUser 类，该类通过 JDBC 驱动方式测试修改普通用户的功能，具体代码如例 8-20 所示。

例 8-20 TestJdbcUpdateUser.java。

```
1  public class TestJdbcUpdateUser {
2      public static void main(String[] args) throws Exception {
3          //通过读取配置文件获取 ApplicationContext 对象
4          ApplicationContext applicationContext =
5  new ClassPathXmlApplicationContext("applicationContext.xml");
6          //根据 id 获取 Bean 对象
7          UserDao UserDao =
8  applicationContext.getBean("userDao", UserDao.class);
9          System.out.println("user 数据表变更行数:" + UserDao.updateUser());
10     }
11 }
```

（6）执行 TestJdbcUpdateUser 类。使用 JDBC 方式修改普通用户的执行结果如图 8-13 所示。

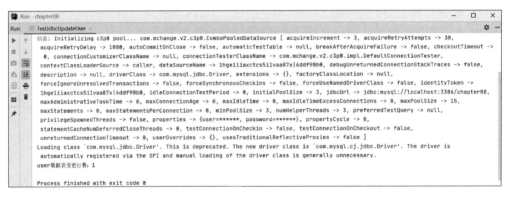

图 8-13 使用 JDBC 方式修改普通用户的执行结果

从图 8-13 中可以看出，TestJdbcUpdateUser 类输出"user 数据表的变更行数：1"。使用 JDBC 驱动方式修改普通用户的功能测试成功。

（7）在 chapter08 项目的 com.qfedu.test 包中新建 TestJdbcDeleteUser 类，该类通过 JDBC 驱动方式测试删除普通用户的功能，具体代码如例 8-21 所示。

例 8-21 TestJdbcDeleteUser.java。

```
1  public class TestJdbcDeleteUser {
2      public static void main(String[] args) throws Exception {
3          //通过读取配置文件获取 ApplicationContext 对象
4          ApplicationContext applicationContext =
5              new ClassPathXmlApplicationContext("applicationContext.xml");
6          //根据 id 获取 Bean 对象
7          UserDao UserDao = applicationContext.getBean(
8                                  "userDao", UserDao.class);
9          UserDao.deleteUser();
10     }
11 }
```

（8）执行 TestJdbcDeleteUser 类。使用 JDBC 方式删除普通用户的执行结果如图 8-14 所示。

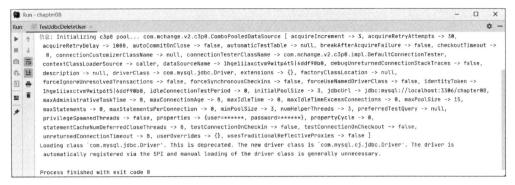

图 8-14　使用 JDBC 方式删除普通用户的执行结果

需要注意的是,因为 execute()方法无返回值,可以在 Windows 的命令行窗口中输入查询 user 表的 SQL 语句,查看 user 数据表的数据信息。user 数据表的数据如图 8-15 所示。

```
mysql> select * from user;
+----+----------+----------+-------------+----------+-----+-------------+-----------------------+
| id | userName | passWord | phone       | realName | sex | address     | email                 |
+----+----------+----------+-------------+----------+-----+-------------+-----------------------+
|  1 | 曾*梁    | 2        | 138****6907 | 曾*梁    | 男  | 北京市昌平区 | 138****6907@163.com   |
|  2 | wu       | dd       | 156****1543 | 吴*英    | 男  | 北京市海淀区 | 156****1543@163.com   |
|  3 | 吴*德    | 111111   | 192****9012 | 吴*德    | 女  | 北京市丰台区 | 192****9012@163.com   |
|  6 | wang     | 123456   | 155****2130 | 王*强    | 女  | 北京市房山区 | 155****2130@163.com   |
|  7 | fang     | 123456   | 170****1239 | 方*智    | 女  | 北京市通州区 | 170****1239@163.com   |
|  8 | jian     | 11       | 166****8613 | *坚      | 男  | 北京市密云区 | 166****8613@163.com   |
+----+----------+----------+-------------+----------+-----+-------------+-----------------------+
6 rows in set (0.01 sec)
```

图 8-15　user 数据表的数据

从图 8-15 中可以看出,id 为 9 的数据已删除。使用 JDBC 驱动方式删除普通用户的功能测试成功。

8.5　本 章 小 结

本章主要讲解了 Spring JDBC 的基础、重要组件、如何操作数据库及一个实战演练——改造智慧农业果蔬系统中普通人员的数据管理。通过对本章内容的学习,读者可以更好地理解和应用 Spring JDBC,掌握使用 DDL、DQL、DML 编写 SQL 语句的方法,同时还可以通过自定义 JDBCTemplate 来扩展其功能,实现更加灵活的数据库操作。

8.6　习　　　题

一、填空题

1. Spring JDBC 的核心类指的是＿＿＿＿＿＿。

2. 当执行 DQL 操作时,通常调用 JDBCTemplate 类的＿＿＿＿＿方法和＿＿＿＿＿方法。

3. 当执行 DML 操作时,通常调用 JDBCTemplate 类的＿＿＿＿＿方法和＿＿＿＿＿方法。

4. 当执行 DDL 操作时,通常调用 JDBCTemplate 类的＿＿＿＿＿方法。

5. 使用 Spring JDBC 封装 Dao 时,可以通过继承＿＿＿＿＿类的方法实现。

二、选择题

1. 下列关于 Spring JDBC 的描述错误的是(　　)。

    A. Spring JDBC 是对传统 JDBC 的改善和增强

    B. Spring JDBC 和传统 JDBC 完全没有关联

    C. Spring JDBC 的 core 包提供核心功能

    D. Spring JDBC 的 support 包提供支持类

2. 下列关于 Spring JDBC 中结果集处理的描述错误的是(　　)。

    A. 如果要将表记录映射为自定义的类,则需要使用 RowMapper<T>接口

    B. 如果查询返回的结果为 int 类型,则需要使用 RowMapper<T>接口完成映射

    C. RowMapper<T>接口定义了 mapRow()方法并通过该方法提供功能

    D. BeanPropertyRowMapper<T>是 RowMapper<T>接口的实现类

3. 在 Spring JDBC 类提供的方法中,用于查询单条记录的是(　　)。

    A. bathUpdate()   B. queryForList()

    C. queryForObject()   D. update()

4. 下列关于 JDBCTemplate 类提供的方法的说法错误的是(　　)。

    A. execute()常用于执行 DQL 操作

    B. queryForList()常用于执行 DQL 操作

    C. update()常用于执行 DML 操作

    D. queryForObject()常用于执行 DQL 操作

5. 在使用 Spring JDBC 进行数据库访问时,以下哪个类是最核心的?(　　)

    A. DataSource   B. JdbcOperations

    C. JdbcTemplate   D. SimpleJdbcInsert

三、简答题

1. 简述 Spring JDBC 的重要组件功能。

2. 简述 Spring JDBC 的 3 种操作场景。

四、操作题

按以下要求编写一个程序。

(1) 在 chapter08 数据库中创建一个名为 teacher 的数据表。teacher 表的字段为 id、name、age 和 course。

(2) 向 teacher 表中插入 1 条自拟数据并查询 teacher 表中的记录条数。

第 9 章　Spring AOP

学习目标

- 了解 Spring AOP 的概念,能够描述 Spring AOP 的特点。
- 了解 Spring AOP 的基本术语,能够归纳 Spring AOP 的 8 个基本术语。
- 掌握 Spring AOP 的实现机制,能够灵活运用 JDK 动态代理和 CGLIB 代理实现 AOP。
- 掌握 Spring AOP 的实现方式,能够灵活运用 XML 和注解方式实现 AOP。

视频讲解

　　Spring AOP 是 Spring 框架中的一个核心模块,它提供了一种基于切面编程的方式,能够很好地解决应用程序中的横切关注点问题。Spring AOP 在 Spring 框架中的地位非常重要,它可以用于事务管理、日志记录、安全控制、性能监控、缓存处理和异常处理。使用 AOP 可以提高代码的可维护性和可读性,实现模块化设计,提高系统的可扩展性,提高系统的可重用性和实现横切逻辑。本章将对 Spring AOP 的基础知识、实现机制和实现方式进行讲解。

9.1　认识 AOP

9.1.1　AOP 简介

　　AOP 指面向切面编程,和 OOP 不同,它主张将程序中的相同业务逻辑进行横向隔离,并将重复的业务逻辑抽取到一个独立的模块中,最终实现提升程序可复用性和开发效率的目的。

　　在传统的 OOP 编程中,借助于面向对象的分析和设计,程序的功能通过对象与对象之间的协作来实现。OOP 引入抽象、封装、继承等概念,将具有相同属性或行为的对象纳入一个层次分明的类结构体系中,由于类可以继承,因此这种体系是纵向的。

　　随着软件规模的不断扩大,系统中出现了一些 OOP 难以彻底解决的问题。例如,系统的某个类中有若干方法都包含事务管理的业务逻辑,如图 9-1 所示。

　　从图 9-1 中可以看出,添加用户信息、更新用户信息、删除用户信息的方法体中都包含事务管理的业务逻辑,这会带来一定数量的重复代码并使程序的维护成本增加。基于横向抽取机制,AOP 为此类问题提供了完美的解决方案,它将事务管理的业务逻辑从这三个方法体中抽取到一个可重用的模块,进而降低耦合,减少重复代码。

9.1.2　AOP 的基本术语

　　前面讲解了 AOP 的基本概念,接下来对 AOP 涉及的基本术语——连接点、通知、切

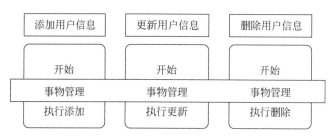

图 9-1　操作用户信息

点、目标对象、引介、切面、织入和代理进行详细讲解。

1. 连接点

连接点(Joinpoint)是程序执行过程中某个特定的节点,例如某个类的初始化完成后、某个方法执行之前、程序处理异常时等。广义上讲,一个类或一段程序代码拥有的一些具有边界性质的特定点都可以被作为连接点,但由于 Spring 仅支持方法连接点,因此,在 Spring AOP 中,一个连接点是指与方法执行相关的特定节点。

2. 通知

通知(Advice)是在目标类连接点上执行的一段代码,包括 around、before 和 after 等不同类型。在 Spring AOP 中,它主要描述围绕方法调用而注入的行为,相比之下,功能更加细化。Spring AOP 提供的具体通知类型如表 9-1 所示。

表 9-1　Spring AOP 提供的通知类型

通 知 类 型	说　　明
前置通知(before)	在目标方法被调用之前调用通知
后置通知(after)	在目标方法被调用之后调用通知
返回通知(after-returning)	在目标方法成功执行之后调用通知
异常通知(after-throwing)	在目标方法抛出异常之后调用通知
环绕通知(around)	通知包裹了被通知的方法,在被通知的方法调用前和调用后执行自定义的行为

表 9-1 列举了 Spring AOP 提供的通知类型,关于这些通知类型的使用方法,本书后文中会有讲解,此处不再赘述。

3. 切点

切点(Pointcut)是匹配连接点的断言,AOP 通过切点来定位特定的连接点。通知和一个切点表达式关联,并在满足这个切点的连接点上运行(例如当执行某个特定名称的方法时)。切点表达式如何和连接点匹配是 AOP 的核心。

4. 目标对象

目标对象(Target)是通知所作用的目标业务类。如果缺少 AOP 的支持,那么目标业务类就要独立完成所有的业务逻辑,为了降低冗余,目标业务类可以借助 AOP 将重复代码抽取出来。

5. 引介

引介(Introduction)是一种特殊的通知,它为类添加一些属性和方法。如此一来,即使一个业务类原本没有实现某个接口,通过 AOP 的引介功能,也可以动态地为该业务类添加接口的实现逻辑,让业务类成为这个接口的实现类。

6. 切面

切面（Aspect）是对系统中的横切关注点逻辑进行模块化封装的 AOP 概念实体。关注点模块化之后，可能会横切多个对象。Spring AOP 是实施切面的具体方法，它将切面所定义的横切逻辑添加到切面所指定的连接点中。

7. 织入

织入（Weaving）是将通知添加到目标类具体连接点的过程，这些可以在编译时、类加载时或运行时完成。Spring 采用动态代理织入，而 AspectJ 采用编译期织入和类装载器织入。

8. 代理

代理（Proxy）是指目标类被 AOP 织入增强后产生的一个结果类，这个结果类融合了原类和增强的逻辑。根据不同的代理方式，代理类既可能是和原类具有相同接口的类，也可能就是原类的子类，所以可以采用与调用原类相同的方法调用代理类。

9.2 Spring AOP 的实现机制

Spring AOP 的实现机制是基于代理模式和动态代理技术，通过程序运行时动态地创建代理对象并将切面织入到目标对象中实现 AOP。Spring AOP 常用的代理方式为 JDK 动态代理和 CGLIB 代理，本节将对这两种实现机制进行详细讲解。

9.2.1 JDK 动态代理

Spring AOP 的 JDK 动态代理是一种基于 Java 反射机制的动态代理技术，它是 Java 自带的一种动态代理实现方式。在 Spring AOP 中，如果一个 Bean 实现了接口，那么 Spring 会使用 JDK 动态代理为该 Bean 创建代理对象。

JDK 动态代理主要涉及两个 API：InvocationHandler 接口和 Proxy 类，它们位于 java.lang.reflect 包中。代理类可以通过实现 InvocationHandler 接口定义横切逻辑，并将横切逻辑和业务逻辑编织在一起；Proxy 类利用 InvocationHandler 接口动态生成目标类的代理对象。接下来通过一个示例演示 JDK 动态代理技术的代码实现，具体步骤如下。

（1）在 IDEA 中创建 Maven 项目 chapter09，在 chapter09 的 src 目录下创建 com.qfedu.service 包，并在该包中新建 Service 接口，具体代码如例 9-1 所示。

例 9-1　Service.java。

```
1  public interface Service {
2      public void msg();
3  }
```

（2）在 com.qfedu.service 包中创建 Impl 层并新建 ServiceImpl 实现类，具体代码如例 9-2 所示。

例 9-2　ServiceImpl.java。

```
1  public class ServiceImpl implements Service {
2      @Override
3      public void msg() {
4          System.out.println("我是 Service 层方法");
5      }
6  }
```

（3）在 chapter09 的 src 目录下创建 com. qfedu. test 包，并在该包中新建 PerformHandler 类，具体代码如例 9-3 所示。

例 9-3　PerformHandler. java。

```
1   public class PerformHandler implements InvocationHandler {
2       //目标对象
3       private Object target;
4       public PerformHandler(Object target) {
5           this.target = target;
6       }
7       @Override
8       public Object invoke(Object proxy, Method method, Object[] args)
9       throws Throwable {
10          //增强的方法
11          System.out.println("方法开始执行");
12          //执行被代理类的原方法
13          Object invoke = method.invoke(target, args);
14          //增强的方法
15          System.out.println("方法执行完毕");
16          return invoke;
17      }
18  }
```

在例 9-3 的代码中，程序通过构造方法传入被代理的目标对象。第 11 行和第 15 行的输出语句可以被看作需要增强的横切逻辑。第 13 行的 method. invoke()方法通过 Java 的反射机制间接调用被代理类的原方法。

（4）在 com. qfedu. test 包中新建 TestPerformHandler 测试类，具体代码如例 9-4 所示。

例 9-4　TestPerformHandler. java。

```
1   public class TestPerformHandler {
2       public static void main(String[] args) {
3           Service jdkService = new ServiceImpl();
4           //创建代理对象
5           PerformHandler performHandler = new PerformHandler(jdkService);
6           jdkService = (Service)Proxy.newProxyInstance(jdkService
7           .getClass().getClassLoader(),
8           jdkService.getClass().getInterfaces(),performHandler();
9           jdkService.msg();
10      }
11  }
```

在例 9-4 中，第 6~8 行代码通过 Proxy 类生成了代理对象，程序可以通过代理对象 jdkService 调用目标对象的 msg()方法。

（5）执行 TestPerformHandler 类，JDK 动态代理执行结果如图 9-2 所示。

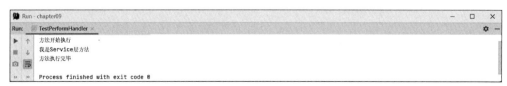

图 9-2　JDK 动态代理执行结果

从图 9-2 中可以看出,当执行代理对象 jdkService 的 msg()方法时,原 Service 接口中的 msg()方法和增强方法都被执行。

9.2.2　CGLIB 动态代理

JDK 动态代理存在缺陷,它只能为接口创建代理实例,当需要为类创建代理实例时,就要使用 CGLIB 动态代理。CGLIB 动态代理不要求目标对象实现接口,它采用底层的字节码技术,通过继承的方式动态创建代理对象。

CGLIB 动态代理是通过实现 MethodInterceptor 接口织入要增强的方法。接下来通过一个示例演示 CGLIB 动态代理技术的代码实现,具体步骤如下。

(1) 在 chapter09 的 pom.xml 文件中添加 spring-aop 和 aspectjweaver 依赖,其中,spring-aop 为 AOP 的支持包,aspectjweaver 为面向切面的支持包。主要代码如下所示。

```
< dependency >
  < groupId > org.springframework </groupId >
  < artifactId > spring - aop </artifactId >
  < version > 5.3.20 </version >
</dependency >
< dependency >
  < groupId > org.aspectj </groupId >
  < artifactId > aspectjweaver </artifactId >
  < version > 1.8.8 </version >
</dependency >
```

(2) 在 chapter09 的 src 目录下创建 com.qfedu.pojo 包,并在该包中新建 CgLibProxy 类,具体代码如例 9-5 所示。

例 9-5　CgLibProxy.java。

```
1   public class CgLibProxy implements MethodInterceptor {
2       private Enhancer enhancer = new Enhancer();
3       //生成代理对象的方法
4       public Object getProxy(Class clazz){
5           enhancer.setSuperclass(clazz);
6           enhancer.setCallback(this);
7           return enhancer.create();
8       }
9       @Override
10      public Object intercept(Object o, Method method, Object[] objects,
11      MethodProxy methodProxy) throws Throwable {
12          System.out.println("CgLib 代理之前");
13          Object invoke = methodProxy.invokeSuper(o, objects);
14          System.out.println("CgLib 代理之后");
15          return invoke;
16      }
17  }
```

在例 9-5 中,第 4 行代码表示 CgLibProxy 类提供了一个生成代理对象的方法 getProxy()。CgLibProxy 类实现了 MethodInterceptor 接口并提供了一个 intercept()方法,此方法将拦截目标类中所有方法的调用。

(3) 在 com.qfedu.test 包中新建 TestCgLib 类,具体代码如例 9-6 所示。

例9-6 TestCgLib.java。

```
1   public class TestCgLib {
2       public static void main(String[] args) {
3           CgLibProxy cglibProxy = new CgLibProxy();
4           //创建代理对象
5           Service cgLibService = (ServiceImpl)cglibProxy.getProxy(
6                                       ServiceImpl.class);
7           cgLibService.msg();
8       }
9   }
```

在例9-6中,第5～7行代码调用getProxy()方法生成了代理对象Service,并调用目标对象中的msg()方法。

(4) 执行TestCgLib测试类,使用CGLIB动态代理实现AOP的执行结果如图9-3所示。

图9-3 使用CGLIB动态代理实现AOP的执行结果

从图9-3中可以看出,当执行代理对象cgLibService的msg()方法时,原Service接口中的msg()方法和增强方法都会被执行。

9.3 Spring AOP的实现方式

Spring AOP的常用实现方式有两种:基于XML文件配置和基于注解方式。基于注解的方式通常比XML配置方式更加简洁,允许在类上使用注解进行标注,易于开发和维护;而基于XML配置的方式则适用于需要更强灵活性的AOP场景。开发人员可以根据实际需求选择合适的方式实现AOP切面编程,本节将对这两种实现方式进行详细讲解。

9.3.1 基于XML配置开发Spring AOP

基于XML配置文件来实现AOP编程是Spring AOP早期版本所使用的方式,现在已被取代为更方便的注解方式,尽管如此,在一些比较旧的系统中,仍然可以发现其存在。

Spring AOP提供了一系列用于配置AOP的XML元素,这些元素允许开发人员通过XML配置文件来定义切面、通知、切点以及其他相关的AOP元素。XML配置Spring AOP的元素如表9-2所示。

表9-2 XML配置Spring AOP的元素

元 素 名 称	说 明	元 素 名 称	说 明
< aop:config >	AOP配置的根元素	< aop:after >	指定后置通知
< aop:aspect >	指定切面	< aop:around >	指定环绕方式
< aop:advisor >	指定通知器	< aop:after-returning >	指定返回通知
< aop:pointcut >	指定切点	< aop:after-throwing >	指定异常通知
< aop:before >	指定前置通知		

接下来通过一个案例并结合表 9-2 中的元素演示如何通过 XML 方式实现 Spring AOP 编程,具体步骤如下。

(1) 在 chapter09 的 pom. xml 文件中添加 spring-aop 和 aspectjweaver 依赖,其中, spring-aop 为 AOP 的支持包,aspectjweaver 为面向切面的支持包。主要代码如下所示。

```xml
< dependency >
  < groupId > org. springframework </groupId >
  < artifactId > spring – aop </artifactId >
  < version > 5.3.20 </version >
</dependency >
< dependency >
  < groupId > org. aspectj </groupId >
  < artifactId > aspectjweaver </artifactId >
  < version > 1.8.8 </version >
</dependency >
```

(2) 在 chapter09 项目的 com. qfedu. service 包中新建 UserService 接口,具体代码如例 9-7 所示。

例 9-7 UserService. java。

```java
1  public interface UserService {
2      void insert();
3      void delete();
4      void update();
5      void select();
6  }
```

在例 9-7 中,第 2~5 行分别为用户的新增、删除、修改及查询方法。

(3) 在 chapter09 项目的 com. qfedu. service. impl 包中新建 UserServiceImpl 接口,该接口用于实现 UserService 接口中的方法,具体代码如例 9-8 所示。

例 9-8 UserServiceImpl. java。

```java
1  public class UserServiceImpl implements UserService {
2      @Override
3      public void insert() {
4          System. out. println("新增用户信息");
5      }
6      @Override
7      public void delete() {
8          System. out. println("删除用户信息");
9      }
10     @Override
11     public void update() {
12         System. out. println("修改用户信息");
13     }
14     @Override
15     public void select() {
16         System. out. println("查询用户信息");
17     }
18 }
```

(4) 在 chapter09 项目的 com. qfedu. test 包中新建 XmlAdvice 类,该类作为基于 XML

方式实现 Spring AOP 功能的 Bean 类,具体代码如例 9-9 所示。

例 9-9 XmlAdvice.java。

```
1  public class XmlAdvice {
2      //前置通知
3      public void before(){
4          System.out.println("这是前置通知");
5      }
6      //后置通知
7      public void afterReturning(){
8          System.out.println("这是后置通知(不出现异常时调用)");
9      }
10     //环绕通知
11     public Object around(ProceedingJoinPoint point) throws Throwable {
12         System.out.println("这是环绕通知之前的部分");
13         //调用目标方法
14         Object proceed = point.proceed();
15         System.out.println("这是环绕通知之后的部分");
16         return proceed;
17     }
18     //异常通知
19     public void afterException(){
20         System.out.println("这是异常通知");
21     }
22     //后置通知
23     public void after(){
24         System.out.println("这是后置通知");
25     }
26 }
```

例 9-9 的代码中定义了 5 种类型的通知方法,这些通知方法可以被织入对应的切点,进而增强目标对象的方法。

(5) 在 chapter09 项目的 resources 目录下新建 applicationContext.xml 文件,具体代码如例 9-10 所示。

例 9-10 applicationContext.xml。

```
1  <?xml version = "1.0" encoding = "UTF - 8"?>
2  < beans xmlns = "http://www.springframework.org/schema/beans"
3         xmlns:xsi = "http://www.w3.org/2001/XMLSchema - instance"
4         xmlns:aop = "http://www.springframework.org/schema/aop"
5         xsi:schemaLocation = "http://www.springframework.org/schema/beans
6         http://www.springframework.org/schema/beans/spring - beans.xsd
7         http://www.springframework.org/schema/aop
8         http://www.springframework.org/schema/aop/spring - aop.xsd">
9      <!-- 注册 -->
10     < bean name = "userService"
11           class = "com.qfedu.service.impl.UserServiceImpl"></bean>
12     < bean name = "xmdAdvice" class = "com.qfedu.test.XmlAdvice"></bean>
13     <!-- 配置 AOP -->
14     < aop:config >
15         <!-- 指定切点 -->
16         < aop:pointcut id = "pointcut" expression = "execution( *
17         com.qfedu.service.impl.UserServiceImpl. * (..))"/>
```

```
18              <!-- 指定切面 -->
19              <aop:aspect ref = "xmdAdvice">
20                  <!-- 指定前置通知 -->
21                  <aop:before method = "before"
22                          pointcut - ref = "pointcut"></aop:before>
23                  <!-- 指定返回通知 -->
24                  <aop:after - returning method = "afterReturning"
25                          pointcut - ref = "pointcut"></aop:after - returning>
26                  <!-- 指定环绕通知 -->
27                  <aop:around method = "around"
28                          pointcut - ref = "pointcut"></aop:around>
29                  <!-- 指定异常通知 -->
30                  <aop:after - throwing method = "afterException"
31                          pointcut - ref = "pointcut"></aop:after - throwing>
32                  <!-- 指定后置通知 -->
33                  <aop:after method = "after"
34                          pointcut - ref = "pointcut"></aop:after>
35              </aop:aspect>
36          </aop:config>
37  </beans>
```

在例 9-10 中,第 4、7、8 行代码用于引入 AOP 的命名空间;第 16 行代码中的<aop:pointcut>元素指定了一个切点;第 19 行代码中的<aop:aspect>元素指定了一个切面,<aop:aspect>元素内部可以指定多个通知。在<aop:before>、<aop:after-returning>、<aop:around>、<aop:after-throwing>、<aop:after>元素中,method 属性指定通知的方法,pointcut-ref 属性指定要匹配的切点。

(6) 在 chapter09 项目的 com. qfedu. test 包中新建 TestXml 类,该类用于测试 5 种增强方法是否成功执行,具体代码如例 9-11 所示。

例 9-11 TestXml. java。

```
1  public class TestXml {
2      public static void main(String[] args) {
3          ApplicationContext context = new
4              ClassPathXmlApplicationContext("applicationContext.xml");
5          UserService userService = context.getBean("userService",
6              UserService.class);
7          userService.select();
8      }
9  }
```

(7) 执行 TestXml 类。5 种基于 XML 方式的增强方法的执行结果如图 9-4 所示。

图 9-4　5 种基于 XML 方式的增强方法的执行结果

从图 9-4 中可以看出,控制台输出了 XmlAdvice 类中 5 个增强方法中的提示信息。由此可见,Spring AOP 实现了对目标对象的方法增强。

9.3.2 基于注解方式开发 Spring AOP

基于注解方式开发 Spring AOP 可以使读者更轻松地理解和实现面向切面编程,避免了在 XML 文件中配置烦琐和冗长的代码,提升了开发的便捷性。通过使用注解定义通知,开发人员可以更专注于业务逻辑,从而提高开发效率和代码质量。

为了进一步简化开发过程,Spring AOP 提供了一系列注解来支持 AOP 的实现。这些注解能够直接将通知与切点结合起来,使得切面的定义更加紧凑和直观。Spring AOP 支持的注解具体如表 9-3 所示。

表 9-3　Spring AOP 支持的注解

注 解 名 称	说　明	注 解 名 称	说　明
@Aspect	指定切面	@Around	指定环绕方式
@Pointcut	指定切点	@After-Returning	指定返回通知
@Before	指定前置通知	@After-Throwing	指定异常通知
@After	指定后置通知		

接下来通过一个示例使用表 9-3 中的注解实现 Spring AOP,具体步骤如下。

(1) 在 chapter09 项目的 com. qfedu. pojo 包中新建 AnnoAdvice 类,具体代码如例 9-12 所示。

例 9-12　AnnoAdvice. java。

```
1   @Aspect
2   public class AnnoAdvice {
3       //切点
4       @Pointcut("execution( *
5       com.qfedu.service.impl.UserServiceImpl.*(..))")
6       public void pointcut() { }
7       //前置通知
8       @Before("pointcut()")
9       public void before() {
10          System.out.println("这是前置通知");
11      }
12      //后置通知
13      @AfterReturning("pointcut()")
14      public void afterReturning() {
15          System.out.println("这是后置通知(不出现异常时调用)");
16      }
17      //环绕通知
18      @Around("pointcut()")
19      public Object around(ProceedingJoinPoint point) throws Throwable {
20          System.out.println("这是环绕通知之前的部分");
21          //调用目标方法
22          Object proceed = point.proceed();
23          System.out.println("这是环绕通知之后的部分");
24          return proceed;
25      }
26      //异常通知
```

```
27        @AfterThrowing("pointcut()")
28        public void afterException() {
29            System.out.println("这是异常通知");
30        }
31        //后置通知
32        @After("pointcut()")
33        public void after() {
34            System.out.println("这是后置通知");
35        }
36    }
```

在例 9-12 中,第 4 行代码使用@Pointcut 注解指定了一个切点。第 8、13、18、27、32 行
代码分别使用@Before、@AfterReturning、@Around、@AfterThrowing 和@After 注解指
定了相应的通知,这些通知将织入目标代理对象的相应方法中。

(2) 修改 chapter09 项目的 applicationContext.xml 文件内容。本节示例只需要注入
userService 和 annoAdvice 的 bean,并开启@aspectj 自动代理即可,主要代码如下所示。

```
<!-- 注册 -->
< bean name = "userService"
  class = "com.qfedu.service.impl.UserServiceImpl"></bean>
  < bean name = "annoAdvice" class = "com.qfedu.pojo.AnnoAdvice"></bean>
<!-- 开启@aspectj 的自动代理支持 -->
< aop:aspectj - autoproxy/>
```

(3) 在 chapter09 项目的 com.qfedu.test 包中新建 TestAnnotation 类,该类用于测试
基于注解方式实现 Spring AOP 的增强方法是否正常执行,具体代码如例 9-13 所示。

例 9-13 TestAnnotation.java。

```
1    public class TestAnnotation {
2        public static void main(String[] args) {
3        ApplicationContext context = new
4                ClassPathXmlApplicationContext("applicationContext.xml");
5        UserService userService = context.getBean("userService",
6        UserService.class);
7        userService.delete();
8        }
9    }
```

(4) 执行 TestAnnotation 测试类。5 种基于注解方式的增强方法的执行结果如图 9-5
所示。

图 9-5   5 种基于注解方式的增强方法的执行结果

从图 9-5 中可以看出,控制台输出 AnnoAdvice 类中 5 个增强方法的提示信息。由此可
见,Spring AOP 实现了对目标对象的方法增强。

9.4　本　章　小　结

本章主要讲解了 AOP 基础、AOP 的基本术语、Spring AOP 的实现机制和实现方式。通过对本章内容的学习,读者可以掌握 AOP 的实现机制和实现方式,便于后续开发程序,提升程序中代码的可维护性和可扩展性。

9.5　习　　　题

一、填空题

1. AOP 指的是＿＿＿＿。

2. Spring AOP 支持的通知类型共有＿＿＿＿种。

3. Spring AOP 的实现机制有两种,分别是＿＿＿＿和＿＿＿＿。

4. Spring AOP 的实现方式是＿＿＿＿和＿＿＿＿。

5. Spring AOP 的 Advice 表示＿＿＿＿。

二、选择题

1. 下列关于 AOP 的描述错误的是(　　)。

　　A. AOP 是 Spring 框架的一个重要特性

　　B. AOP 引入了抽象、封装、继承的概念

　　C. AOP 主张将程序中的相同业务逻辑进行横向隔离

　　D. AOP 能够降低耦合,提升程序的可维护性

2. 下列关于 AOP 的基本术语的描述错误的是(　　)。

　　A. Advice 是在目标类连接点上执行的一段代码

　　B. Target 是指通知所作用的目标业务类

　　C. Proxy 是指通知所作用的目标业务类

　　D. Weaving 是将通知添加到目标类具体连接点上的过程

3. 下列关于 JDK 动态代理的描述错误的是(　　)。

　　A. JDK 动态代理是一种基于 Java 反射机制的动态代理技术

　　B. JDK 动态代理主要涉及两个 API：InvocationHandler 接口和 Proxy 类

　　C. Proxy 类利用 InvocationHandler 接口动态生成目标类的代理对象

　　D. JDK 动态代理的是接口

4. 下列关于 Spring AOP 中 XML 配置文件中的元素的描述错误的是(　　)。

　　A. ＜aop:config＞元素是 AOP 配置的根元素

　　B. ＜aop:aspect＞元素用于指定切面

　　C. ＜aop:pointcut＞元素用于指定切点

　　D. ＜aop:after-returning＞用于指定异常通知

5. 在下列注解中,可以指定切面优先级的是(　　)。

　　A. @Aspect　　　　　　B. @Pointcut　　　　　　C. @Around　　　　　　D. Order

三、简答题

1. 简述 AOP 的概念。

2. 简述 Spring AOP 的两种实现机制。

3. 简述 Spring AOP 的两种实现方式。

四、操作题

现有一个 Calculation 类，类中提供 add（）方法、subtract（）方法、multiply（）方法和 divide（）方法，请通过 Spring AOP 完成以下步骤任务。

（1）当上述方法执行之前，控制台输出提示信息"方法开始执行"。

（2）当上述方法执行之后，控制台输出提示信息"方法执行完毕"。

第9章

Spring AOP

第 10 章　　Spring 数据库事务管理

视频讲解

学习目标

- 了解 Spring 对数据库事务的支持,能够描述 Spring 数据库事务的两种管理方式。
- 掌握编程式事务管理,能够独立配置编程式事务。
- 掌握声明式事务管理,能够使用 XML 和注解方式独立配置声明式事务。
- 理解 Spring 事务的传播方式,能够归纳 7 种事务传播方式的区别和特点。

　　在项目开发中,数据库事务与程序的并发性能以及程序正确、安全读取数据息息相关。随着项目规模的扩大和业务逻辑的增多,事务管理成为开发人员在编码过程中的一项耗时且烦琐的工作。为了简化事务管理的过程、提升开发效率,Spring 提供了通用的事务管理的解决方案,这也是 Spring 作为一站式企业应用平台的优势所在。本章将对 Spring 与事务管理、Spring 的事务管理方式和事务的传播方式进行讲解。

10.1　Spring 与事务管理

10.1.1　事务简介

　　事务,通常指计划或执行中的操作。在计算机术语中,事务表示一组对数据库中各种数据项进行访问和可能更新的操作,作为一个执行单元。事务通常由高级数据库操纵语言或编程语言(如 SQL、C++或 Java)编写的用户程序的执行所引起,并用诸如 begin transaction(开始事务)和 end transaction(结束事务)语句或函数调用来界定。事务应该具有 4 个属性:原子性(Atomicity)、一致性(Consistency)、隔离性(Isolation)和持久性(Durability)。这 4 个属性通常称为 ACID 特性,具体介绍如下。

- 原子性:一个事务是一个不可分割的工作单位,事务中包括的操作要么完全执行,要么完全不执行。
- 一致性:事务在开始和结束时,数据库应该保持一致状态。这意味着事务应该满足所有数据库的约束和规则,以确保不会破坏数据完整性。
- 隔离性:一个事务的执行不能被其他事务干扰,即一个事务内部的操作及使用的数据对并发的其他事务是隔离的,并发执行的各个事务之间不能互相干扰。
- 持久性:一个事务一旦提交,它对数据库中数据的改变就应该是永久性的。其他操作或故障不应该对其有任何影响。

10.1.2　Spring 对事务管理的支持

　　事务管理是一个影响范围较广的领域,在程序与数据库交互时,保证事务的正确执行尤为重要。由于实际开发中事务管理存在的诸多弊端，Spring 框架针对事务管理提供了自己的解决方案。

对于事务管理，Spring 采用的方式是通过在高层次建立事务抽象，然后在此基础上提供一个统一的编程模型，这意味着，Spring 具有在多种环境中配置和使用事务的能力，无论是 Spring JDBC，还是以 MyBatis 为代表的 ORM 框架，Spring 都能够使用统一的编程模型对事务进行管理并为事务管理提供通用的支持。

基于 Spring IoC 和 Spring AOP，Spring 提供了声明式事务管理的方式，它允许开发人员直接在 Spring 容器中定义事务的边界和属性。除此之外，Spring 还实现了事务管理和数据访问的分离，在这种条件下，开发人员只需关注对当前事务的界定，其余工作将由 Spring 框架自动完成。

Spring 数据库事务管理可以使用两种方式进行管理：声明式事务管理和编程式事务管理。

- 声明式事务管理：这种方式使用 AOP 实现，允许开发人员在不修改源代码的情况下声明事务特性。通常是通过在配置文件或 Java 注解中定义事务特性来实现的。
- 编程式事务管理：这种方式是通过编写代码来管理事务，使用 Spring 的事务模板类来执行事务管理的。

10.1.3 Spring 事务管理的核心接口

Spring 主要通过 3 个接口实现事务抽象，这三个接口分别是 TransactionDefinition、TransactionStatus 和 PlatformTransactionManager，它们都位于 org.springframework.transaction 包中。其中，TransactionDefinition 接口用于定义事务的属性，TransactionStatus 接口用于界定事务的状态，PlatformTransactionManager 接口根据属性管理事务。接下来，对这 3 个接口进行详细讲解。

1. TransactionDefinition 接口

TransactionDefinition 接口主要用于定义事务的属性，这些属性包括事务的隔离级别、事务的传播行为、事务的超时时间、是否为只读事务等，具体介绍如下。

（1）事务的隔离级别。

事务的隔离级别是指事务之间的隔离程度，TransactionDefinition 接口定义了 5 种隔离级别，具体如表 10-1 所示。

表 10-1　TransactionDefinition 定义的隔离级别

隔离级别	说　明
ISOLATION_DEFAULT	采用当前数据库默认的隔离级别
ISOLATION_READ_UNCOMMITTED	允许读取尚未提交的数据变更，可能会导致脏读、幻读或不可重复读
ISOLATION_READ_COMMITTED	允许读取已经提交的数据变更，可以避免脏读，无法避免幻读或不可重复读
ISOLATION_REPEATABLE_READ	允许可重复读，可以避免脏读、不可重复读，资源消耗上升
ISOLATION_SERIALIZABLE	事务串行执行，资源消耗最大

168

表 10-1 列举了 TransactionDefinition 接口定义的 5 种隔离级别,除了 ISOLATION_
DEFAULT 是 TransactionDefinition 接口特有的之外,其余 4 个分别与 java.sql.Connection 接口定义的隔离级别相对应。

(2) 事务的传播行为。

事务的传播行为是指事务处理过程所跨越的对象将以何种方式参与事务,
TransactionDefinition 接口定义了 7 种事务传播行为,具体如表 10-2 所示。

表 10-2　TransactionDefinition 定义的事务传播行为

传 播 行 为	说　明
PROPAGATION_REQUIRED	默认的事务传播行为,如果当前存在一个事务,则加入该事务;如果当前没有事务,则创建一个新的事务
PROPAGATION_SUPPORTS	如果当前存在一个事务,则加入该事务;如果当前没有事务,则直接执行
PROPAGATION_MANDATORY	当前必须存在一个事务,如果没有,则抛出异常
PROPAGATION_REQUIRES_NEW	创建一个新的事务,如果当前已存在一个事务,则将已存在的事务挂起
PROPAGATION_NOT_SUPPORTED	不支持事务,在没有事务的情况下执行,如果当前已存在一个事务,则将已存在的事务挂起
PROPAGATION_NEVER	永远不支持当前事务,如果当前已存在一个事务,则抛出异常
PROPAGATION_NESTED	如果当前存在事务,则在当前事务的一个子事务中执行

表 10-2 列举了 TransactionDefinition 接口定义的事务传播行为,Spring 中声明式事务对传播行为依赖较大,开发人员可根据实际需要选择使用。

(3) 事务的超时时间和是否只读。

事务的超时时间是指事务执行的时间界限,超过这个时间界限,事务将会回滚。
TransactionDefinition 接口提供了 TIMEOUT_DEFAULT 的常量定义,用来指定事务的超时时间。

当事务的属性为只读时,该事务不修改任何数据,只读事务有助于提升性能,如果在只读事务中修改数据,可能会引发异常。

(4) TransactionDefinition 接口的方法。

TransactionDefinition 接口提供了一系列方法来获取事务的属性,具体如表 10-3 所示。

表 10-3　TransactionDefinition 接口的方法

方 法 名 称	说　明
int getPropagationBehavior()	返回事务的传播行为
int getIsolationLevel()	返回事务的隔离层次
int getTimeout()	返回事务的超时属性
boolean isReadOnly()	判断事务是否为只读
String getName()	返回定义的事务名称

表 10-3 列举了 TransactionDefinition 接口提供的方法,程序可通过 TransactionDefinition 接口的这些方法获取当前事务的属性。

2. TransactionStatus 接口

TransactionStatus 接口主要用于界定事务的状态,通常情况下,编程式事务中使用该接口较多。

TransactionStatus 接口中提供了一系列返回事务状态信息的方法,具体如表 10-4 所示。

表 10-4　TransactionStatus 接口的方法

方 法 名 称	说 明
boolean isNewTransaction()	判断当前事务是否为新事务
boolean hasSavepoint()	判断当前事务是否创建了一个保存点
boolean isRollbackOnly()	判断当前事务是否被标记为 rollback-only
void setRollbackOnly()	将当前事务标记为 rollback-only
boolean isCompleted()	判断当前事务是否已经完成(提交或回滚)
void flush()	刷新底层的修改到数据库

表 10-4 列举了 TransactionStatus 接口提供的方法,事务管理器可以通过该接口提供的方法获取事务运行的状态信息,除此之外,事务管理器可以通过 setRollbackOnly() 方法间接回滚事务。

3. PlatformTransactionManager 接口

PlatformTransactionManager 接口是 Spring 事务管理的中心接口,它真正执行了事务管理的职能,并针对不同的持久化技术封装了对应的实现类。

PlatformTransactionManager 接口提供了一系列方法用于管理事务,具体如表 10-5 所示。

表 10-5　PlatformTransactionManager 接口的方法

方 法 名 称	说 明
TransactionStatus getTransaction (TransactionDefinition definition)	根据事务定义获取一个已存在的事务或创建一个新的事务,并返回这个事务的状态
void commit(TransactionStatus status)	根据事务的状态提交事务
void rollback(TransactionStatus status)	根据事务的状态回滚事务

表 10-5 列举了 PlatformTransactionManager 接口提供的方法,在实际应用中,Spring 事务管理实际是由具体的持久化技术来完成的,而 PlatformTransactionManager 接口只提供统一的抽象方法。为了应对不同持久化技术的差异性,Spring 为它们提供了具体的实现类,例如,Spring 为 Spring JDBC 或 MyBatis 等依赖于 DataSource 的持久化技术提供了实现类 DataSourceTransactionManager,该类位于 org. springframework. jdbc. datasource 包中,如此一来,Spring JDBC 或 MyBatis 等持久化技术的事务管理由 DataSourceTransactionManager 来实现,而且 Spring 可以通过 PlatformTransactionManager 接口实现统一管理。

10.2　Spring 的事务管理方式

在 Spring 中,事务管理的方式主要有两种:编程式事务管理和声明式事务管理。编程式事务管理通过开发人员手动编码实现事务管理;声明式事务管理是基于 Spring AOP 技术将事务管理的逻辑抽取,然后再织入到业务类中。接下来本节对这两种事务管理方式进行详细讲解。

10.2.1 编程式事务管理

编程式事务管理是一种实现事务管理的方式,它允许开发人员直接编写代码来处理事务操作,而不是使用声明式事务管理中的配置。与声明式事务管理相比,编程式事务管理更加灵活,但同时也需要编写更多的代码。接下来,通过一个转账案例实现编程式事务管理,具体步骤如下。

(1) 在 chapter10 数据库中创建 user 数据表,SQL 语句如下所示。

```
CREATE TABLE 'user' (
  'id' int(0) NOT NULL AUTO_INCREMENT,
  'name' varchar(255) CHARACTER,
  'money' int(0) NULL DEFAULT NULL,
  PRIMARY KEY('id') USING BTREE
);
```

(2) 向 user 数据表中添加 2 条数据,SQL 语句如下所示。

```
INSERT INTO 'user' VALUES (1, '李 * 国', 100);
INSERT INTO 'user' VALUES (2, '王 * 萌', 100);
```

(3) 创建 Maven 项目 chapter10,在 pom.xml 文件中添加 spring-tx 事务依赖,主要代码如例 10-1 所示。

例 10-1 pom.xml。

```
1  <!-- spring事务 -->
2  < dependency >
3      < groupId > org.springframework </groupId >
4      < artifactId > spring - tx </artifactId >
5      < version > 5.0.3.RELEASE </version >
6  </dependency >
```

(4) 在 chapter10 项目的 src 目录下创建 com.qfedu.pojo 包,并在该包中新建 User 实体类,主要代码如例 10-2 所示。

例 10-2 User.java。

```
1  @Data
2  @AllArgsConstructor
3  @NoArgsConstructor
4  public class User {
5      private int id;
6      private String name;
7      private int age;
8  }
```

在例 10-2 中,因引入 lombok 依赖,可以使用@Data 注解代替 Getter、Setter 和 toString() 方法;使用@AllArgsConstructor 注解代替有参构造方法;使用@NoArgsConstructor 注解代替无参构造方法。

(5) 在 chapter10 项目的 src 目录下创建 com.qfedu.dao 包,并在该包中新建 UserDao 接口,具体代码如例 10-3 所示。

例 10-3 UserDao.java。

```
1  public interface UserDao {
2      //增加金额
3      void addMoney(Integer id, Integer money);
4      //减少金额
5      void reduceMoney(Integer id, Integer money);
6  }
```

在例 10-3 中,第 3 行代码表示增加金额的方法。第 5 行代码表示减少金额的方法。

(6) 在 chapter10 项目中的 com. qfedu. dao 包中新建 UserDaoImpl 实现类,该类用于实现 UserDao 接口中的增加金额和减少金额的方法,具体代码如例 10-4 所示。

例 10-4 UserDaoImpl. java。

```
1   public class UserDaoImpl implements UserDao {
2       private JdbcTemplate jdbcTemplate;
3       public void setJdbcTemplate(JdbcTemplate jdbcTemplate){
4           this.jdbcTemplate = jdbcTemplate;
5       }
6       @Override
7       public void addMoney(Integer id, Integer money) {
8       jdbcTemplate.update("update user set money = money + ? " +
9               "where id = ?",money,id);
10      }
11      @Override
12      public void reduceMoney(Integer id, Integer money) {
13      jdbcTemplate.update("update user set money = money - ? " +
14              "where id = ?",money,id);
15      }
16  }
```

(7) 在 chapter10 项目的 src 目录下创建 com. qfedu. service 包,并在该包中新建 UserService 接口,具体代码如例 10-5 所示。

例 10-5 UserService. java。

```
1   public interface UserService {
2       //转账
3       void transfer(Integer from,Integer to,Integer money);
4   }
```

在例 10-5 中,第 3 行代码定义了方法 transfer( ),该方法用于转账。需要注意的是, com. qfedu. service 包下为业务层实现代码。

(8) 在 chapter10 项目的 src 目录下创建 com. qfedu. service. impl 包,在该包中新建 UserServiceImpl 实现类,具体代码如例 10-6 所示。

例 10-6 UserServiceImpl. java。

```
1   public class UserServiceImpl implements UserService {
2       private UserDao userDao;
3       public void setUserDao(UserDao userDao) {
4           this.userDao = userDao;
5       }
6       //事务管理类
7       private TransactionTemplate transactionTemplate;
```

```
8        public void setTransactionTemplate(TransactionTemplate
9        transactionTemplate) {
10           this.transactionTemplate = transactionTemplate;
11       }
12       @Override
13       public void transfer(Integer from, Integer to, Integer money) {
14           transactionTemplate.execute(new TransactionCallbackWithoutResult()
15           {
16               @Override
17               protected void doInTransactionWithoutResult(
18               TransactionStatus transactionStatus) {
19                   userDao.reduceMoney(from, money);
20                   userDao.addMoney(to, money);
21               }
22           });
23
24       }
25   }
```

在例 10-6 中,第 14~22 行代码实现了 TransactionCallbackWithoutResult 接口并重写 doInTransactionWithoutResult()方法,保证方法中的操作在同一个事务环境中执行,即当 第 19 行代码或第 20 行代码中的任何一个操作失败,整个事务都会被回滚,确保操作要么全 部成功,要么全部失败。这种原子性是资金转账等重要操作中的关键特性,能够保证数据的 一致性和可靠性。

(9) 在 chapter10 项目的 resources 目录下创建 applicationContext. xml 文件,具体代码 如例 10-7 所示。

例 10-7 applicationContext. xml。

```
1    <?xml version = "1.0" encoding = "UTF - 8"?>
2    < beans xmlns = "http://www.springframework.org/schema/beans"
3         xmlns:xsi = "http://www.w3.org/2001/XMLSchema - instance"
4         xmlns:tx = "http://www.springframework.org/schema/tx"
5         xsi:schemaLocation = "http://www.springframework.org/schema/beans
6         http://www.springframework.org/schema/beans/spring - beans.xsd
7         http://www.springframework.org/schema/tx
8         http://www.springframework.org/schema/tx/Spring - tx.xsd">
9        <!-- 注册数据源 -->
10       < bean name = "dataSource"
11            class = "com.mchange.v2.c3p0.ComboPooledDataSource">
12          < property name = "driverClass"
13                  value = "com.mysql.cj.jdbc.Driver"></property>
14          < property name = "jdbcUrl"
15                  value = "jdbc:mysql://localhost:3306/chapter10"></property>
16          < property name = "user" value = "root"></property>
17          < property name = "password" value = "root"></property>
18       </bean>
19       <!-- 注册 JdbcTemplate -->
20       < bean name = "jdbcTemplate"
21            class = "org.springframework.jdbc.core.JdbcTemplate">
22          < property name = "dataSource" ref = "dataSource"></property>
23       </bean>
```

```
24        <!-- 注册事务管理器 -->
25        < bean id = "transactionManager"
26            class = "org. springframework. jdbc. datasource
27            DataSourceTransactionManager">
28            < property name = "dataSource" ref = "dataSource"></property>
29        </bean >
30        < bean id = "transactionTemplate"
31        class = "org. springframework. transaction. support. TransactionTemplate">
32            < property name = "transactionManager"
33            ref = "transactionManager"></property>
34        </bean >
35        < bean name = "userDao" class = "com. qfedu. dao. UserDaoImpl">
36            < property name = "jdbcTemplate" ref = "jdbcTemplate"></property>
37        </bean >
38        < bean name = "userService"
39        class = "com. qfedu. service. impl. UserServiceImpl">
40            < property name = "userDao" ref = "userDao"></property>
41            < property name = "transactionTemplate"
42            ref = "transactionTemplate"></property>
43        </bean >
44 </beans>
```

在例 10-7 中，第 10～18 行代码用于注册数据源；第 20～23 行代码用于注册 JdbcTemplate；第 25～34 行代码用于注册事务管理器；第 35～43 行代码用于把 userDao 和 userService 接口注入 Spring 容器中，并为 userService 实现类引入事务管理器 Bean 类。

（10）在 chapter10 项目的 src 目录下创建 com. qfedu. test 包，并在该包中新建 TestUserService 类，用于测试 Spring 数据库事务是否同时执行，具体代码如例 10-8 所示。

例 10-8　TestUserService. java。

```
1  public class TestUserService {
2      public static void main(String[ ] args) {
3          ApplicationContext context = new
4                  ClassPathXmlApplicationContext("applicationContext.xml");
5          UserService userService = context.getBean("userService",
6                                                  UserService.class);
7          userService.transfer(1,2,1);
8      }
9  }
```

（11）执行 TestUserService 测试类的 main()方法。转账的执行结果如图 10-1 所示。

（12）在 Windows 命令行窗口中输入查询 user 表所有记录的 SQL 语句，查询结果如图 10-2 所示。

从图 10-2 中可以看出，李 * 国的金额减少 1 元，王 * 萌的金额增加 1 元。故增加金额和减少金额两个事务同时执行成功。

（13）为测试程序异常终止导致数据回滚的情形，在例 10-6 的第 19 行和第 20 行代码之间添加以下代码。

```
int a = 6 / 0 ;
```

Spring 数据库事务管理

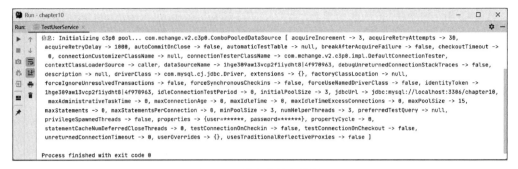

图 10-1　转账的执行结果

```
mysql> select * from user;
+----+--------+--------+
| id | name   | money  |
+----+--------+--------+
|  1 | 李*国  |     99 |
|  2 | 王*萌  |    101 |
+----+--------+--------+
2 rows in set (0.00 sec)
```

图 10-2　user 表的查询结果(1)

上述代码的作用会使程序发生"java.lang.ArithmeticException：/by zero"异常,从而导致程序终止以此来测试数据库事务是否成功执行。

(14) 添加会导致异常的代码后,再次执行 TestUserService 测试类的 main()方法。程序异常终止的数据库事务执行结果如图 10-3 所示。

图 10-3　程序异常终止的数据库事务执行结果

从图 10-3 中可以看出,程序发生"java.lang.ArithmeticException：/by zero"异常并终止。

(15) 在 Windows 命令提示符窗口中再次输入查询 user 表所有记录的 SQL 语句,查询结果如图 10-4 所示。

```
mysql> select * from user;
+----+--------+--------+
| id | name   | money  |
+----+--------+--------+
|  1 | 李*国  |     99 |
|  2 | 王*萌  |    101 |
+----+--------+--------+
2 rows in set (0.00 sec)
```

图 10-4　user 表的查询结果(2)

从图 10-4 中可以看出,李 * 国和王 * 萌的金额都没有发生变化,证明程序异常导致事务回滚。编程式事务管理的作用是李 * 国在减少金额后若出现异常则发生回滚操作,保证事务中的两个方法同时成功或者失败。

10.2.2 声明式事务管理

声明式事务管理是基于 AOP 技术实现的,允许开发人员通过配置文件的方式来声明事务属性,从而将事务的管理与业务逻辑分离开来,提高了代码的可维护性和可复用性。在 Spring 中,声明式事务管理可以分为两种方式:XML 方式配置声明式事务和注解方式配置声明式事务。本节将对这两种方式进行讲解。

1. XML 方式配置声明式事务

XML 方式配置声明式事务是 Spring 的一种开发模式,通过在 Spring 的配置文件中使用 XML 格式的配置,使得开发人员可以通过配置文件的方式不依赖代码来管理事务,从而达到提高应用的灵活性和可配置性的目的。接下来使用 XML 方式配置声明式事务修改 10.2.1 节中的转账案例,具体步骤如下。

(1) 使用 chapter10 项目,在 com. qfedu. service. impl 包中新建 UserServiceImpl_XML 类,该类用于自定义实现 UserService 接口中的转账方法。UserServiceImpl_XML 类的代码如例 10-9 所示。

例 10-9 UserServiceImpl_XML. java。

```
1   public class UserServiceImpl_XML implements UserService {
2       private UserDao userDao;
3       public void setUserDao(UserDao userDao){
4           this.userDao = userDao;
5       }
6       @Override
7       public void transfer(Integer from, Integer to, Integer money) {
8           userDao.reduceMoney(from,money);
9   //      int a = 6 / 0 ;
10          userDao.addMoney(to,money);
11      }
12  }
```

(2) 在 chapter10 项目的 resources 目录下创建 applicationContext2. xml 文件,具体代码如例 10-10 所示。

例 10-10 applicationContext2. xml。

```
1   <?xml version = "1.0" encoding = "UTF - 8"?>
2   < beans xmlns = "http://www. springframework. org/schema/beans"
3           xmlns:xsi = "http://www. w3.org/2001/XMLSchema - instance"
4           xmlns:aop = "http://www. springframework. org/schema/aop"
5           xmlns:tx = "http://www. springframework. org/schema/tx"
6           xsi:schemaLocation = "http://www. springframework. org/schema/beans
7           http://www. springframework. org/schema/beans/spring - beans. xsd
8           http://www. springframework. org/schema/aop
9           https://www. springframework. org/schema/aop/spring - aop. xsd
10          http://www. springframework. org/schema/tx
11          http://www. springframework. org/schema/tx/spring - tx. xsd">
12          <!-- 注册数据源 -->
```

```
13          < bean name = "dataSource"
14              class = "com. mchange. v2. c3p0. ComboPooledDataSource">
15              < property name = "driverClass"
16                  value = "com. mysql. cj. jdbc. Driver"></property>
17              < property name = "jdbcUrl"
18                value = "jdbc:mysql://localhost:3306/chapter10"></property>
19              < property name = "user" value = "root"></property>
20              < property name = "password" value = "root"></property>
21      </bean>
22      <!-- 注册 JdbcTemplate -->
23      < bean name = "jdbcTemplate"
24          class = "org. springframework. jdbc. core. JdbcTemplate">
25          < property name = "dataSource" ref = "dataSource"></property>
26      </bean>
27      <!-- 注册事务管理器 -->
28      < bean id = "transactionManager"
29       class = "org. springframework. jdbc. datasource.
30       DataSourceTransactionManager">
31          < property name = "dataSource" ref = "dataSource"></property>
32      </bean>
33      <!-- 配置 DAO 和 service -->
34      < bean name = "userDao" class = "com. qfedu. dao. UserDaoImpl">
35          < property name = "jdbcTemplate" ref = "jdbcTemplate"></property>
36      </bean>
37      < bean name = "userService"
38          class = "com. qfedu. service. impl. UserServiceImpl_XML">
39          < property name = "userDao" ref = "userDao"></property>
40      </bean>
41      <!-- 事务通知 -->
42      < tx:advice id = "txAdvice" transaction - manager = "transactionManager">
43          < tx:attributes >
44              < tx:method name = "transfer * "/>
45              < tx:method name = "save * " propagation = "REQUIRED"
46              isolation = "DEFAULT" />
47              < tx:method name = "update * " propagation = "REQUIRED"
48              isolation = "DEFAULT" />
49              < tx:method name = "delete * " propagation = "REQUIRED"
50                isolation = "DEFAULT" />
51              < tx:method name = "find * " propagation = "SUPPORTS"
52              isolation = "DEFAULT" read - only = "true" />
53          </tx:attributes >
54      </tx:advice>
55      <!-- AOP 配置 -->
56      < aop:config>
57          < aop:pointcut id = "txPointCut" expression = "execution( *
58          com. qfedu. service.. * . * (..))"/>
59          < aop:advisor advice - ref = "txAdvice" pointcut - ref = "txPointCut"/>
60      </aop:config>
61 </beans>
```

在例 10-10 中,第 42~54 行代码一共定义了 5 个方法,并给它们配置了不同的事务属性。例如 save * 方法将使用 REQUIRED 传播属性,并使用默认的隔离级别 DEFAULT; update * 方法和 delete * 方法则同样使用 REQUIRED 传播属性且使用默认隔离级别;

find * 方法将使用 SUPPORTS 传播属性和只读状态；transfer * 方法为测试方法；第 56 ～ 60 行代码定义了一个切点 txPointCut，该切点将拦截 com. qfedu. service 包中的所有方法并将该切点绑定到事务处理器 txAdvice 上。

（3）在 chapter10 项目的 com. qfedu. test 包中新建 TestUserService2 类，该类用于测试基于 XML 方式配置声明式事务的功能，具体代码如例 10-11 所示。

例 10-11 TestUserService2. java。

```
1  public class TestUserService2 {
2      public static void main(String[] args) {
3          ApplicationContext context = new
4  ClassPathXmlApplicationContext("applicationContext2.xml");
5          UserService userService = context.getBean("userService",
6  UserService.class);
7          userService.transfer(1,2,1);
8      }
9  }
```

（4）执行 TestUserService2 测试类。基于 XML 方式配置声明式事务的执行结果如图 10-5 所示。

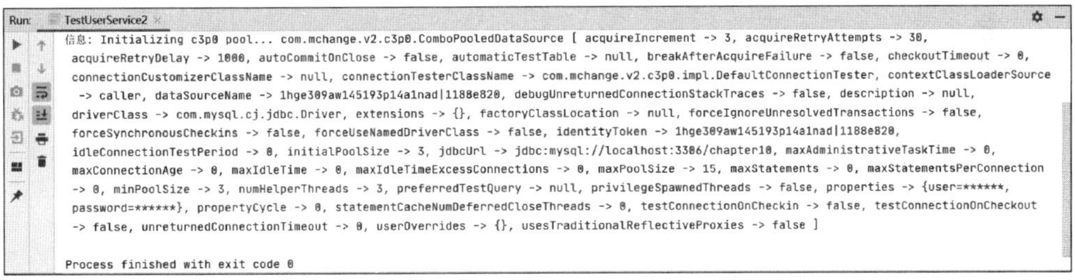

图 10-5　基于 XML 方式配置声明式事务的执行结果

（5）在 Windows 命令提示符窗口中输入查询 user 表中所有记录的 SQL 语句，查询结果如图 10-6 所示。

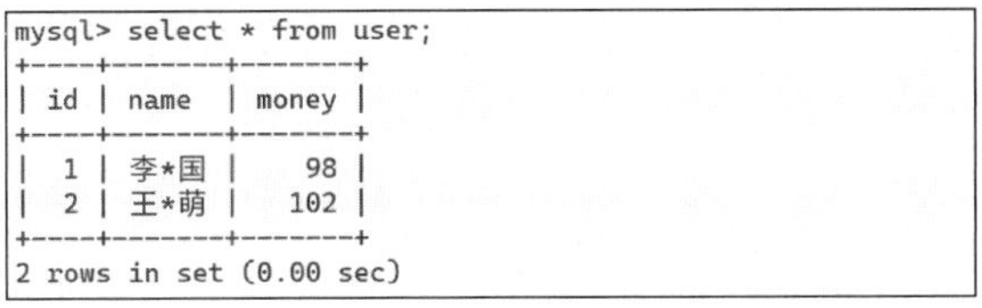

图 10-6　user 表的查询结果（3）

从图 10-6 中可以看出，李 * 国的金额从 99 元减少 1 元到 98 元；王 * 萌的金额从 101 元增加 1 元到 102 元。故增加金额和减少金额事务同时成功。

（6）为测试数据库回滚的情形，去掉例 10-9 中第 9 行代码的注释。再次执行 TestUserService2 测试类。基于 XML 方式配置声明式事务异常回滚的执行结果如图 10-7 所示。

从图 10-7 中可以看出，程序报"java. lang. ArithmeticException：/by zero"异常并终止。

（7）在 Windows 命令提示符窗口中再次输入查询 user 表中所有记录的 SQL 语句，查询结果如图 10-8 所示。

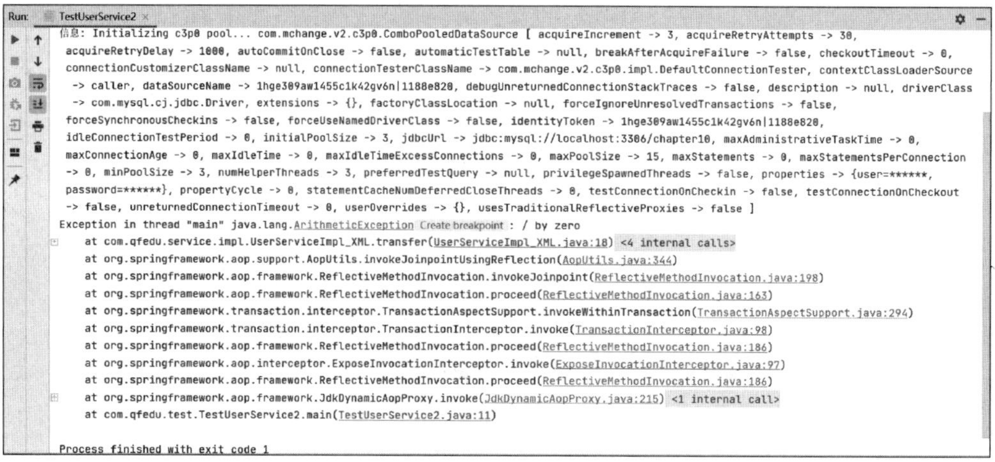

178

图 10-7　基于 XML 方式配置声明式事务异常回滚的执行结果

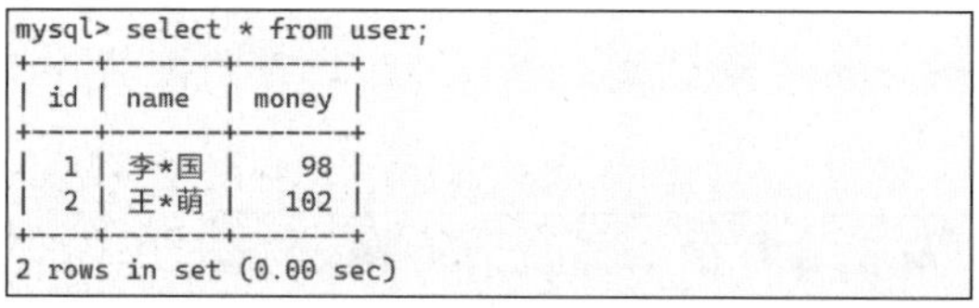

图 10-8　user 表的查询结果(4)

从图 10-8 中可以看出,李 * 国和王 * 萌的金额都没有发生变化,证明程序异常,导致事务回滚。XML 方式配置声明式事务的作用是李 * 国在减少金额后若出现异常则发生回滚操作,保证事务中的两个方法同时成功或者失败。

2. 注解方式配置声明式事务

注解方式配置声明式事务是一种基于注解的声明式事务管理方式,与基于 XML 的声明式事务管理类似,它允许开发人员通过添加注解的方式来管理事务,提高了代码的可读性和可维护性。在 Spring 中,常使用@Transactional 注解来启用声明式事务管理。接下来通过使用注解方式配置声明式事务修改 10.2.1 节中的转账案例,具体步骤如下。

(1) 使用 chapter10 项目,在 com. qfedu. service. impl 包中新建 UserServiceImpl_Anno 类,该类用于自定义实现 UserService 接口中的转账方法,具体代码如例 10-12 所示。

例 10-12　UserServiceImpl_Anno. java。

```
1   @Transactional
2   public class UserServiceImpl_Anno implements UserService {
3       private UserDao userDao;
4       public void setUserDao(UserDao userDao){
5           this.userDao = userDao;
6       }
7       @Override
8       public void transfer(Integer from, Integer to, Integer money) {
9           userDao.reduceMoney(from,money);
10  //      int a = 6 / 0 ;
11          userDao.addMoney(to,money);
12      }
13  }
```

（2）在 chapter10 项目的 resources 目录下创建 applicationContext3. xml 文件。具体代码如例 10-13 所示。

例 10-13 applicationContext3. xml。

```
1  <?xml version = "1.0" encoding = "UTF - 8"?>
2  < beans xmlns = "http://www. springframework. org/schema/beans"
3          xmlns:xsi = "http://www. w3. org/2001/XMLSchema - instance"
4          xmlns:tx = "http://www. springframework. org/schema/tx"
5          xsi:schemaLocation = "http://www. springframework. org/schema/beans
6          http://www. springframework. org/schema/beans/spring - beans. xsd
7          http://www. springframework. org/schema/tx
8          http://www. springframework. org/schema/tx/spring - tx. xsd">
9          <!-- 注册数据源 -->
10         < bean name = "dataSource"
11               class = "com. mchange. v2. c3p0. ComboPooledDataSource">
12            < property name = "driverClass"
13            value = "com. mysql. cj. jdbc. Driver"></property>
14            < property name = "jdbcUrl"
15            value = "jdbc:mysql://localhost:3306/chapter10"></property>
16            < property name = "user" value = "root"></property>
17            < property name = "password" value = "root"></property>
18          </bean>
19         <!-- 注册 JdbcTemplate -->
20         < bean name = "jdbcTemplate"
21            class = "org. springframework. jdbc. core. JdbcTemplate">
22            < property name = "dataSource" ref = "dataSource"></property>
23          </bean>
24         <!-- 注册事务管理器 -->
25         < bean id = "transactionManager"
26               class = "org. springframework. jdbc. datasource.
27               DataSourceTransactionManager">
28            < property name = "dataSource" ref = "dataSource"></property>
29          </bean>
30         <!-- 配置 DAO 和 service -->
31         < bean name = "userDao" class = "com. qfedu. dao. UserDaoImpl">
32            < property name = "jdbcTemplate" ref = "jdbcTemplate"></property>
33          </bean>
34         < bean name = "userService"
35               class = "com. qfedu. service. impl. UserServiceImpl_Anno">
36            < property name = "userDao" ref = "userDao"></property>
37          </bean>
38         <!-- 自动注解事务开启 -->
39         < tx:annotation - driven transaction - manager = "transactionManager"/>
40  </beans>
```

在例 10-13 中,第 39 行代码使用 tx 命名空间配置一个 annotation-driven 标签并指定事务管理器 transactionManager。

（3）在 chapter10 项目的 com. qfedu. test 包中新建 TestUserService3 类,用于测试基于注解方式配置声明式事务的功能,具体代码如例 10-14 所示。

例 10-14 TestUserService3.java。

```
1  public class TestUserService3 {
2      public static void main(String[] args) {
3          ApplicationContext context = new
4              ClassPathXmlApplicationContext("applicationContext3.xml");
5          UserService userService = context.getBean("userService",
6                                              UserService.class);
7          userService.transfer(1,2,1);
8      }
9  }
```

（4）执行 TestUserService3 测试类。基于注解方式配置声明式事务的执行结果如图 10-9 所示。

图 10-9　基于注解方式配置声明式事务的执行结果

（5）在 Windows 命令提示符窗口中输入查询 user 表中所有记录的 SQL 语句,查询结果如图 10-10 所示。

图 10-10　user 表的查询结果(5)

从图 10-10 中可以看出,李 * 国的金额从 98 元减少 1 元到 97 元;王 * 萌的金额从 102 元增加 1 元到 103 元。故增加金额和减少金额事务同时成功。

（6）为测试数据库回滚的情形,去掉例 10-12 中的第 10 行代码注释。再次执行 TestUserService3 测试类。基于注解方式配置声明式事务异常回滚的执行结果如图 10-11 所示。

从图 10-11 中可以看出,程序报“java. lang. ArithmeticException:/by zero”异常并终止。

（7）在 Windows 命令行窗口中再次输入查询 user 表中所有数据的 SQL 语句,查询结果如图 10-12 所示。

从图 10-12 中可以看出,李 * 国和王 * 萌的金额都没有发生变化,证明程序异常导致事务回滚。注解方式配置声明式事务的作用是李 * 国在减少金额后若出现异常则发生回滚操作,保证事务中的两个方法同时成功或者失败。

图 10-11　基于注解方式配置声明式事务异常回滚的执行结果

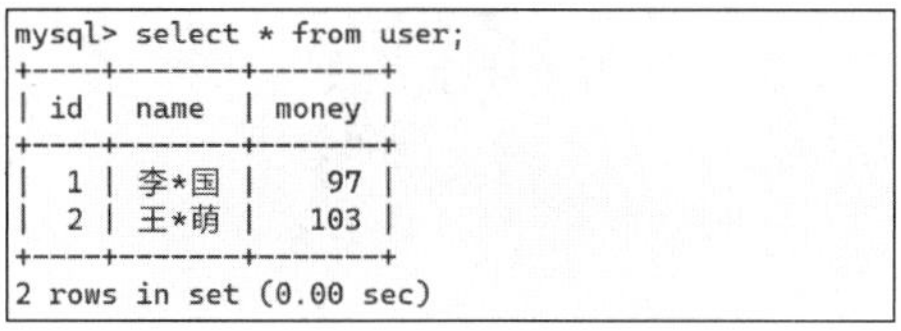

图 10-12　user 表的查询结果(6)

10.3　事务的传播方式

当一个事务方法(用@Transactional 注解标记的方法)调用另一个事务方法时,事务之间会出现冲突,因为方法无法选择使用哪个事务。为解决此类问题,Spring 提供了 7 种事务传播方式,每种方式都定义了事务如何在不同层次的方法调用中进行传播和管理。这 7 种事务传播方式是 PROPAGATION_REQUIRED、PROPAGATION_REQUIRES_NEW、PROPAGATION_SUPPORTS、PROPAGATION_NOT_SUPPORTED、PROPAGATION_MANDATORY、PROPAGATION_NEVER 和 PROPAGATION_NESTED。本节将通过示例讲解 7 种事务传播方式。

完成该示例首先需要在 chapter10 项目的 com.qfedu.test 包中新建 TestTransactional 类,主要代码如下所示。

```
void main(){
    insertA(a);              //将 a 插入 A 数据库
    test();
}
void test(){
    insertB(b);              //将 b 插入 B 数据库
    throw Exception;
    insertB(c);              //将 c 插入 B 数据库
}
```

上述代码中,main()方法首先将 a 插入 A 数据库中,然后调用 test()方法将 b 插入 B 数据库中,抛出异常,最后将 c 插入到 B 数据库中。现在为这两个方法加上事务,通过使用不同的传播方式来分析事务的执行情况。

1. PROPAGATION_REQUIRED

PROPAGATION_REQUIRED(以下简称 REQUIRED)是默认的事务传播方式。如果当前没有事务,则新建一个事务;如果当前存在事务,则加入这个事务。接下来通过在 TestTransactional 类中添加以下代码分析其运行结果。

```
@Transactional(propagation = Propagation.REQUIRED)
void main() {
    insertA(a);                   //将 a 插入 A 数据库
    try{
        test();
    }catch(){}
}
@Transactional(propagation = Propagation.REQUIRED)
void test(){
    insertB(b);                   //将 b 插入 B 数据库
    throw Exception;              //抛出异常
    insertB(c);                   //将 c 插入 B 数据库
}
```

运行上述代码后,没有一个插入操作被执行。接下来,分析上述代码的运行流程。

(1) main()方法被执行,main()方法中的事务传播方式为 REQUIRED,此时没有事务,则新建一个事务。

(2) 执行插入操作,将 a 插入 A 数据库,调用 test()方法。

(3) 执行 test()方法,test()方法的事务传播方式为 REQUIRED,此时在 main()方法中存在事务,则使用 main()方法中的事务。

(4) 执行插入操作,将 b 插入 B 数据库,随后抛出异常,回滚事务,此时使用的事务为 main()方法的事务,因此回滚 b 与 a 的插入操作,结束程序。

需要注意的是,虽然在 main()方法中使用 try…catch 处理了异常,使得 main()方法中不存在异常,但是由于 test()方法中使用了 main()方法的事务,在事务中抛出了异常,因此会直接回滚此事务中的全部内容,在后续的 NESTED 传播方式的讲解中会与此例作对比。

2. PROPAGATION_REQUIRES_NEW

PROPAGATION_REQUIRES_NEW(以下简称 REQUIRES_NEW)表示需要新事务,此传播方式的作用为:如果当前没有事务,则新建一个事务;如果当前存在事务,则仍然新建一个事务。通过在 TestTransactional 类中添加以下代码,分析其运行结果。

```
@Transactional(propagation = Propagation.REQUIRED)
void main() {
    insertA(a);                   //将 a 插入 A 数据库
    test();
    throw Exception;              //抛出异常
}
@Transactional(propagation = Propagation.REQUIRED_NEW)
void test(){
    insertB(b);                   //将 b 插入 B 数据库
    insertB(c);                   //将 c 插入 B 数据库
}
```

运行上述代码后,b 和 c 被插入了 B 数据库。接下来,分析上述代码的运行流程。

（1）main()方法被执行,main()方法中事务的传播方式为 REQUIRED,此时没有事务,则新建一个事务。

（2）执行插入操作,将 a 插入 A 数据库,调用 test()方法。

（3）执行 test()方法,test()方法的事务传播方式为 REQUIRED_NEW,此时新建一个事务。

（4）执行插入操作,将 b 与 c 插入 B 数据库,test()方法执行结束,并进行事务提交。此时 test()方法的事务中存在 b 与 c 的插入操作,提交这两个操作并返回。

（5）main()方法抛出异常,因为此时使用的事务为 main()方法的事务,所以回滚 a 的插入操作,结束程序。

3. PROPAGATION_SUPPORTS

PROPAGATION_SUPPORTS(以下简称 SUPPORTS)为支持事务,此传播方式的作用为如果当前没有事务,就不用事务,如果当前存在事务,则使用此事务。通过在 TestTransactional 类中添加以下代码,分析其运行结果。

```
void main() {
    insertA(a);              //将 a 插入 A 数据库
    test();
}
@Transactional(propagation = Propagation.SUPPORTS)
void test(){
    insertB(b);              //将 b 插入 B 数据库
    throw Exception;         //抛出异常
    insertB(c);              //将 c 插入 B 数据库
}
```

运行上述代码后,a 和 b 分别插入了 A 和 B 数据库。接下来,分析上述代码的运行流程。

（1）main()方法被执行,main()方法没有事务,执行插入操作,将 a 插入 A 数据库,调用 test()方法。

（2）执行 test()方法,test()方法的事务传播方式为 SUPPORTS,此时不使用事务。

（3）执行插入操作,将 b 插入 B 数据库,随后抛出异常,程序中断执行,结束程序。

4. PROPAGATION_NOT_SUPPORTED

PROPAGATION_NOT_SUPPORTED(以下简称 NOT_SUPPORTED)为不支持事务,此传播方式的作用为:始终以非事务方式执行,如果当前存在事务,则挂起当前事务。通过在 TestTransactional 类中添加以下代码,分析其运行结果。

```
@Transactional(propagation = Propagation.REQUIRED)
void main() {
    insertA(a);              //将 a 插入 A 数据库
    test();
}
@Transactional(propagation = Propagation.NOT_SUPPORTED)
void test(){
    insertB(b);              //将 b 插入 B 数据库
    throw Exception;         //抛出异常
    insertB(c);              //将 c 插入 B 数据库
}
```

运行上述代码后,只有 b 插入了 B 数据库。接下来,分析上述代码的运行流程。

(1) main()方法被执行,main()方法的事务传播方式为 REQUIRED,此时没有事务,则新建一个事务。

(2) 执行插入操作,将 a 插入 A 数据库,调用 test()方法。

(3) 执行 test()方法,test()方法的事务传播方式为 NOT_SUPPORTED,此时挂起 main()方法的事务,以非事务方式运行。

(4) 执行插入操作,将 b 插入 B 数据库,随后抛出异常,终止程序,此时 main()方法的事务接收到抛出的异常,事务内只存在 a 的插入操作,不存在 b 的插入操作,因此回滚 a 的插入操作,结束程序。

5. PROPAGATION_MANDATORY

PROPAGATION_MANDATORY(以下简称 MANDATORY)为强制使事务运行,此传播方式的作用为:如果当前存在事务,则使用当前事务;如果当前不存在事务,则直接抛出异常。通过在 TestTransactional 类中添加以下代码,分析其运行结果。

```
void main() {
    insertA(a);                        //将 a 插入 A 数据库
    test();
}
@Transactional(propagation = Propagation.MANDATORY)
void test(){
    insertB(b);                        //将 b 插入 B 数据库
    throw Exception;                   //抛出异常
    insertB(c);                        //将 c 插入 B 数据库
}
```

运行上述代码后,只有 a 插入了 A 数据库。接下来,分析上述代码的运行流程。

(1) main()方法被执行,main()方法没有事务,执行插入操作,将 a 插入 A 数据库,然后调用 test()方法。

(2) 执行 test()方法,test()方法的事务传播方式为 MANDATORY,此时没有事务,抛出异常,终止程序。

6. PROPAGATION_NEVER

PROPAGATION_NEVER(以下简称 NEVER)为绝对不使用事务,此传播方式的作用为:不使用事务,如果当前事务存在,则抛出异常。通过在 TestTransactional 类中添加以下代码,分析其运行结果。

```
@Transactional(propagation = Propagation.REQUIRED)
void main() {
    insertA(a);                        //将 a 插入 A 数据库
    test();
}
@Transactional(propagation = Propagation.NEVER)
void test(){
    insertB(b);                        //将 b 插入 B 数据库
    throw Exception;                   //抛出异常
    insertB(c);                        //将 c 插入 B 数据库
}
```

运行上述代码后,只有 a 插入了 A 数据库。接下来,分析上述代码的运行流程。

(1) main()方法被执行,main()方法没有事务,执行插入操作,将 a 插入 A 数据库,然后调用 test()方法。

(2) 执行 test()方法,test()方法的事务传播方式为 NEVER,此时存在 main()方法的事务,抛出异常,终止程序。

7. PROPAGATION_NESTED

PROPAGATION_NESTED(以下简称 NESTED)译为嵌套事务,此传播方式的作用为:如果当前事务存在,则在嵌套事务中执行,否则新建一个事务。此嵌套事务表示此事务虽然在原事务中运行,但是在此嵌套事务中发生的错误可以被捕获,不影响原事务的执行。通过在 TestTransactional 类中添加以下代码,分析其运行结果。

```
@Transactional(propagation = Propagation.REQUIRED)
void main() {
    insertA(a);              //将 a 插入 A 数据库
    try{
        test();
    }catch(){}
}
@Transactional(propagation = Propagation.NESTED)
void test(){
    insertB(b);              //将 b 插入 B 数据库
    throw Exception;         //抛出异常
    insertB(c);              //将 c 插入 B 数据库
}
```

运行上述代码后,只有 a 插入了 A 数据库。接下来,分析上述代码的运行流程。

(1) main()方法被执行,main()方法的事务传播方式为 REQUIRED,此时没有事务,则新建一个事务。

(2) 执行插入操作,将 a 插入 A 数据库,然后调用 test()方法。

(3) 执行 test()方法,test()方法的事务传播方式为 NESTED,此时在嵌套事务中运行代码。

(4) 执行插入操作,将 b 插入 B 数据库,随后抛出异常,回滚此嵌套事务,向外抛出异常。

(5) 异常被捕获,main()方法继续执行,main()方法执行结束后,事务结束,提交操作,此时 main()方法事务中存在 a 的插入操作,执行此操作。结束程序。

为了区分 NESTED 与 REQUIRED_NEW 这两种传播方式,通过在 TestTransactional 类中添加以下代码,分析其运行结果。

```
@Transactional(propagation = Propagation.REQUIRED)
void main() {
    insertA(a);              //将 a 插入 A 数据库
    test();
    throw Exception;         //抛出异常
}
@Transactional(propagation = Propagation.NESTED)
void test(){
    insertB(b);              //将 b 插入 B 数据库
    insertB(c);              //将 c 插入 B 数据库
}
```

运行上述代码后,没有操作被执行。接下来,分析上述代码的运行流程。

(1) main()方法被执行,main()方法的事务传播方式为 REQUIRED,此时没有事务,则新建一个事务。

(2) 执行插入操作,将 a 插入 A 数据库,调用 test()方法。

(3) 执行 test()方法,test()方法的事务传播方式为 NESTED,此时新建一个嵌套事务。

(4) 执行插入操作,将 b、c 插入 B 数据库,test()方法执行结束,test()方法的事务嵌套在 main()方法的事务中,必须随着 main()方法的事务一同提交,因此直接返回。

(5) 随后,main()方法抛出异常,当前使用的事务为 main()方法的事务,因此回滚 a 的插入操作与嵌套事务中 b、c 的插入操作,结束程序。

NESTED 传播方式的要点:嵌套事务中异常可以被原事务捕捉,从而不影响原事务的运行,而原事务发生异常后,嵌套事务会随着原事务一起回滚。

10.4　实战演练:智慧农业果蔬系统中已售和库存事务配置

为了巩固声明式事务管理的编程知识,本节将对智慧农业果蔬系统农产品的已售和库存量之间的关系建立事务,以帮助读者掌握注解方式配置事务的相关知识。本实战的实战描述、实战分析和实现步骤如下所示。

【实战描述】

使用 IDEA 软件创建一个 Maven 项目 chapter10,通过 Spring 的注解事务语法完成对 MySQL 数据库 chapter10 下农产品表 goods 的事务操作。并在控制台查看日志信息。

【实战分析】

(1) 创建一个名为 chapter10 的数据库,并在该数据库下创建农产品表 goods。

(2) 向表中插入测试数据。

(3) 在 IDEA 软件中创建一个名为 chapter10 的项目,并引入事务相关 JAR 包。

(4) 在 chapter10 项目下创建对应的 POJO 类、接口、映射文件、配置文件和测试类。

(5) 编写和执行测试类,验证数据库中的数据表信息是否同步,并查看控制台的打印日志是否正确。

【实现步骤】

1. 搭建开发环境

(1) 在 MySQL 中创建数据库 chapter10 和数据表 goods,SQL 语句如下所示。

```
1   DROP TABLE IF EXISTS 'goods';
2   CREATE TABLE 'goods' (
3   'id' int(0) NOT NULL AUTO_INCREMENT COMMENT '主键 id',
4   'name' varchar(255) CHARACTER SET DEFAULT NULL COMMENT '名称',
5   'price' decimal(10, 2) NULL DEFAULT NULL COMMENT '价格',
6   'sold' int(0) NULL DEFAULT NULL COMMENT '已售',
7   'inventory' int(0) NULL DEFAULT NULL COMMENT '库存',
8   PRIMARY KEY ('id') USING BTREE
9   ) ENGINE = InnoDB CHARACTER SET = utf8mb4 COLLATE = utf8mb4_0900_ai_ci
10  ROW_FORMAT = Dynamic;
```

（2）向数据表 goods 中插入 3 条数据，方便测试。插入的 SQL 语句如下所示。

```
INSERT INTO 'goods' VALUES (1, '仙桃', 12.00, 50, 100);
INSERT INTO 'goods' VALUES (2, '菠菜', 3.00, 100, 200);
INSERT INTO 'goods' VALUES (3, '土豆', 5.00, 40, 500);
```

2. 创建项目

（1）使用 IDEA 软件创建一个 Maven 项目 chapter10，在该项目的 pom. xml 文件中添加 Spring 核心依赖、事务依赖和切面编程等依赖，主要代码如例 10-15 所示。

例 10-15 pom. xml。

```
1  < dependencies >
2  <!-- Spring 核心依赖 -->
3      < dependency >
4          < groupId > org. springframework </groupId >
5          < artifactId > spring - context </artifactId >
6          < version > 5. 0. 2. RELEASE </version >
7      </dependency >
8      < dependency >
9          < groupId > org. springframework </groupId >
10         < artifactId > spring - context </artifactId >
11         < version > 5. 3. 5 </version >
12     </dependency >
13     <!-- Spring 事务 -->
14     < dependency >
15         < groupId > org. springframework </groupId >
16         < artifactId > spring - tx </artifactId >
17         < version > 5. 0. 3. RELEASE </version >
18     </dependency >
19     <!-- 切入点表达式解析依赖 -->
20     < dependency >
21         < groupId > org. aspectj </groupId >
22         < artifactId > aspectjweaver </artifactId >
23         < version > 1. 8. 13 </version >
24     </dependency >
25     < dependency >
26         < groupId > org. springframework </groupId >
27         < artifactId > spring - beans </artifactId >
28         < version > 5. 3. 20 </version >
29     </dependency >
30 </dependencies >
```

（2）在 chapter10 项目的 src 目录下建立 MVC 设计模式的基础架构。首先创建 com. qfedu. pojo 包、com. qfedu. dao 包、com. qfedu. service 包、com. qfedu. service. impl 包和 com. qfedu. test 包，然后在 com. qfedu. pojo 包中新建 Goods 实体类。具体代码如例 10-16 所示。

例 10-16 Goods. java。

```
1  @Data
2  @AllArgsConstructor
3  @NoArgsConstructor
4  public class Goods {
```

```
5        private Integer id;
6        private String name;
7        private Double price;
8        private Integer sold;
9        private Integer inventory;
10   }
```

（3）在 chapter10 项目的 com. qfedu. dao 包中新建 GoodsDao 接口，在该接口中声明已售和库存量之间转化的方法，具体代码如例 10-17 所示。

例 10-17　GoodsDao. java。

```
1   public interface GoodsDao {
2       //已售 + 1
3       void addNum(Integer id, Integer sold);
4       //库存 - 1
5       void reduceNum(Integer id, Integer inventory);
6   }
```

在例 10-17 中，第 3 行代码表示已售的农产品，已售量＋1。第 5 行代码表示已出售的农产品，库存量－1。

（4）在 chapter10 项目的 com. qfedu. dao 包中新建 GoodsDaoImpl 类，用于实现 GoodsDao 接口中的方法，具体代码如例 10-18 所示。

例 10-18　GoodsDaoImpl. java。

```
1   public class GoodsDaoImpl implements GoodsDao{
2       private JdbcTemplate jdbcTemplate;
3       public void setJdbcTemplate(JdbcTemplate jdbcTemplate){
4           this.jdbcTemplate = jdbcTemplate;
5       }
6       @Override
7       public void addNum(Integer id, Integer sold) {
8           jdbcTemplate.update("update goods set sold = sold + ? " +
9                   "where id = ?",sold,id);
10      }
11      @Override
12      public void reduceNum(Integer id, Integer inventory) {
13          jdbcTemplate.update("update goods set inventory = inventory - ? "
14          + "where id = ?",inventory,id);
15      }
16  }
```

（5）在 chapter10 项目的 com. qfedu. service 包中新建 GoodsDaoService 接口，用于声明业务层的方法，具体代码如例 10-19 所示。

例 10-19　GoodsDaoService. java。

```
1   public interface GoodsDaoService {
2       void transfer(Integer from, Integer to, Integer num);
3   }
```

（6）在 chapter10 项目的 com. qfedu. service. impl 包中新建 GoodsDaoServiceImpl 类，用于实现 GoodsDaoService 接口中的方法，具体代码如例 10-20 所示。

例 **10-20**　GoodsDaoServiceImpl. java。

```
1  public class GoodsDaoServiceImpl implements GoodsDaoService {
2      private GoodsDao goodsDao;
3      public void setGoodsDao(GoodsDao goodsDao){
4          this.goodsDao = goodsDao;
5      }
6      @Override
7      @Transactional
8      public void transfer(Integer from, Integer to, Integer num) {
9          goodsDao.addNum(to,num);
10         goodsDao.reduceNum(from,num);
11     }
12 }
```

（7）在 chapter10 项目的 resources 目录下创建 applicationContext_Goods. xml 配置文件，具体代码如例 10-21 所示。

例 **10-21**　applicationContext_Goods. xml。

```
1  <?xml version = "1.0" encoding = "UTF - 8"?>
2  < beans xmlns = "http://www.springframework.org/schema/beans"
3         xmlns:xsi = "http://www.w3.org/2001/XMLSchema - instance"
4         xmlns:tx = "http://www.springframework.org/schema/tx"
5         xsi:schemaLocation = "http://www.springframework.org/schema/beans
6         http://www.springframework.org/schema/beans/spring - beans.xsd
7         http://www.springframework.org/schema/tx
8         http://www.springframework.org/schema/tx/spring - tx.xsd">
9      <!-- 注册数据源 -->
10     < bean name = "dataSource" class = "com.mchange.v2.c3p0.
11                                        ComboPooledDataSource">
12         < property name = "driverClass" value = "com.mysql.cj.jdbc.Driver">
13         </property>
14         < property name = "jdbcUrl"
15                 value = "jdbc:mysql://localhost:3306/chapter10"></property>
16         < property name = "user" value = "root"></property>
17         < property name = "password" value = "root"></property>
18     </bean>
19     <!-- 注册 JdbcTemplate -->
20     < bean name = "jdbcTemplate"
21            class = "org.springframework.jdbc.core.JdbcTemplate">
22         < property name = "dataSource" ref = "dataSource"></property>
23     </bean>
24     <!-- 注册事务管理器 -->
25     < bean id = "transactionManager"
26            class = "org.springframework.jdbc.datasource.
27            DataSourceTransactionManager">
28         < property name = "dataSource" ref = "dataSource"></property>
29     </bean>
30     <!-- 配置 dao 和 service -->
31     < bean name = "goodsDao" class = "com.qfedu.dao.GoodsDaoImpl">
32         < property name = "jdbcTemplate" ref = "jdbcTemplate"></property>
33     </bean>
34     < bean name = "goodsService"
35            class = "com.qfedu.service.impl.GoodServiceImpl">
```

```
36            <property name = "goodsDao" ref = "goodsDao"></property>
37        </bean>
38        <!-- 自动注解事务开启 -->
39        <tx:annotation - driven transaction - manager = "transactionManager"/>
40  </beans>
```

在例 10-22 中,第 10～18 行表示注册数据源;第 20～23 表示注册 JdbcTemplate;
第 31～37 行表示注册 goodsDao 和 goodsService 接口到 Spring 容器中;第 39 行表示开启
自动注解事务。

3. 编写测试类

(1) 在 chapter10 项目的 com.qfedu.test 包下新建 TestGoodsService 类,用于测试数
据库事务功能,具体代码如例 10-22 所示。

例 10-22 TestGoodsService.java。

```
1  public class TestGoodsService {
2      public static void main(String[] args) {
3          ApplicationContext context =
4      new ClassPathXmlApplicationContext("applicationContext_Goods.xml");
5          GoodsService goodsService = context.getBean("goodsService",
6                                          GoodsService.class);
7          goodsService.transfer(1,1,1);
8      }
9  }
```

(2) 执行 TestGoodsService 测试类的 main()方法,goods 表开启事务的执行结果如
图 10-13 所示。

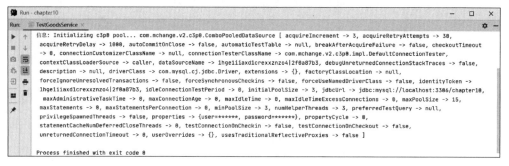

图 10-13 goods 表开启事务的执行结果

(3) 在 Windows 的命令提示符窗口中输入查询 goods 表的 SQL 语句,具体语句如下所示。

```
select * from goods
```

(4) 执行查询 goods 表的 SQL 语句命令,查询结果如图 10-14 所示。

```
mysql> select * from goods;
+----+------+-------+------+-----------+
| id | name | price | sold | inventory |
+----+------+-------+------+-----------+
|  1 | 仙桃 | 12.00 |   51 |        99 |
|  2 | 菠菜 |  3.00 |  100 |       200 |
|  3 | 土豆 |  5.00 |   40 |       500 |
+----+------+-------+------+-----------+
3 rows in set (0.00 sec)
```

图 10-14 goods 表的查询结果

（5）在例 10-20 的第 9 行和第 10 行代码之间添加如下代码使程序发生"java.lang.
ArithmeticException:/by zero"异常。

```
int a = 6 / 0;
```

（6）添加异常代码后再次执行 TestGoodsService 测试类,执行成功后再次输入查询
goods 数据表的 SQL 语句。程序异常后的 goods 表的查询结果如图 10-15 所示。

```
mysql> select * from goods;
+----+------+-------+------+-----------+
| id | name | price | sold | inventory |
+----+------+-------+------+-----------+
|  1 | 仙桃 | 12.00 |   51 |        99 |
|  2 | 菠菜 |  3.00 |  100 |       200 |
|  3 | 土豆 |  5.00 |   40 |       500 |
+----+------+-------+------+-----------+
3 rows in set (0.00 sec)

mysql>
```

图 10-15　程序异常后的 goods 表的查询结果

从图 10-15 中可以看出,当程序发生异常时,由于事务的作用,已售量和库存量不会发
生变化。故注解方式事务配置成功且正常运行。

10.5　本 章 小 结

本章主要讲解了 Spring 与事务管理、Spring 的事务管理方式和事务的传播方式,最后
通过一个实战演练:智慧农业果蔬系统中已售和库存事务配置巩固前面学习的 Spring 数
据库事务管理的内容。通过对本章内容的学习,可以使读者更好地理解和应用编程式事务
管理和声明式事务管理,以及选择合适的事务传播方式,提高应用程序的可靠性和性能。

10.6　习　　　题

一、填空题

1. 事务的 4 大特性分别是_____、_____、_____、_____。
2. 在 Spring 提供的接口中,_____用于定义事务的属性。
3. 在 Spring 提供的接口中,_____用于界定事务的状态。
4. 在 Spring 提供的接口中,_____用于根据属性管理事务。
5. 为实现编程式事务管理,Spring 提供的模板类是_____。

二、选择题

1. 下列关于 Spring 管理数据库事务的描述错误的是(　　)。

    A. 为了便于事务管理,Spring 提供了自己的解决方案

    B. Spring 的编程式事务管理完全避免了事务管理和数据访问的耦合

    C. Spring 的声明式事务管理需要基于 Spring AOP 实现

    D. Spring 的声明式事务管理降低了事务管理和数据访问的耦合

2. 在下列隔离级别中,允许可重复读并且可以避免脏读、不可重复读的是(　　)。

    A. ISOLATION_READ_UNCOMMITTED

  B. ISOLATION_READ_COMMITTED

  C. ISOLATION_REPEATABLE_READ

  D. ISOLATION_SERIALIZABLE

  3. 在 TransactionDefinition 接口提供的方法中,下列选项中用于返回事务的传播行为的是( )。

  A. getPropagationBehavior()   B. getIsolationLevel()

  C. getTimeout()   D. isReadOnly()

  4. 在 TransactionStatus 接口提供的方法中,用于返回当前事务是否已完成的是( )。

  A. isNewTransaction()   B. hasSavepoint()

  C. isCompleted()   D. flush()

  5. 在 TransactionTemplate 类提供的方法中,下列用于定义需要在事务环境中执行的数据访问逻辑的是( )。

  A. execute()   B. getTransactionManager()

  C. rollbackOnException()   D. commit()

三、简答题

1. 简述声明式事务管理的 2 种方式。

2. 简述 Spring 事务传播的 7 种方式。

四、操作题

使用 Spring 框架编写程序,并完成以下步骤。

(1) 在 chapter10 数据库中创建一个名为 stu 的数据表。stu 表中字段为 id、name、age 和 course。

(2) 向 stu 数据表中插入 1 条自拟数据。

(3) 删除数据表中步骤(2)的自拟数据,再次插入 1 条自拟数据,保证这两项操作在同一个事务中执行。

第 11 章

Spring MVC 基础

学习目标

视频讲解

- 了解 Spring MVC 的简介,能够描述 Spring MVC 的核心组件及优势。
- 掌握搭建 Spring MVC 环境的方式,能够搭建 Spring MVC 项目。
- 掌握 Spring MVC 的工作流程,能够绘制 Spring MVC 的工作流程图。
- 掌握 Spring MVC 中常用注解的使用方式,能够灵活使用这些常用注解。
- 掌握 Spring MVC 单元测试的使用方式,能够准确添加测试依赖并执行测试。

随着技术和业务需求复杂度的提高,传统开发中使用的原生代码逐渐满足不了企业项目在性能、扩展性等方面的要求,企业中开发程序开始转向使用 MVC 架构。MVC 中的 M 代表 Model(模型),V 代表 View(视图),C 代表 Controller(控制器)。以 Spring MVC 为代表的 MVC 框架从此开始崛起并获得了广泛应用。本章将对 Spring MVC 的简介、环境搭建、工作流程、常用注解和单元测试进行讲解。

11.1 Spring MVC 简介

在第三方 MVC 框架获得广泛应用之前,开发中通常直接基于 Model2 模式编写原生代码。为了避免过度使用原生代码带来的问题,企业级开发中开始转向使用 MVC 框架,常用的 MVC 框架包括 Struts、Spring MVC 等。

Spring MVC 是 Spring 的一个模块,同时也是一个可用于构建 Web 程序的 MVC 框架。Spring MVC 改善了传统的 Model2 模式,提供了一个前端控制器来分发请求,同时,它还支持包括 JSP、FreeMarker、Velocity 等在内的多项视图技术。除此之外,Spring MVC 还提供有多样化配置、表单校验、自动绑定用户输入等功能。

Spring MVC 灵活、高效,配置方便,与其他的 MVC 框架相比,它可以与 Spring 无缝集成并使用 Spring 的功能,表现出了更好的复用性和扩展性。此外,Spring MVC 作为控制器来建立模型与视图的数据交互,是结构清晰的 Model2 实现,也是一个典型的 MVC 框架,如图 11-1 所示。

图 11-1 中,在 Model2 模型下,Model 层由 JavaBean 充当,View 层由 JSP 页面充当,而 Controller 层则由 Servlet 充当。浏览器发来的请求首先与 Servlet(Controller 层)交互,然后 Servlet 再负责与后台的 JavaBean(Model 层)通信。

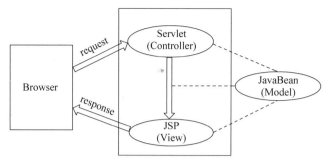

图 11-1　Spring MVC 的 Model2 实现

11.2　搭建 Spring MVC 环境

在创建 Spring MVC 项目之前,我们首先需要学习如何搭建 Spring MVC 环境,搭建 Spring MVC 环境主要包括引入 Spring MVC 核心依赖、配置 DispatcherServlet 类、创建 Spring MVC 的配置文件、创建 Controller 层、创建 View 层和部署运行等内容,本节将针对这些内容进行讲解。

11.2.1　引入 Spring MVC 核心依赖

首先在 IDEA 中创建 Maven 项目 chapter11,然后在 pom.xml 文件中添加 Spring 核心依赖以及 spring-webmvc 和 spring-web 等相关依赖,pom.xml 文件中的主要代码如下所示。

```
1  < dependencies >
2      <!-- Spring 核心依赖 -->
3      < dependency >
4          < groupId > org. springframework </ groupId >
5          < artifactId > spring - context </ artifactId >
6          < version > 5. 2. 5. RELEASE </ version >
7      </ dependency >
8      < dependency >
9          < groupId > org. springframework </ groupId >
10         < artifactId > spring - beans </ artifactId >
11         < version > 5. 2. 5. RELEASE </ version >
12     </ dependency >
13     < dependency >
14         < groupId > org. springframework </ groupId >
15         < artifactId > spring - aspects </ artifactId >
16         < version > 5. 2. 5. RELEASE </ version >
17     </ dependency >
18     <!-- spring - webmvc 依赖 -->
19     < dependency >
20         < groupId > org. springframework </ groupId >
21         < artifactId > spring - webmvc </ artifactId >
22         < version > 5. 2. 5. RELEASE </ version >
23     </ dependency >
24     <!-- spring - web 依赖 -->
25     < dependency >
```

```
26          < groupId > org. springframework </groupId >
27          < artifactId > spring - web </artifactId >
28          < version > 5.2.5. RELEASE </version >
29      </dependency >
30 </dependencies >
```

Maven 是一个 JAR 包管理工具,此处不再赘述。在上述代码中,第 3～17 行代码表示 Spring 的核心依赖;第 19～23 行代码表示 Spring MVC 框架相关的所有类,包含框架的 Servlet、Web MVC 框架,以及对控制器和视图的支持;第 25～29 行代码表示在 Web 应用开发时使用 Spring 框架所需的核心类。

11.2.2 配置 DispatcherServlet 类

DispatcherServlet 是 Spring MVC 的前端控制器,也是整个请求处理流程的核心。 DispatcherServlet 实际上是一个普通的 Servlet 类。要启用 DispatcherServlet 的功能,需要在 web. xml 文件中进行配置,配置完成后,DispatcherServlet 可以成为 Spring MVC 框架的入口,负责接收和分发客户端的 HTTP 请求,将这些请求导向适当的控制器来执行相应的操作。web. xml 文件中的主要代码如例 11-1 所示。

例 11-1 web. xml。

```
1  <!-- 配置 Spring MVC 的核心控制器 DispatcherServlet -->
2  < servlet >
3      < servlet - name > springmvc </servlet - name >
4      < servlet - class >
5          org. springframework. web. servlet. DispatcherServlet
6      </servlet - class >
7      <!-- 初始化参数 -->
8      < init - param >
9          < param - name > contextConfigLocation </param - name >
10         < param - value > classpath:springmvc - servlet. xml </param - value >
11     </init - param >
12     < load - on - startup > 1 </load - on - startup >
13 </servlet >
14 < servlet - mapping >
15     < servlet - name > springmvc </servlet - name >
16     < url - pattern >/</url - pattern >
17 </servlet - mapping >
```

在例 11-1 中,第 3 行代码配置了一个名为 springmvc 的 Servlet,该 Servlet 是 DispatcherServlet 类型,是 Spring MVC 的入口;第 12 行代码中的< load-on-startup >元素表示 DispatcherServlet 在 Web 程序启动时初始化的优先级;第 16 行代码的< url-pattern >元素值为“/”,这意味着将所有的请求都映射到 DispatcherServlet。

在配置 DispatcherServlet 类时,通过设置 contextConfigLocation 参数来指定 Spring MVC 配置文件的位置,此处使用 Spring 资源路径的方式(classpath:)进行指定。

11.2.3 创建 Spring MVC 的配置文件

Spring MVC 配置文件主要配置两项功能,分别是配置处理器映射和视图解析器,这两项功能的配置需要使用 Spring MVC 提供的组件 HandlerMapping 和 ViewResolver。在创

第 11 章

Spring MVC 基础

建 Spring MVC 配置文件之前,首先了解一下 Spring MVC 框架的组件,具体如表 11-1 所示。

表 11-1 Spring MVC 框架的组件

组 件 名 称	说　明
Controller	封装了处理客户端请求的方法,开发人员可以在实现该接口的类中编写处理具体业务逻辑的代码
HandlerMapping	用于实现请求到处理器的映射,当映射成功时返回 HandlerExecutionChain 对象,该对象中封装了一个 Handler 对象、多个 HandlerInterceptor 对象
HandlerAdapter	适配器设计模式的具体应用,支持多种类型的处理器,调用处理器的 handleRequest()方法进行功能处理
HandlerExceptionResolver	用于处理器异常解析,可将异常提醒转至统一的错误页面
ViewResolver	用于将逻辑视图名解析为具体的 View 对象
MultipartResolver	用于处理 multi-part 请求,例如文件上传等
ModelAndView	用于封装逻辑视图名和模型数据信息

在实际应用场景中,开发人员可根据具体情况配置表 11-1 中列出的组件。

接下来,使用 HandlerMapping 和 ViewResolver 组件配置 Spring MVC 的处理器映射和视图解析器。

在 chapter11 项目中创建 resources 目录,并在该目录下新建 Spring MVC 的配置文件 springmvc-servlet. xml,具体代码如例 11-2 所示。

例 11-2 springmvc-servlet. xml。

```
1   <?xml version = "1.0" encoding = "UTF - 8"?>
2   < beans xmlns = "http://www.springframework.org/schema/beans"
3       xmlns:xsi = "http://www.w3.org/2001/XMLSchema - instance"
4       xmlns:mvc = "http://www.springframework.org/schema/mvc"
5       xmlns:p = "http://www.springframework.org/schema/p"
6       xmlns:context = "http://www.springframework.org/schema/context"
7       xsi:schemaLocation = "
8           http://www.springframework.org/schema/beans
9           http://www.springframework.org/schema/beans/spring - beans.xsd
10          http://www.springframework.org/schema/context
11          http://www.springframework.org/schema/context/spring -
12          context.xsd
13          http://www.springframework.org/schema/mvc
14          http://www.springframework.org/schema/mvc/spring - mvc.xsd">
15      < bean name = "/index.html"
16          class = "cn.smbms.controller.IndexController"/>
17      <!-- 完成视图的对应 -->
18      < bean class = "org.springframework.web.servlet.view.
19                                       InternalResourceViewResolver">
20          < property name = "prefix" value = "/WEB - INF/jsp/"/>
21          < property name = "suffix" value = ".jsp"/>
22      </bean>
23  </beans>
```

上述代码中,主要配置两项功能:配置处理器映射和视图解析器,具体介绍如下。

（1）配置处理器映射。

在例 11-1 中，web.xml 文件中配置了 DispatcherServlet 类，而 Controller 处理 URL 请求时需要 DispatcherServlet 类通过 HandlerMapping 处理器映射来完成。

在例 11-2 中，第 15～16 行代码中的＜bean＞元素的 name 属性指定 URL 请求（/index.html），class 属性表示处理该 URL 请求的控制器。

（2）配置视图解析器。

处理请求之后需要渲染输出，这个任务由 View 层（本书采用 JSP）实现。DispatcherServlet 类会查找到对应的视图解析器，将前端控制器返回的逻辑视图名称转换成渲染结果的实际视图，最后呈现给用户。

在例 11-2 中，第 18～22 行代码用于配置视图解析器。通过配置 prefix（前缀）和 suffix（后缀），将视图逻辑名解析为“/WEB-INF/jsp/视图名称.jsp”。需要注意的是，Spring MVC 配置文件的名称，必须和 web.xml 中配置 DispatcherServlet 时所指定的配置文件名称一致。

11.2.4　创建 Controller 层

创建完 Spring MVC 的配置文件后，需要创建 Controller 层实现 Spring MVC 的解析和映射过程。首先在 chapter11 项目的 src 目录下创建 com.qfedu.controller 包，并在该包中新建 HelloController 控制器，该控制器用于处理前端请求，具体代码如例 11-3 所示。

例 11-3　HelloController.java。

```
1    public class HelloController extends AbstractController
2    @Override
3    protected ModelAndView handleRequestInternal(HttpServletRequest arg0,
4    HttpServletResponse arg1) throws Exception {
5        System.out.println("hello,Spring MVC");          //在控制台输出日志信息
6        return new ModelAndView("index");
7    }
8    }
```

在例 11-3 中，HelloController 控制器中的 handleRequestInternal()方法返回值为 ModelAndView 对象，该对象包含视图信息和模型数据信息，这样 Spring MVC 就可以使用视图对模型数据进行渲染。第 6 行代码中的 index 就是逻辑视图名称。

ModelAndView 类常用于封装 Controller 的处理结果，在 ModelAndView 类提供的方法中，有一些是开发中经常使用的，具体如表 11-2 所示。

表 11-2　ModelAndView 类中的常用方法

方 法 名 称	说　　　明
ModelAndView()	默认的构造方法
ModelAndView(String viewName)	需要传入 View 名称的构造方法
ModelAndView addObject(Object attributeValue)	向模型添加属性
ModelAndView addObject(String attributeName, Object attributeValue)	通过 name-value 的形式向模型添加属性
void setView(View view)	设置 View 对象

续表

方 法 名 称	说　明
void setViewName(String viewName)	设置 View 的名称
boolean hasView()	返回 ModelAndView 是否具有 View 名称或 View 对象

表 11-2 中列出了 ModelAndView 类中的常用方法,读者可根据实际情况选择使用。

11.2.5　创建 View 层

前面创建完 Controller 层之后,为了将输出的信息"hello,Spring MVC"显示在页面中,还需要在项目 chapter11 中创建 View 层。

在创建 View 层时,首先根据例 11-2 中的 springmvc-servlet. xml 文件中 prefix 和 suffix 属性定义的 value 值,在 chapter11 项目的 WEB-INF 目录下创建 jsp 文件夹,并在该文件夹中创建 JSP 视图文件 index. jsp,然后通过<h1>标签在该视图上输出"hello,Spring MVC"提示信息,index. jsp 的关键代码如下所示。

```jsp
<%@ page language = "java" contentType = "text/html; charset = UTF-8"
pageEncoding = "UTF-8" %>
<!DOCTYPE html PUBLIC "-IW3C/DTD HTML 4.01 Transitional/EN"
"http://www.w3.org/TR/html4/loose.dtd">
<html>
<head>
<meta http-equiv = "Content-Type" content = "text/html; charset = UTF-8">
<title> Insert title here </title>
</head>
<body>
<h1> hello, Spring MVC </h1>
</body>
</html>
```

11.2.6　部署运行

将 chapter11 项目编译后部署到 Tomcat 中进行测试。在浏览器地址栏中输入"http://localhost:8080/chapter11/index. html"请求,按 Enter 键,运行结果如图 11-2 所示。

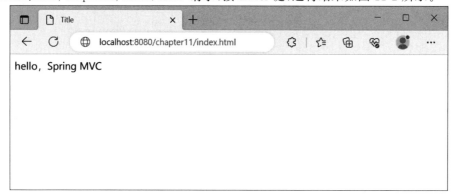

图 11-2　Spring MVC 示例的运行结果

从图 11-2 中可以看出,浏览器视图上输出"hello, Spring MVC",由此可见,程序通过 Spring MVC 完成了对客户端请求的处理及响应。

11.3　Spring MVC 工作流程

为了让读者对 Spring MVC 框架运行机制有一个更全面的认识,本节将带领读者学习 Spring MVC 工作流程,具体如图 11-3 所示。

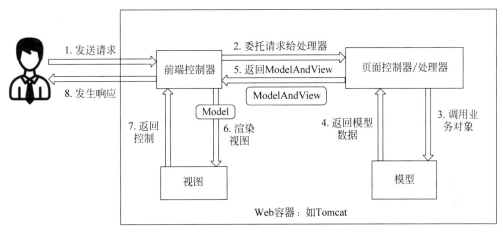

图 11-3　Spring MVC 工作流程

图 11-3 中,Spring MVC 的工作流程可以归纳为 4 个步骤,具体介绍如下。

(1) 首先用户发送请求到前端控制器(DispatcherServlet),前端控制器根据请求信息(如 URL)来决定选择用哪个页面控制器(Controller)来处理,并把请求委托给它,即 Servlet 控制器的控制逻辑部分(步骤 1、步骤 2)。

(2) 页面控制器接收到请求后,进行业务处理,处理完毕后返回一个 ModelAndView(模型数据和逻辑视图名)(步骤 3、步骤 4、步骤 5)。

(3) 前端控制器收回控制权,然后根据返回的逻辑视图名选择相应的真正视图,并把模型数据传入以便将视图渲染展示(步骤 6、步骤 7)。

(4) 前端控制器再次收回控制权,将响应结果返回给用户,至此整个流程结束(步骤 8)。

11.4　Spring MVC 常用注解

Spring MVC 中的注解是一种方便而强大的技术,极大简化了 Web 应用程序的开发与维护。这些注解使开发者能够直接将控制器、请求映射、模型、视图解析器等定义嵌套到代码中,无须手动编写繁琐的 XML 配置文件。Spring MVC 中的常用注解包括@Controller、@RequestMapping、@Resource、@Autowired、@RequestParam、@RequestBody、@ResponseBody、@PathVariable、@RequestHeader 和@CookieValue 等,本节将对这些注解进行详细讲解。

11.4.1 @Controller 注解

@Controller 注解用于定义一个控制器,它可以处理来自客户端的 HTTP 请求,并根据请求结果来呈现相应的视图。@Controller 注解的语法格式如下。

```
@Controller
public class 类名{}
```

接下来通过一个示例演示@Controller 注解的使用方法,具体步骤如下。

(1) 创建项目 chapter11。

使用 IDEA 软件创建 Maven 项目 chapter11,然后在 pom. xml 文件中添加 Spring 核心依赖、spring-web、spring-webmvc 和 JSON 等依赖,具体代码如例 11-4 所示。

例 11-4　pom. xml。

```xml
1  <?xml version = "1.0" encoding = "UTF - 8"?>
2  < project xmlns = "http://maven. apache. org/POM/4.0.0"
3          xmlns:xsi = "http://www. w3. org/2001/XMLSchema - instance"
4          xsi:schemaLocation = "http://maven. apache. org/POM/4.0.0
5          http://maven. apache. org/xsd/maven - 4.0.0. xsd">
6      < modelVersion > 4.0.0 </modelVersion >
7      < groupId > org. example </groupId >
8      < artifactId > chapter11 </artifactId >
9      < version > 1.0 - SNAPSHOT </version >
10     <!-- 集中定义依赖版本号 -->
11     < properties >
12         < maven. compiler. source > 8 </maven. compiler. source >
13         < maven. compiler. target > 8 </maven. compiler. target >
14         < spring. version > 5.2.5. RELEASE </spring. version >
15         < jstl. version > 1.2 </jstl. version >
16         < servlet - api. version > 3.0.1 </servlet - api. version >
17         < jsp - api. version > 2.0 </jsp - api. version >
18         < jackson. version > 2.9.6 </jackson. version >
19     </properties >
20     < dependencies >
21         <!-- spring -->
22         < dependency >
23             < groupId > org. springframework </groupId >
24             < artifactId > spring - context </artifactId >
25             < version > $ {spring. version}</version >
26         </dependency >
27         < dependency >
28             < groupId > org. springframework </groupId >
29             < artifactId > spring - beans </artifactId >
30             < version > $ {spring. version}</version >
31         </dependency >
32         < dependency >
33             < groupId > org. springframework </groupId >
34             < artifactId > spring - webmvc </artifactId >
35             < version > $ {spring. version}</version >
36         </dependency >
37         <!-- servlet -->
38         < dependency >
```

```
39              <groupId>javax.servlet</groupId>
40              <artifactId>javax.servlet-api</artifactId>
41              <version>3.0.1</version>
42              <scope>provided</scope>
43          </dependency>
44          <dependency>
45              <groupId>javax.servlet</groupId>
46              <artifactId>jsp-api</artifactId>
47              <scope>provided</scope>
48              <version>${jsp-api.version}</version>
49          </dependency>
50          <!-- Jackson JSON 处理工具包 -->
51          <dependency>
52              <groupId>com.fasterxml.jackson.core</groupId>
53              <artifactId>jackson-databind</artifactId>
54              <version>${jackson.version}</version>
55          </dependency>
56              <groupId>org.projectlombok</groupId>
57              <artifactId>lombok</artifactId>
58              <version>1.16.18</version>
59              <scope>provided</scope>
60          </dependency>
61      </dependencies>
62      <!-- 插件配置 -->
63      <build>
64          <resources>
65              <resource>
66                  <directory>src/main/java</directory>
67                  <includes>
68                      <include>**/*.properties</include>
69                      <include>**/*.xml</include>
70                  </includes>
71                  <filtering>false</filtering>
72              </resource>
73              <resource>
74                  <directory>src/main/resources</directory>
75                  <includes>
76                      <include>**/*.properties</include>
77                      <include>**/*.xml</include>
78                  </includes>
79                  <filtering>false</filtering>
80              </resource>
81          </resources>
82      </build>
83 </project>
```

在例 11-4 中，第 11～19 行代码表示集中定义依赖版本号，方便统一管理；第 22～36 行代码为启动 Spring MVC 项目的必需依赖；第 38～49 行代码表示 Servlet 和 JSP 相关依赖；第 51～55 行代码表示 JSON 相关依赖。

（2）创建 web.xml 配置文件。

首先在 chapter11 项目的 main 文件夹中创建 webapp 文件夹，然后在 webapp 文件夹中创建 WEB-INF 目录，最后在 WEB-INF 目录下新建 web.xml 文件。在 web.xml 文件中配置 Spring 初始化、监听、过滤器和中文乱码等信息,具体代码如例 11-5 所示。

例 11-5 web. xml。

```
1  <?xml version = "1.0" encoding = "UTF - 8"?>
2  < web - app xmlns:xsi = "http://www.w3.org/2001/XMLSchema - instance"
3            xmlns = "http://xmlns.jcp.org/xml/ns/Java EE"
4            xsi:schemaLocation = "http://xmlns.jcp.org/xml/ns/Java EE
5            http://xmlns.jcp.org/xml/ns/Java EE/web - app_3_1.xsd"
6            version = "3.1">
7      < display - name > chapter11 </display - name >
8      <!-- Spring 初始化 -->
9      < context - param >
10         < param - name > contextConfigLocation </param - name >
11         < param - value > classpath:applicationContext.xml </param - value >
12     </context - param >
13     <!-- spring 监听 -->
14     < listener >
15     < listener - class > org.springframework.web.context.
16                       ContextLoaderListener </listener - class >
17     </listener >
18     <!-- Spring MVC servlet -->
19     < servlet >
20         < servlet - name > Spring MVC </servlet - name >
21         < servlet - class > org.springframework.web.servlet
22                                 .DispatcherServlet </servlet - class >
23         < init - param >
24             < param - name > contextConfigLocation </param - name >
25             < param - value > classpath:spring - mvc.xml </param - value >
26         </init - param >
27         < load - on - startup > 1 </load - on - startup >
28     </servlet >
29     <!-- 中文乱码 -->
30     < filter >
31         < filter - name > CharacterEncodingFilter </filter - name >
32         < filter - class > org.springframework.web.filter
33                                 .CharacterEncodingFilter </filter - class >
34         < init - param >
35             < param - name > encoding </param - name >
36             < param - value > UTF - 8 </param - value >
37         </init - param >
38         < init - param >
39             < param - name > forceEncoding </param - name >
40             < param - value > true </param - value >
41         </init - param >
42     </filter >
43     < filter - mapping >
44         < filter - name > CharacterEncodingFilter </filter - name >
45         < url - pattern >/ * </url - pattern >
46     </filter - mapping >
47     < servlet - mapping >
48         < servlet - name > Spring MVC </servlet - name >
49         <!-- 此处可以可以配置成 * .do -->
50         < url - pattern >/</url - pattern >
51     </servlet - mapping >
52 </web - app >
```

在例 11-5 中,第 9～12 行代码用于配置 Spring 初始化;第 14～17 行代码用于配置 Spring 监听;第 19～28 行代码用于设置 Spring MVC 的相关配置;第 30～42 行代码用于解决中文乱码问题;第 47～51 行代码用于设置 Spring MVC 的路径映射。

(3) 新建 applicationContext. xml 和 spring-mvc. xml 配置文件。

在 chapter11 的 resources 目录下新建 applicationContext. xml 和 spring-mvc. xml 配置文件,这两个文件中的具体代码如例 11-6 与例 11-7 所示。

例 11-6 applicationContext. xml。

```
1   <?xml version = "1.0" encoding = "UTF-8"?>
2   < beans xmlns = "http://www.springframework.org/schema/beans"
3       xmlns:xsi = "http://www.w3.org/2001/XMLSchema-instance"
4       xmlns:context = "http://www.springframework.org/schema/context"
5       xsi:schemaLocation = "http://www.springframework.org/schema/beans
6       https://www.springframework.org/schema/beans/spring-beans.xsd
7       http://www.springframework.org/schema/context
8       https://www.springframework.org/schema/context/spring-context.xsd">
9       <!-- 启动注解支持 -->
10      < context:annotation-config/>
11      <!-- 自动扫描注解 -->
12      < context:component-scan base-package = "com.qfedu"/>
13      <!-- 配置数据源 -->
14      < bean id = "dataSource"
15      class = "com.alibaba.druid.pool.DruidDataSource"
16                                      destroy-method = "close">
17          < property name = "driverClassName"
18                                      value = "com.mysql.cj.jdbc.Driver"/>
19          < property name = "url"
20           value = "jdbc:mysql://localhost:3306/student?useUnicode = true&
21           characterEncoding = utf8&useSSL = false&serverTimezone = UTC&
22           allowPublicKeyRetrieval = true"/>
23          < property name = "username" value = "root"/>
24          < property name = "password" value = "root"/>
25      </bean>
26      <!-- Spring 和 Mybatis 整合:配置 SqlSessionFactoryBean -->
27      < bean id = "sqlSessionFactory"
28          class = "org.mybatis.spring.SqlSessionFactoryBean">
29          <!-- 引用数据源组件 -->
30          < property name = "dataSource" ref = "dataSource"/>
31          <!-- 实体类别名 -->
32          < property name = "typeAliasesPackage" value = "com.dhj.pojo"/>
33          <!-- 引用 MyBatis 配置文件中的配置 -->
34          <!--< property name = "configLocation"
35          value = "classpath:mybatis-config.xml"/>-->
36          <!-- 扫描 SQL 映射文件 -->
37          < property name = "mapperLocations"
38          value = "classpath:mapper/*.xml"/>
39      </bean>
40      <!-- DAO 接口所在包名,Spring 会自动查找其下的类 -->
41      < bean id = "mapperScannerConfigurer"
42      class = "org.mybatis.spring.mapper.MapperScannerConfigurer">
43          < property name = "basePackage" value = "com.dhj.dao"/>
44          < property name = "sqlSessionFactoryBeanName"
```

```
45          value = "sqlSessionFactory"></property>
46      </bean>
47      <!-- 事务管理 -->
48      < bean id = "transactionManager"
49          class = "org. springframework. jdbc. datasource
50          .DataSourceTransactionManager">
51          < property name = "dataSource" ref = "dataSource"></property>
52      </bean>
53 </beans>
```

例 11-6 中的各元素及标签含义与 Spring 基础中的 applicationContext. xml 配置方式一致,此处不再赘述。

例 11-7   spring-mvc. xml。

```
1  <?xml version = "1.0" encoding = "UTF - 8"?>
2  < beans xmlns = "http://www. springframework. org/schema/beans"
3      xmlns:mvc = "http://www. springframework. org/schema/mvc"
4      xmlns:xsi = "http://www. w3.org/2001/XMLSchema - instance"
5      xmlns:context = "http://www. springframework. org/schema/context"
6      xsi:schemaLocation = "http://www. springframework. org/schema/beans
7      http://www. springframework. org/schema/beans/spring - beans - 3.0. xsd
8      http://www. springframework. org/schema/context
9      http://www. springframework. org/schema/context/spring - context - 3.0. xsd
10     http://www. springframework. org/schema/mvc
11     http://www. springframework. org/schema/mvc/spring - mvc - 3.0. xsd">
12     <!-- 自动扫描该包,使 Spring MVC 认为包下用了@controller 注解的类是控制器 -->
13     < context:component - scan base - package = "com. qfedu. controller"/>
14     <!-- 启动 Spring MVC 的注解支持 -->
15     < mvc:annotation - driven/>
16     <!-- 配置处理器映射 -->
17     < bean class = "org. springframework. web. servlet. handler.
18      BeanNameUrlHandlerMapping"/>
19     <!-- 配置处理适配器 -->
20     < bean class = "org. springframework. web. servlet. mvc.
21      SimpleControllerHandlerAdapter"/>
22     <!-- 配置视图解析器 -->
23     < bean id = "viewResolver" class = "org. springframework. web. servlet.
24      view. InternalResourceViewResolver"/>
25 </beans>
```

在例 11-7 中,第 13 行代码表示自动扫描控制层;第 15 行代码表示启动 Spring MVC 的注解支持;第 17 行和第 18 行代码表示配置处理器映射;第 20 行和第 21 行代码表示配置处理适配器;第 23 行和第 24 行代码表示配置视图解析器。

(4)搭建 MVC 架构风格。

在 chapter11 项目的 java 目录下,分别创建 com. qfedu. pojo、com. qfedu. dao、com. qfedu. service、com. qfedu. service. impl 和 com. qfedu. controller 包用于搭建 MVC 风格的项目结构,MVC 模式的项目结构如图 11-4 所示。

(5)编写控制器。

在 chapter11 项目的 com. qfedu. controller 包中新建 UserController 类,具体代码如例 11-8 所示。

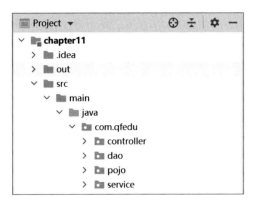

图 11-4　MVC 模式的项目结构

例 11-8　UserController.java。

```
1    @Controller
2    public class UserController {
3    }
```

在例 11-8 中，第 1 行代码表示该类被定义为控制器。@RestController 也可以定义一个控制器，它是@Controller 和@ResponseBody 的结合体，可以直接返回 JSON 类型的数据，@ResponseBody 注解会在 11.4.5 节进行详细讲解。

11.4.2　@RequestMapping 注解

@RequestMapping 注解是一个用于映射 HTTP 请求和请求处理方法的注解，它可以注解在类和方法上，从而指定 URL 请求路径和请求方法的映射关系。通过@RequestMapping 注解所指定的方法将会处理对应的 URL 请求，并生成相应的响应结果。

@RequestMapping 注解的语法格式如下所示。

```
@RequestMapping( value = "", method = "", params = "", headers = "", consumes = "", produces = "")
```

上述代码中，可以根据实际场景灵活配置@RequestMapping 注解中的参数属性，其参数属性介绍如下。

- value 或 path：用于指定 URL 路径。
- method：用于指定 HTTP 请求方法。
- params：用于指定 HTTP 请求中必须包含的请求参数，例如 params = "name"表示必须包含名为"name"的参数。
- headers：用于指定 HTTP 请求中必须包含的请求头，例如，headers = "content-type = text/ * "表示请求头中必须包含"text"类型的内容。
- consumes：用于指定接收请求的内容类型（Content-Type），例如，consumes = "application/json"表示只接收 JSON 格式的请求数据。
- produces：用于指定响应结果的内容类型，例如，produces = "application/json"表示响应结果为 JSON 类型。

接下来通过一个示例演示@RequestMapping 注解的使用方法，具体步骤如下。

（1）在 chapter11 项目的 UserController 类中编写 test01()方法，具体代码如下所示。

```
1  @RequestMapping("/test01")
2  @ResponseBody
3  public ModelAndView test01() {
4      ModelAndView mv = new ModelAndView();
5      mv.addObject("msg", "requestMapping");
6      mv.setViewName("/WEB - INF/index.jsp");
7      return mv;
8  }
```

上述代码中,第 1 行代码表示请求路径;第 5 行代码表示向 ModelAndView 中添加一个 key 为 msg,value 为 requestMapping 的 Object 对象;第 6 行代码调用 setViewName() 方法设置视图的路径地址。

(2) 在 chapter11 项目的 WEB-INF 目录下创建视图层文件 index. jsp,具体代码如例 11-9 所示。

例 11-9　index. jsp。

```
1  <%@ page contentType = "text/html;charset = UTF - 8" language = "java" %>
2  < html >
3  < head >
4      < title > Title </title>
5  </head>
6  < body >
7   ${requestScope.msg}
8  </body>
9  </html>
```

在例 11-9 中,第 7 行代码表示输出 ModelAndView 对象中 key 为 msg 的值。

(3) 本项目采用 tomcat 方式启动,配置完毕 tomcat 并启动项目成功后,在浏览器地址栏中输入 http://localhost:8080/chapter11/test01 请求。@RequestMapping 注解测试页面如图 11-5 所示。

图 11-5　@RequestMapping 注解测试页面

从图 11-5 中可以看出,@RequestMapping 注解的请求访问成功,并成功输出 ModelAndView 对象中的 RequestMapping 信息。

11.4.3　@Resource 注解和@Autowired 注解

@Resource 和@Autowired 都是 Spring 框架中用于自动注入 Bean 实例的注解。它们的语法格式如下。

```
@Resource(name = "", type = "", description = "", required = "")
private XService xService;
@Autowired(required = "", type = "", name = "", qualifiers = "")
private YService Service;
```

上述代码中，可以根据实际场景灵活配置@Resource 和@Autowired 注解中的参数属性，@Resource 参数属性介绍如下。

- name：指定 Bean 的名称。
- type：指定 Bean 的类型。
- description：Bean 的描述信息。
- required：指定是否必须注入 Bean，默认为 true。

@Autowired 参数属性介绍如下。

- required：指定是否必须找到匹配的 Bean 来装配依赖，默认为 true。如果设置为 false，则可以在没有匹配 Bean 的情况下不报错。
- type：指定要装配的 Bean 的类型。如果未指定，则 Spring 容器将根据推断出的类型进行自动装配。
- name：指定要装配的 Bean 的名称。如果未指定，则 Spring 容器将根据推断出的名称进行自动装配。
- qualifiers：指定要装配的 Bean 的限定符。可以用来区分多个同类型的 Bean，例如 @Qualifier 注解。

介绍完@Resource 和@Autowired 注解的参数属性，接下来我们讲解它们之间的区别，具体如下。

（1）@Autowired 注解是 Spring 3.0 之后新加入的注解，而@Resource 注解是 JDK 1.6 之后新加入的注解。

（2）@Autowired 默认按照类型匹配注入，如果匹配多个 Bean，则需要指定名称；而 @Resource 默认按照名称匹配注入，如果名称无法匹配，则按照类型进行匹配。

（3）@Autowired 可以注入各种类型的 Bean，包括自定义类型、接口类型等；而 @Resource 注解不能注入自定义类型的 Bean，只能注入 Java EE 提供的一些基础类。

（4）@Autowired 只能注解在字段、构造方法或者方法上；而@Resource 可以注解在字段、构造方法、方法和类上。

综上所述，@Autowired 和@Resource 注解都是用于注入 Bean 实例的注解，唯一的区别在于注入规则上的差异。为了充分利用 Spring 依赖注入机制的优势，建议在进行 Bean 注入时，要根据具体的场景和业务需求选择不同的注解进行使用，接下来通过一个示例演示 @Resource 和@Autowired 注解的使用方法，具体步骤如下。

（1）在 chapter11 项目的 com.qfedu.pojo 包中新建 User 类，该实体类用于呈现 UserDao 接口中 findAllUser()方法返回结果的 Model 层，具体代码如例 11-10 所示。

例 11-10 User.java。

```
1  @Data
2  @AllArgsConstructor
3  @NoArgsConstructor
4  public class User {
5      private Integer id;
6      private String name;
7      private Integer age;
8  }
```

（2）在 chapter11 项目的 com. qfedu. dao 包中新建 UserDao 接口，该接口用于查询所有用户，具体代码如例 11-11 所示。

例 11-11 UserDao. java。

```
1  public interface UserDao {
2    List < User > findAllUser();
3  }
```

（3）在 chapter11 项目的 com. qfedu. dao 包中新建 UserDaoImpl 类，该类用于实现 UserDao 接口中的 findAllUser()方法，具体代码如例 11-12 所示。

例 11-12 UserDaoImpl. java。

```
1   public class UserDaoImpl implements UserDao {
2     @Override
3     public List < User > findAllUser() {
4        List < User > users = new ArrayList <>();
5        User user1 = new User(1,"刘 * 君",13);
6        User user2 = new User(2,"王 * 远",14);
7        users.add(user1);
8        users.add(user2);
9        return users;
10    }
11  }
```

（4）为符合 MVC 结构设计，在 chapter11 项目的 com. qfedu. service 包中新建 UserService 接口，该接口用作业务层，具体代码如例 11-13 所示。

例 11-13 UserService. java。

```
1  public interface UserService {
2     List < User > selectAll();
3  }
```

（5）在 chapter11 项目的 com. qfedu. service. impl 包中新建 UserServiceImpl 类，该类用于实现 UserService 接口中的 selectAll()方法，具体代码如例 11-14 所示。

例 11-14 UserServiceImpl. java。

```
1   @Service
2   public class UserServiceImpl implements UserService {
3     @Resource
4     UserDao userDao;
5     public void setUserDao(UserDaoImpl userDao) {
6        this.userDao = userDao;
7     }
8     @Override
9     public List < User > selectAll() {
10       return userDao.findAllUser();
11    }
12  }
```

在例 11-14 中，第 3 行代码表示把 userDao 作为 Bean 实例注入 Spring 容器中，如果注入成功，后续编写的 test02()方法会成功输出 findAllUser()方法中返回的结果信息。

（6）在 chapter11 项目的 UserController 类中添加 test02()方法，具体代码如下所示。

```
1   @Autowired
2   UserService userService;
3   @RequestMapping("/test02")
4   @ResponseBody
5   public ModelAndView test02() {
6       ModelAndView mv = new ModelAndView();
7       mv.addObject("msg", userService.selectAll().toString());
8       mv.setViewName("/WEB-INF/index.jsp");
9       return mv;
10  }
```

上述代码中,第 1 行代码表示把 userService 作为 Bean 实例注入 Spring 容器中。

(7) 启动 Tomcat,启动成功后在浏览器地址栏中输入 http://localhost:8080/chapter11/test02。@Resource 和@Autowired 注解测试页面如图 11-6 所示。

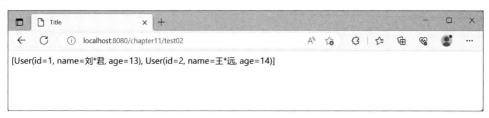

图 11-6 @Resource 和@Autowired 注解测试页面

从图 11-6 中可以看出,访问 test02()方法成功输出 User 类的数据信息,@Resource 和 @Autowired 注解均注入成功。

11.4.4 @RequestParam 注解

@RequestParam 注解用于获取请求参数的值,它可以将请求参数赋值给方法中的形参,进而完成对请求参数的处理。@RequestParam 注解的语法格式如下所示。

```
public 返回类型方法名(@RequestParam(value = "", method = "", consumes = "", produces = "",
params = "", headers = "", name = "")数据类型 形参){
```

上述语法格式中,可以根据实际场景灵活配置@RequestParam 注解中的参数属性,其参数属性介绍如下。

- value:指定请求的实际地址。
- method:指定该方法可以处理的 HTTP 请求方式,如果没有指定 method 属性值,则请求处理方法可以是任意的 HTTP 请求方式。
- consumes:指定处理请求的提交内容类型。
- produces:指定返回的内容类型,返回的内容类型必须是请求头中所包含的类型。
- params:指定请求中必须包含某些参数值,才让该方法处理。
- headers:指定请求中必须包含某些指定的 header 值,才能让该方法处理。
- name:为映射的地址指定别名。

接下来通过一个示例演示@RequestParam 注解的使用方法,具体步骤如下。

(1) 在 chapter11 项目的 UserController 类中添加 test03()方法,具体代码如下所示。

Spring MVC 基础

```
@RequestMapping("/test03")
@ResponseBody
public ModelAndView test03(@RequestParam("ID")String ID) {
    ModelAndView mv = new ModelAndView();
    mv.addObject("msg", ID);
    mv.setViewName("/WEB - INF/index.jsp");
    return mv;
}
```

（2）启动 Tomcat，启动成功后在地址栏中输入 http://localhost:8080/chapter11/
test03? ID=3，@RequestParam 注解测试页面如图 11-7 所示。

图 11-7　@RequestParam 注解测试页面

从图 11-7 中可以看出，访问 test03()方法成功输出提示信息"ID:3"，@RequestParam
注解配置成功。

11.4.5　@RequestBody 注解和@ResponseBody 注解

Spring MVC 框架中的@RequestBody 注解都是用于从 HTTP 请求中获取参数并将结
果返回给客户端，它们的语法格式如下。

```
@ResponseBody
public 返回类型 方法名(@RequestBody 实体类){
}
```

上述语法格式中，@ResponseBody 注解用于将方法返回的 Java 对象转换为 JSON、
XML 等格式的 HTTP 响应体，返回给客户端。@RequestBody 注解用于将 Java 对象序列
化为 JSON/XML 格式的 HTTP 响应消息，并将响应消息返回给客户端。

@RequestBody 和@ResponseBody 两个注解在作用上有一定的互补性。@RequestBody
主要用于接收客户端发送的请求参数，@ResponseBody 主要用于将 Java 对象序列化为 HTTP
响应体，并传递给客户端。在 Spring MVC 框架中，这两种注解需要结合具体的业务场景和需
求进行使用。

接下来通过一个示例演示@RequestBody 注解的使用方法，具体步骤如下。

（1）在 chapter11 项目的 UserController 类中添加 test04()方法，具体代码如下所示。

```
@RequestMapping("/test04")
@ResponseBody
public User test04(@RequestBody User user) {
    return user;
}
```

（2）启动 Tomcat 成功后，使用接口测试工具访问 http://localhost:8080/chapter11/
test04 请求，请求参数代码如下所示。

```
{
    "id":1,
    "name":"zhangsan",
    "age":15
}
```

（3）使用任意一款接口测试工具访问 test04()请求,@RequestBody 和@ResponseBody 注解测试页面如图 11-8 所示。

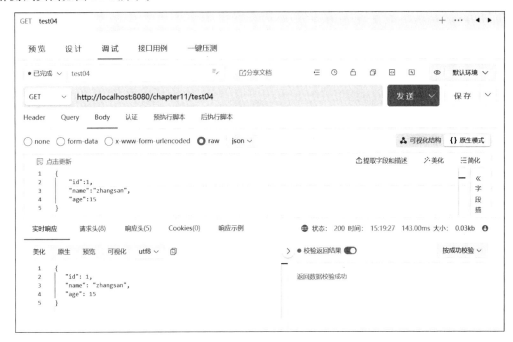

图 11-8　@RequestBody 和@ResponseBody 注解测试页面

从图 11-8 中可以看出,访问 test04()成功输出 User 类的提示信息,@RequestBody 注解配置成功。

11.4.6　@PathVariable 注解

@PathVariable 注解用于获取 URL 中的动态参数,它支持动态 URL 访问并可以将请求 URL 中的动态参数映射到功能处理方法的形参上。@PathVariable 注解的语法格式如下所示。

```
@RequestMapping(name = "/xxxx/{yyyy}", required = "", defaultValue = "", regex = "")
public 返回类型 方法名(@PathVariable("yyyy") 数据类型形参) {
```

上述语法格式中,可以根据实际场景灵活配置@PathVariable 注解中的参数属性,其参数属性介绍如下。

- name：指定路径变量的名称,默认情况下为参数名。
- required：指定路径变量是否必须存在,默认为 true。
- defaultValue：指定路径变量的默认值,当路径变量不存在时使用该值。
- regex：指定路径变量的正则表达式,用于限制路径变量的格式。

Spring MVC 基础

接下来通过一个示例演示@PathVariable 注解的使用方法,具体步骤如下。

(1) 在 chapter11 项目的 UserController 类中添加 test05()方法。具体代码如下所示。

```
@RequestMapping("/test05/{name}")
 @ResponseBody
 public ModelAndView test05(@PathVariable("name") String name) {
     ModelAndView mv = new ModelAndView();
     mv.addObject("msg", "name:" + name);
     mv.setViewName("/WEB - INF/index.jsp");
     return mv;
 }
```

(2) 启动 Tomcat 成功后在地址栏中输入 http://localhost:8080/chapter11/test05/zhangsan 请求。@PathVariable 注解测试页面如图 11-9 所示。

图 11-9 @PathVariable 注解测试页面

从图 11-9 中可以看出,访问 test05()方法成功输出提示信息"name:zhangsan",@PathVariable 注解配置成功。

11.4.7 @RequestHeader 注解

@RequestHeader 注解是 Spring MVC 框架中用于从 HTTP 请求中获取请求头参数的注解。它可以将 HTTP 请求头中的参数值自动绑定到方法的参数上,并在 Controller 方法中使用。@RequestHeader 注解的语法格式如下。

```
public 返回类型方法名(@RequestHeader(value = "", required = "", defaultValue = "")数据类型
形参)
```

上述语法格式中,据实际场景灵活配置@RequestHeader 注解中的参数属性,其参数属性介绍如下。

- value 或者 name:参数名称,用于指定请求头中的具体参数。
- required:是否必需,如果为 true,则表示必须包含该参数,否则会抛出异常。
- defaultValue:默认值,如果指定的参数不存在,则使用默认值。

接下来通过一个示例演示@RequestHeader 注解的使用方法,具体步骤如下。

(1) 在 chapter11 项目的 UserController 类中添加 test06()方法,具体代码如下所示。

```
@RequestMapping("/test06")
@ResponseBody
public ModelAndView test06(@RequestHeader(value = "Host") String host,
        @RequestHeader(value = "Connection") String connection) {
        ModelAndView mv = new ModelAndView();
        mv.addObject("msg", "host:" + host + "connection:" + connection);
        mv.setViewName("/WEB - INF/index.jsp");
        return mv;
 }
```

（2）启动 Tomcat 成功后在地址栏中输入 http://localhost:8080/chapter11/test06 请求。@RequestHeader 注解测试页面如图 11-10 所示。

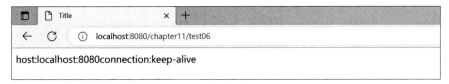

图 11-10　@RequestHeader 注解测试页面

从图 11-10 中可以看出，访问 test06（）方法成功输出提示信息"host：localhost：8080connection：keep-alive"，@RequestHeader 注解配置成功。

11.4.8　@CookieValue 注解

@CookieValue 注解是 Spring MVC 框架中用于从 HTTP 请求中获取 Cookie 参数的注解，它可以将 HTTP 请求中的 Cookie 参数自动绑定到方法的参数上，并在 Controller 方法中使用。

@CookieValue 注解的语法格式如下。

```
public 返回类型方法名(@RequestHeader(value = "",required = "",defaultValue = "")数据类型形参)
```

上述语法格式中，可以根据实际场景灵活配置@CookieValue 注解中的参数属性，其参数属性介绍如下。

- value 或者 name：参数名称，用于指定 Cookie 中的具体参数。
- required：是否必需，如果为 true，则表示必须包含该参数，否则会抛出异常。
- defaultValue：默认值，如果指定的参数不存在，则使用默认值。

接下来通过一个示例演示@CookieValue 注解的使用方法，具体步骤如下。

（1）在 chapter11 项目的 UserController 类中添加 test07（）方法，具体代码如下所示。

```
@RequestMapping("/test07")
@ResponseBody
public ModelAndView test07(@CookieValue("JSESSIONID") String cookie) {
    ModelAndView mv = new ModelAndView();
    mv.addObject("msg", "cookie:" + cookie);
    mv.setViewName("/WEB - INF/index.jsp");
    return mv;
}
```

（2）启动 Tomcat 成功后在地址栏中输入 http://localhost:8080/chapter11/test07 请求，@CookieValue 注解测试页面如图 11-11 所示。

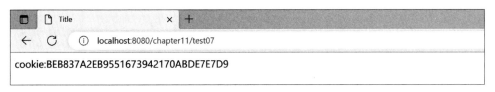

图 11-11　@CookieValue 注解测试页面

Spring MVC 基础

从图 11-11 中可以看出，访问 test07（）方法成功输出提示信息"cookie：BEB837A2EB9551673942170ABDE7E7D9"，@CookieValue 注解配置成功。

11.5 单 元 测 试

Spring MVC 框架提供了一套完整的测试框架，可以帮助开发人员测试控制器、服务层和持久层等组件的功能是否正确，该测试框架被称为单元测试。单元测试的注解包括@RunWith、@WebAppConfiguration、@ContextConfiguration、@Transactional、@Mock、@InjectMocks、@Before、@Test 和@After 等，这 9 种注解的介绍如下。

1. @RunWith 注解

@RunWith 注解用于指定测试框架类，JUnit 提供了多个运行器（Runner），每个Runner 都提供了不同的测试环境和测试处理机制。在 Spring MVC 框架中，通常使用SpringJUnit4ClassRunner 作为运行器。使用@RunWith 注解时需要在 pom.xml 中添加JUnit 框架的依赖。

2. @WebAppConfiguration 注解

@WebAppConfiguration 注解用于启用 Web 上下文，模拟 Web 环境，以获取 Servlet 相关的对象，例如 HttpServletRequest 和 HttpServletResponse 等。@WebAppConfiguration 注解通常用于测试控制器，指定一个可访问的 WebApplicationContext。

3. @ContextConfiguration 注解

@ContextConfiguration 注解用于指定 Spring 配置文件的位置，用于初始化 Spring 容器和相关的 bean。可以通过 locations 属性来指定多个 Spring 配置文件，也可以通过classes 属性来指定配置类。在 Spring MVC 框架中，通常指定 Spring MVC 配置文件和Spring 配置文件。

4. @Transactional 注解

@Transactional 注解可用于测试持久层，启用事务管理。测试方法执行完毕后会自动回滚事务，保证测试环境的原始性。

5. @Mock 注解

@Mock 注解用于模拟依赖关系，例如服务层中依赖的 DAO 对象。通过该注解可以创建一个假的对象，用于模拟实际的依赖项，并设置模拟对象的返回值。

6. @InjectMocks 注解

@InjectMocks 注解用于将模拟对象注入目标对象中，并创建目标对象的一个实例。通常用于服务层，将模拟的 DAO 对象注入服务层中。

7. @Before 注解

@Before 注解用于初始化测试方法执行前的一些资源。在测试方法执行前被执行，通常用于初始化 MockMvc 实例等。

8. @Test 注解

@Test 注解用于标记测试方法，其中包含了需要测试的代码逻辑。在测试方法中可以使用断言来判断测试是否成功。

9. @After 注解

@After 注解用于在测试方法执行完毕后释放资源。通常用于释放测试时申请的对象或关闭连接等。

接下来通过一个示例演示单元测试中常用注解的使用方法，具体步骤如下。

（1）在 chapter11 项目的 pom.xml 文件中添加单元测试的 junit 和 spring-test 依赖，主要代码如下所示。

```xml
<dependency>
    <groupId>junit</groupId>
    <artifactId>junit</artifactId>
    <version>4.12</version>
    <scope>test</scope>
</dependency>
<dependency>
    <groupId>org.springframework</groupId>
    <artifactId>spring-test</artifactId>
    <version>5.3.9</version>
    <scope>test</scope>
</dependency>
```

（2）在 chapter11 项目的 test 目录下新建 UnitTest 类，具体代码如例 11-15 所示。

例 11-15 UnitTest.java。

```java
1   @RunWith(SpringJUnit4ClassRunner.class)
2   @WebAppConfiguration
3   @ContextConfiguration(locations = {"classpath:spring-mvc.xml",
4                           "classpath:applicationContext.xml"})
5   public class UnitTest {
6       @Autowired
7       private UserService userService;
8       @Before
9       public void before() {
10          System.out.println("执行 test 方法之前的 before 方法");
11      }
12      @Test
13      public void test() {
14          System.out.println("test:" + userService.selectAll());
15      }
16      @After
17      public void after() {
18          System.out.println("执行完 test 方法之后的 after 方法");
19      }
20  }
```

在例 11-15 中，第 1 行代码的@RunWith 注解指定了测试框架为 JUnit4；第 2 行代码的@WebAppConfiguration 注解表示 UnitTest 类需启用 Web 上下文；第 3 行代码的@ContextConfiguration 注解用于指定 spring-mvc.xml 和 applicationContext.xml 配置文件的位置；第 8 行代码的@Before 注解表示在 test()方法执行之前执行的方法；第 12 行代码的@Test 注解表示 test()方法是测试方法；第 17 行代码的@After 注解表示在 test()方法执行之后执行的方法。

（3）执行 UnitTest 测试类，单元测试常用注解的执行结果如图 11-12 所示。

图 11-12　单元测试常用注解的执行结果

从图 11-12 中可以看出，使用@Before 注解的方法在使用@Test 注解的方法执行之前执行，使用@After 注解的方法在使用@Test 注解的方法执行之后执行。通过@Autowired 注解成功注入 UserService 方法，并在 test 测试方法中成功输出 UserService 的 selectAll() 方法。

Spring MVC 中的测试框架包含了丰富的注解，每个注解都有特定的作用和含义。在进行单元测试时，需要结合具体的测试场景和需求来选择合适的注解和测试框架，以保证测试的准确性和实用性。

11.6　本 章 小 结

本章主要讲解了 Spring MVC 基础的内容，包括 Spring MVC 简介、搭建 Spring MVC 环境、Spring MVC 工作流程、Spring MVC 常用注解和单元测试。通过对本章内容的学习，读者可以更好地掌握 Spring MVC 的基础知识，从而为学习 Spring MVC 的进阶和高级知识打下坚实的基础。

11.7　习　　　题

一、填空题

1. Spring MVC 提供的＿＿＿＿注解用于处理请求地址映射。

2. Spring MVC 提供的＿＿＿＿注解可以将请求参数赋值给方法中的形参。

3. Spring MVC 提供的＿＿＿＿注解用于获取 URL 中的动态参数。

4. Spring MVC 提供的＿＿＿＿注解用于获取 Cookie 数据。

5. Spring MVC 提供的＿＿＿＿注解用于获取请求头中的数据。

二、选择题

1. 下列关于 Spring MVC 的功能组件描述错误的是（　　）。

　　A. 前端控制器负责拦截客户端请求并分发给其他组件

　　B. 处理器适配器负责根据客户端请求的 URL 寻找处理器

　　C. 处理器负责对客户端的请求进行处理

　　D. 视图解析器负责视图解析，它可以将处理结果生成 View 视图

2. 下列关于 Spring MVC 的工作流程的描述错误的是（　　）。

　　A. 客户端发出 HTTP 请求，请求将首先由 DispatchserServlet 处理

B. DispatchserServlet 接收到请求后，通过相应 HandlerAdapter 解析出目标 Handler

C. DispatcherServlet 通过 ViewResolver 完成逻辑视图名到真实 View 对象的解析

D. DispatcherServlet 将最终的 View 对象响应给客户端并展示给用户

3. 在 ModelAndView 类提供的 API 中，用于设置视图名称的是（　　）。

A. setView()　　　　　　　　　　　　B. hasView()

C. setViewName()　　　　　　　　　　D. addObject()

4. 下列选项中，可以充当处理器映射器的是（　　）。

A. HandlerMapping　　　　　　　　　B. Handler

C. HandlerAdapter　　　　　　　　　D. ViewResolver

5. 在 @RequestMapping 注解提供的属性中，用于指定 HTTP 请求处理方式的是（　　）。

A. value　　　　　B. method　　　　C. consumes　　　　D. params

三、简答题

1. 请简述 Spring MVC 的工作流程。

2. 请简述 Spring MVC 的常用注解。

四、操作题

请编写一个登录页面和一个欢迎页面，登录页面与欢迎页面的效果如图 11-13 所示。

按以下要求实现本题：

（1）当用户在登录页面登录成功后，页面会跳转到欢迎页面。

（2）使用 Spring MVC 框架完成后台业务。

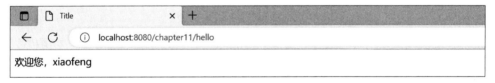

图 11-13　欢迎页面

第 12 章 全局异常处理器和拦截器

学习目标

视频讲解

- 了解全局异常处理器的概念,能够描述全局异常处理器的功能和特点。
- 了解拦截器的原理,能够描述拦截器的功能和基本概念。
- 掌握异常处理器的应用,能够在项目中灵活使用异常处理器。
- 掌握拦截器的应用,能够在项目中灵活使用拦截器。

异常处理和拦截器是 Web 开发中常见的技术。Web 应用中可能会出现各种异常,如文件访问异常、数据库访问异常、网络连接异常等,这些异常可能会影响 Web 应用的正常运行。如果不进行异常处理,程序可能会执行错误的操作或者直接崩溃。而拦截器可以用于控制用户访问权限、日志记录、页面跳转等,能够有效地优化 Web 应用的性能和安全性。本章将对全局异常处理器和拦截器进行详细讲解。

12.1 全局异常处理器

全局异常处理器是一种处理异常的工具,用于捕获并处理整个应用程序范围内未经处理的异常。它具有统一异常处理、统一错误页面和方便调试的特点。在面对大型的、高访问量的 Web 应用程序时,全局异常处理器可以有效防止用户体验下降,及时发出问题提示。本节将对全局异常处理器的 HandlerExceptionResolver 接口、@ExceptionHandler 注解和@ControllerAdvice 注解进行讲解。

12.1.1 HandlerExceptionResolver 接口

HandlerExceptionResolver 是 Spring MVC 框架中的一个接口,它用于处理发生在控制层之外的异常,同时,可以将异常解析为统一的视图,方便开发人员对异常进行统一处理,从而提高系统的可靠性和稳定性。

HandlerExceptionResolver 接口内部有一个 resolveException()方法,提供了对异常进行解析的操作,该方法的参数说明如表 12-1 所示。

表 12-1 方法参数

参 数 名 称	说　　明	参 数 名 称	说　　明
HttpServletRequest	请求对象	Object	参数信息
HttpServletResponse	响应对象	Exception	异常信息对象

接下来通过一个程序发生异常时会跳转到统一页面的示例来演示全局异常处理器的实现代码,具体步骤如下。

(1) 创建一个名为 chapter12 的 Maven 项目,然后将项目需要的 spring、jstl 和 jsp 等依赖添加到项目的 pom. xml 文件中,主要代码如例 12-1 所示。

例 12-1 pom. xml。

```
1  < dependencies >
2  <!-- spring -->
3  < dependency >
4  < groupId > org. springframework </groupId >
5  < artifactId > spring - context </artifactId >
6  < version > $ {spring. version}</version >
7  </dependency >
8  < dependency >
9  < groupId > org. springframework </groupId >
10 < artifactId > spring - beans </artifactId >
11 < version > $ {spring. version}</version >
12 </dependency >
13 < dependency >
14 < groupId > org. springframework </groupId >
15 < artifactId > spring - webmvc </artifactId >
16 < version > $ {spring. version}</version >
17 </dependency >
18 < dependency >
19 < groupId > org. springframework </groupId >
20 < artifactId > spring - context - support </artifactId >
21 < version > $ {spring. version}</version >
22 </dependency >
23 <!-- JSP 相关 -->
24 < dependency >
25 < groupId > javax. servlet </groupId >
26 < artifactId > jstl </artifactId >
27 < version > $ {jstl. version}</version >
28 </dependency >
29 < dependency >
30 < groupId > javax. servlet </groupId >
31 < artifactId > jsp - api </artifactId >
32 < scope > provided </scope >
33 < version > $ {jsp - api. version}</version >
34 </dependency >
35 < dependency >
36 < groupId > javax. servlet. jsp. jstl </groupId >
37 < artifactId > jstl - api </artifactId >
38 < version > 1. 2 </version >
39 </dependency >
40 </dependencies >
```

(2) 在 chapter12 项目的 src 目录下创建 com. qfedu. config 包和 com. qfedu. controller 包,然后在 com. qfedu. config 包中新建 SpringExceptionResolver 类用于抛出异常原因和异常信息,具体代码如例 12-2 所示。

全局异常处理器和拦截器

例 12-2 SpringExceptionResolver.java。

```
1   @Component
2   public class SpringExceptionResolver implements
3   HandlerExceptionResolver {
4       @Override
5       public ModelAndView resolveException(HttpServletRequest
6   httpServletRequest, HttpServletResponse httpServletResponse, Object o,
7   Exception e) {
8           ModelAndView mv = new ModelAndView();
9           mv.setViewName("error");
10          mv.addObject("errorMsg", "异常原因:" + e.getMessage());
11          return mv;
12      }
13  }
```

（3）在 chapter12 项目的 com.qfedu.controller 包中新建 ExceptionController 类,该类用于测试自定义异常处理器 SpringExceptionResolver 的功能,具体代码如例 12-3 所示。

例 12-3 ExceptionController.java。

```
1   @Controller
2   public class ExceptionController {
3       @RequestMapping("/test01")
4       @ResponseBody
5       public String firstController(){
6           int a = 1/0;
7           return "success";
8       }
9   }
```

在例 12-3 中,第 6 行代码使用"1/0"数学运算使程序发生 ArithmeticException 异常,从而跳转到统一异常错误处理页面。

（4）在 chapter12 项目的 WEB-INF 目录下新建 views 文件夹,然后在该文件夹中创建 error.jsp 文件,用于显示统一异常错误处理页面,具体代码如例 12-4 所示。

例 12-4 error.jsp。

```
1   <%@ page contentType = "text/html;charset = UTF - 8" language = "java" %>
2   <html>
3   <head>
4       <title>Title</title>
5   </head>
6   <body>
7   <h1>异常统一处理页面</h1>
8   <h2>${errorMsg}</h2>
9   </body>
10  </html>
```

（5）在 chapter12 项目的 resources 目录下新建 springmvc.xml 文件,用于配置 Spring MVC 容器的注解驱动、静态资源、视图解析器等功能,具体代码如例 12-5 所示。

例 12-5 springmvc.xml。

```
1   <?xml version = '1.0' encoding = 'UTF - 8'?>
2   <beans xmlns = "http://www.springframework.org/schema/beans"
```

```
3      xmlns:xsi = "http://www.w3.org/2001/XMLSchema - instance"
4      xmlns:context = "http://www.springframework.org/schema/context"
5      xmlns:mvc = "http://www.springframework.org/schema/mvc"
6      xsi:schemaLocation = "http://www.springframework.org/schema/beans
7      http://www.springframework.org/schema/beans/spring - beans.xsd
8      http://www.springframework.org/schema/context
9      http://www.springframework.org/schema/context/spring - context.xsd
10     http://www.springframework.org/schema/mvc
11     http://www.springframework.org/schema/mvc/spring - mvc.xsd">
12     <!-- 配置 spring 包扫描 -->
13     < context:component - scan
14       base - package = "com.qfedu. * "></context:component - scan >
15     <!-- 注册 MVC 注解驱动 -->
16     < mvc:annotation - driven />
17     <!-- 静态资源可访问 -->
18     < mvc:default - servlet - handler />
19     <!-- 配置视图解析器 -->
20     < bean id = "viewResolver" class = "org.springframework.web.servlet.
21       view.InternalResourceViewResolver">
22         < property name = "prefix" value = "/WEB - INF/views/"></property>
23         < property name = "suffix" value = ".jsp"></property>
24     </bean >
25 </beans >
```

在例 12-5 中，第 13 行和第 14 行代码用于配置 Spring 包的扫描路径；第 16 行代码用于注册 MVC 注解驱动；第 18 行代码用于设置可访问静态资源；第 20～24 行代码用于配置视图解析器。

（6）在 chapter12 项目的 WEB-INF/web.xml 文件中配置 dispatcherServlet、contextConfigLocation 和 dispatcherServlet 等内容，具体代码如例 12-6 所示。

例 12-6　web.xml。

```
1  <?xml version = "1.0" encoding = "UTF - 8"?>
2  < web - app xmlns:xsi = "http://www.w3.org/2001/XMLSchema - instance"
3  xmlns = "http://xmlns.jcp.org/xml/ns/Java EE"
4  xsi:schemaLocation = "http://xmlns.jcp.org/xml/ns/Java EE
5  http://xmlns.jcp.org/xml/ns/Java EE/web - app_3_1.xsd" version = "3.1">
6      <!-- 配置 DispatcherServlet -->
7      < servlet >
8          < servlet - name > dispatcherServlet </servlet - name >
9          < servlet - class > org.springframework.web.servlet
10             .DispatcherServlet </servlet - class >
11         < init - param >
12             < param - name > contextConfigLocation </param - name >
13             < param - value > classpath:springmvc.xml </param - value >
14         </init - param >
15         < load - on - startup > 1 </load - on - startup >
16     </servlet >
17 <!-- 配置 dispatcherServlet 的映射路径为 / 包含全部的 servlet, JSP 除外 -->
18     < servlet - mapping >
19         < servlet - name > dispatcherServlet </servlet - name >
20         < url - pattern >/</url - pattern >
21     </servlet - mapping >
```

全局异常处理器和拦截器

```
22        < welcome - file - list >
23            < welcome - file > error. jsp </welcome - file >
24        </welcome - file - list >
25    </web - app >
```

（7）启动 Tomcat 成功后，在浏览器地址栏中输入 http://localhost:8080/chapter12/
test01 请求。HandlerExceptionResolver 接口实现异常统一处理页面如图 12-1 所示。

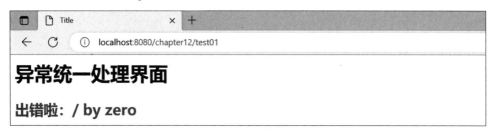

图 12-1　HandlerExceptionResolver 接口实现异常统一处理页面

从图 12-1 中可以看出，test01 请求遇到程序异常时自动跳转到异常统一处理页面并输
出设置的错误信息"出错啦：/by zero"。

12.1.2　@ExceptionHandler 注解

@ExceptionHandler 注解用在控制器内，进行异常处理的方法必须与出错的方法在同
一个 Controller 中。接下来使用@ExceptionHandler 注解实现程序发生异常后跳转到统一
页面的功能，具体步骤如下。

（1）在 chapter12 项目的 com. qfedu. controller 包中新建 ExceptionHandlerController
类。具体代码如例 12-7 所示。

例 12-7　ExceptionHandlerController. java。

```
1   @Controller
2   public class ExceptionHandlerController {
3       @ExceptionHandler({Exception.class})
4       public String exception(Exception e, Model model){
5           model.addAttribute("errorMsg",e.getMessage());
6           return "error";
7       }
8       @RequestMapping("/test02")
9       public void handler(){
10          throw new RuntimeException("测试异常处理");
11      }
12  }
```

在例 12-7 中，第 10 行代码用于抛出一个运行时异常，当访问/test02 请求时，通过第 3
行代码的@ExceptionHandler 注解可以使程序异常后跳转到 error 页面。

（2）启动 Tomcat 成功后，在浏览器地址栏中输入 http://localhost:8080/chapter12/
test02 请求。@ExceptionHandler 注解实现异常统一处理页面如图 12-2 所示。

从图 12-2 中可以看出，test02 请求遇到程序异常跳转到异常统一处理页面并输出设置
的错误信息"测试异常处理"。

图 12-2　@ExceptionHandler 注解实现异常统一处理页面

12.1.3 @ControllerAdvice 注解

@ExceptionHandler 注解需要进行异常处理的方法必须与出错的方法在同一个 Controller 中,而@ControllerAdvice 注解则完美地解决了这一问题,并且使用@ControllerAdvice 注解有以下优势。

* 可以捕获所有在 Controller 中抛出的异常,无须在每个方法中单独处理异常。
* 可以根据需要对异常进行分类和处理,提高处理效率。
* 对于多个 Controller 中相同的异常处理逻辑,@ControllerAdvice 注解可以将它们统一处理,避免了代码的重复。
* 可以定制化错误响应格式,使得错误信息更加清晰和易读。

接下来使用@ControllerAdvice 注解实现程序发生异常后跳转到统一页面的功能,具体步骤如下。

(1) 在 chapter12 项目的 com. qfedu. config 包中新建 GlobalExceptionHandler 类,具体代码如例 12-8 所示。

例 12-8　GlobalExceptionHandler. java。

```
1  @ControllerAdvice
2  public class GlobalExceptionHandler {
3      @ExceptionHandler({Exception.class})
4      public ModelAndView handleEx(Exception e) {
5          ModelAndView mv = new ModelAndView();
6          mv.setViewName("error");
7          mv.addObject("errorMsg", "出错啦:" + e.getMessage());
8          return mv;
9      }
10 }
```

在例 12-8 中,首先 GlobalExceptionHandler 类被@ControllerAdvice 注解修饰,该类包含了一个被@ExceptionHandler 注解修饰的 handleEx()方法,用于捕获所有类型的异常,并返回一个 ModelAndView 对象。

(2) 在 chapter12 项目的 com. qfedu. controller 包中新建 AdviceController 类,用于抛出运行时异常,具体代码如例 12-9 所示。

例 12-9　AdviceController. java。

```
1  @Controller
2  public class AdviceController {
3      @RequestMapping("/test03")
4      public void handler(){
```

```
5              throw new RuntimeException("测试注解异常处理");
6        }
7 }
```

在例12-9中,第5行代码抛出一个运行时异常,会被@ControllerAdvice注解修饰的GlobalExceptionHandler类统一处理异常并输出"测试注解异常处理"信息。

(3)启动 Tomcat 成功后,在浏览器地址栏中输入 http://localhost:8080/chapter12/test03 请求。@ControllerAdvice 注解实现异常统一处理页面如图 12-3 所示。

图 12-3   @ControllerAdvice 注解实现异常统一处理页面

从图12-3中可以看出,test03 请求遇到程序异常跳转到异常统一处理页面并输出设置的错误信息"出错啦:测试注解异常处理"。

12.2   拦   截   器

Spring MVC 框架中的拦截器能够提高代码的可扩展性、可维护性和可读性,同时也避免了重复的开发工作,使代码更加优雅和高效。本章将对拦截器中重要的两个接口:HandlerInterceptor 接口和 WebRequestInterceptor 接口进行详细讲解。

12.2.1   HandlerInterceptor 接口

通过实现 HandlerInterceptor 接口可以在 Spring MVC 中定义一个拦截器,HandlerInterceptor 接口中定义了3个方法,详细说明如表12-2所示。

表 12-2   HandlerInterceptor 接口的方法

方 法 名 称	返回值	说 明
preHandle(HttpServletRequest request, HttpServletResponse response, Object handle)	boolean	该方法将在请求处理之前进行调用,只有该方法返回 true,才会继续执行后续的 Interceptor 和 Controller,当返回值为 true 时就会继续调用下一个 Interceptor 的 preHandle()方法,如果已经是最后一个 Interceptor 时就会调用当前请求的 Controller 层方法
postHandle (HttpServletRequest request, HttpServletResponse response, Object handle, ModelAndView modelAndView)	void	该方法将在请求处理之后,DispatcherServlet 进行视图返回渲染之前进行调用,可以在这个方法中对 Controller 层处理之后的 ModelAndView 对象进行操作
afterCompletion(HttpServletRequest request, HttpServletResponse response, Object handle, Exception ex)	void	该方法也是需要当前对应的 Interceptor 的 preHandle()方法的返回值为 true 时才会执行,该方法将在整个请求结束之后,也就是在 DispatcherServlet 渲染了对应的视图之后执行

接下来通过一个示例演示使用 HandlerInterceptor 接口实现拦截器的功能,具体步骤如下。

（1）在 chapter12 项目的 com. qfedu. config 包中新建 MyInterceptor 类,具体代码如例 12-10 所示。

例 12-10 MyInterceptor. java。

```
1   public class MyInterceptor implements HandlerInterceptor {
2       @Override
3       public boolean preHandle(HttpServletRequest request,
4       HttpServletResponse response, Object handler) throws Exception {
5           System.out.println("preHandle()方法 ------»预处理");
6           return true;
7       }
8       @Override
9       public void postHandle(HttpServletRequest request,
10      HttpServletResponse response, Object handler, ModelAndView
11      modelAndView) throws Exception {
12          System.out.println("postHandle()方法 ------ 后处理");
13      }
14      @Override
15      public void afterCompletion(HttpServletRequest request,
16      HttpServletResponse response, Object handler, Exception ex)
17      throws Exception {
18          System.out.println("afterCompletion()方法 ------ 请求结束");
19      }
20  }
```

在例 12-10 中,第 6 行代码返回了一个布尔类型的值 true,表示程序会继续执行后面的请求,如果返回的值为 false,则程序会被拦截,不会继续执行后面的请求。

（2）在 chapter12 项目的 spring-mvc. xml 配置文件中注册 Interceptor,具体代码如下所示。

```
<!-- 配置拦截器 -->
< mvc:interceptors >
< mvc:interceptor >
<!-- 拦截所有 -->
< mvc:mapping path = "/ ** "/>
<!-- 不进行拦截 -->
< mvc:exclude - mapping path = "/ * .jsp"/>
< bean class = "com.qfedu.config.MyInterceptor"></bean >
</mvc:interceptor >
</mvc:interceptors >
```

（3）在 chapter12 项目的 com. qfedu. controller 包中新建 MyController 类,该类用于验证访问接口请求是否会先触发拦截器,具体代码如例 12-11 所示。

例 12-11 MyController. java。

```
1   @Controller
2   public class MyController {
3       @RequestMapping("/test04")
4       public void handler(){
5   System.out.println("HelloController 层 handler()方法的是否进入拦截器");
6       }
7   }
```

（4）启动 Tomcat 成功后，在浏览器地址栏中输入 http://localhost:8080/chapter12/test04 请求。HandlerInterceptor 接口在控制台中输出的信息如图 12-4 所示。

图 12-4　HandlerInterceptor 接口在控制台中输出的信息

从图 12-4 中可以看出，HandlerInterceptor 会根据注册的拦截器的顺序依次执行。test04 请求中的方法在 preHandle()方法之后执行，在 postHandle()方法之前执行，最后执行的是 afterCompletion()方法。

12.2.2　WebRequestInterceptor 接口

WebRequestInterceptor 接口中也定义了 3 个方法，同 HandlerInterceptor 接口的用法相似，它也是通过复写这 3 个方法来对用户的请求进行拦截处理的，不同的是 WebRequestInterceptor 接口中的 preHandle()方法没有返回值，而且 WebRequestInterceptor 的 3 个方法的参数都是 WebRequest。WebRequest 是 Spring 中定义的一个接口，该接口中的方法定义与 HttpServletRequest 接口中的类似，在 WebRequestInterceptor 接口中对 WebRequest 进行的所有操作都将同步到 HttpServletRequest 中，然后在当前请求中依次传递。WebRequestInterceptor 接口内部的 3 个方法详细说明如表 12-3 所示。

表 12-3　WebRequestInterceptor 接口的方法

方　法　名　称	说　　　明
void preHandle(WebRequest request)	该方法在请求处理之前进行调用，即在 Controller 中的方法调用之前被调用
void postHandle(WebRequest request, ModelMap model)	该方法在请求处理之后，即在 Controller 中的方法调用之后被调用，但是会在视图返回被渲染之前被调用
void afterCompletion(WebRequest request, Exception ex)	该方法会在整个请求处理完成，即在视图返回并被渲染之后执行

接下来通过一个示例演示使用 WebRequestInterceptor 接口实现拦截器的功能，具体步骤如下。

（1）在 chapter12 项目的 com.qfedu.config 包中新建 MyWebRequestInterceptor 类，该类和例 12-10 的 MyInterceptor 类的功能和用法相似，具体代码如例 12-12 所示。

例 12-12　MyWebRequestInterceptor.java。

```
1  public class MyWebRequestInterceptor implements WebRequestInterceptor {
2      @Override
3      public void preHandle(WebRequest webRequest) throws Exception {
4          System.out.println("preHandle()方法------»预处理");
5      }
6      @Override
7      public void postHandle(WebRequest webRequest, ModelMap modelMap)
```

```
8          throws Exception {
9              System.out.println("postHandle()方法------ 后处理");
10         }
11         @Override
12         public void afterCompletion(WebRequest webRequest, Exception e)
13         throws Exception {
14             System.out.println("afterCompletion()方法------ 请求结束");
15         }
16    }
```

在例 12-12 中,第 2～5 行代码实现了拦截器预处理的 preHandle()方法;第 6～10 行代码是拦截器执行完 preHandle()方法后,需要执行的 postHandle()方法;第 11～15 行代码是拦截器结束后执行的 afterCompletion()方法。

（2）在 chapter12 项目的 springmvc. xml 配置文件中把拦截器映射更换为 MyWebRequestInterceptor 类,具体代码如下所示。

```
1    <!-- 配置拦截器 -->
2    < mvc:interceptors >
3    < mvc:interceptor >
4    <!-- 拦截所有 -->
5    < mvc:mapping path = "/**"/>
6    <!-- 不进行拦截 -->
7    < mvc:exclude - mapping path = "/*.jsp"/>
8    < bean class = "com.qfedu.config.MyWebRequestInterceptor"></bean>
9    </mvc:interceptor >
10   </mvc:interceptors >
```

（3）启动 Tomcat 成功后,在浏览器地址栏中输入 http://localhost:8080/chapter12/ test04 请求。WebRequestInterceptor 接口在控制台中输出的信息如图 12-5 所示。

图 12-5　WebRequestInterceptor 接口在控制台中输出的信息

从图 12-5 中可以看出,WebRequestInterceptor 会根据注册的拦截器的顺序依次执行。test04 请求中的方法在 preHandle()方法之后执行,在 postHandle()方法之前执行,最后执行的是 afterCompletion()方法。

12.2.3　拦截器登录控制

通过使用拦截器实现登录的拦截控制,如果当前处于未登录状态就跳转到登录页面,如果已经登录就可以继续访问资源,具体步骤如下。

1. 创建库表

在 MySQL 中创建数据库 chapter12 和数据表 t_user,并新增一条数据,用户名为 qianfeng,密码为 qf6666,对应的 SQL 语句如下所示。

```
DROP DATABASE IF EXISTS chapter12;
CREATE DATABASE chapter12;
use chapter12;
create table t_user(
id int primary key auto_increment,
username varchar(20),password varchar(30));
insert into t_user(username,password) values('qianfeng','qf6666');
```

2. 创建配置文件

(1) 使用 IDEA 创建名为 chapter12 的 Maven 项目,在 pom. xml 中添加 jsp、jstl 和 spring-webmvc 等依赖,主要代码如下所示。

```xml
<dependency>
    <groupId>javax.servlet.jsp</groupId>
    <artifactId>jsp-api</artifactId>
    <version>2.0</version>
    <scope>provided</scope>
</dependency>
<dependency>
    <groupId>jstl</groupId>
    <artifactId>jstl</artifactId>
    <version>1.2</version>
</dependency>
<dependency>
    <groupId>org.springframework</groupId>
    <artifactId>spring-webmvc</artifactId>
    <version>${spring.version}</version>
</dependency>
```

(2) 在 resources 目录下新建名为 jdbc. properties 的配置文件,具体代码如下所示。

```
jdbc.driverClass = com.mysql.jdbc.Driver
jdbc.jdbcUrl = jdbc:mysql://localhost:3306/chapter12
jdbc.user = root
jdbc.password = root
```

需要注意的是,上述配置文件中的 user 和 password 设置为自己数据库的账号和密码。

(3) 在 resources 目录下创建配置文件 application. xml,并完成 Spring 的标签配置,具体代码如例 12-13 所示。

例 12-13 application. xml。

```xml
1  <?xml version = "1.0" encoding = "UTF-8"?>
2  <beans xmlns = "http://www.springframework.org/schema/beans"
3      xmlns:xsi = "http://www.w3.org/2001/XMLSchema-instance"
4      xmlns:context = "http://www.springframework.org/schema/context"
5      xmlns:aop = "http://www.springframework.org/schema/aop"
6      xmlns:tx = "http://www.springframework.org/schema/tx"
7      xsi:schemaLocation = "http://www.springframework.org/schema/beans
8          http://www.springframework.org/schema/beans/spring-beans.xsd
9          http://www.springframework.org/schema/context
10         http://www.springframework.org/schema/context/spring-context.xsd
11         http://www.springframework.org/schema/aop
12         http://www.springframework.org/schema/aop/spring-aop.xsd
13         http://www.springframework.org/schema/tx
```

```
14                    http://www.springframework.org/schema/tx/spring-tx.xsd">
15  <!-- 引入外部 properties 文件 -->
16  <context:property-placeholder location = "classpath:jdbc.properties"/>
17  <!-- 注册数据源 -->
18  <bean name = "dataSource"
19        class = "com.mchange.v2.c3p0.ComboPooledDataSource">
20      <property name = "driverClass" value = "${jdbc.driverClass}"/>
21      <property name = "jdbcUrl" value = "${jdbc.jdbcUrl}"/>
22      <property name = "user" value = "${jdbc.user}"/>
23      <property name = "password" value = "${jdbc.password}"/>
24  </bean>
25  <!-- 注册 JdbcTemplate 类 -->
26  <bean name = "jdbcTemplate"
27        class = "org.springframework.jdbc.core.JdbcTemplate">
28      <property name = "dataSource" ref = "dataSource"/>
29  </bean>
30    <bean name = "userDao" class = "com.qfedu.dao.impl.UserDaoImpl">
31      <property name = "jdbcTemplate" ref = "jdbcTemplate"></property>
32    </bean>
33    <bean name = "accountService"
34        class = "com.qfedu.service.impl.UserServiceImpl">
35      <property name = "userDao" ref = "userDao"></property>
36    </bean>
37  </beans>
```

（4）在 web.xml 文件中设置 Spring 加载的配置文件和 Spring MVC 的前端控制器,具体代码如例 12-14 所示。

例 12-14　web.xml。

```
1   <?xml version = "1.0" encoding = "UTF-8"?>
2   <web-app xmlns:xsi = "http://www.w3.org/2001/XMLSchema-instance"
3   xmlns = "http://java.sun.com/xml/ns/javaee"
4   xsi:schemaLocation = "http://java.sun.com/xml/ns/javaee
5   http://java.sun.com/xml/ns/javaee/web-app_2_5.xsd" version = "2.5">
6   <display-name>chapter13</display-name>
7       <context-param>
8           <param-name>contextConfigLocation</param-name>
9           <param-value>classpath:application.xml</param-value>
10      </context-param>
11      <listener>
12          <listener-class>org.springframework.web.context
13                          .ContextLoaderListener</listener-class>
14      </listener>
15    <servlet>
16        <servlet-name>springMVC</servlet-name>
17        <servlet-class>org.springframework.web.servlet.DispatcherServlet
18        </servlet-class>
19        <init-param>
20            <param-name>contextConfigLocation</param-name>
21            <param-value>/WEB-INF/springMVC-config.xml</param-value>
22        </init-param>
23        <load-on-startup>1</load-on-startup>
24    </servlet>
```

```
25    <!-- 访问 DispatcherServlet 对应的路径 -->
26    < servlet - mapping >
27        < servlet - name > springMVC </ servlet - name >
28        < url - pattern >/</ url - pattern >
29    </ servlet - mapping >
30    < welcome - file - list >
31        < welcome - file > login. jsp </ welcome - file >
32    </ welcome - file - list >
33    </ web - app >
```

例 12-13 和例 12-14 中的配置内容无新增知识点,此处不再赘述。

3. 创建 POJO 类

在 src 目录下创建 com. qfedu. pojo 包,并在该包中新建 User 类,具体代码如例 12-15 所示。

例 12-15 User. java。

```
1    public class User {
2    private int id;
3    private String username;
4    private String password;
5    public int getId() {
6        return id;
7    }
8    public void setId( int id) {
9        this. id = id;
10   }
11   public String getUsername() {
12       return username;
13   }
14   public void setUsername(String username) {
15       this. username = username;
16   }
17   public String getPassword() {
18       return password;
19   }
20   public void setPassword(String password) {
21       this. password = password;
22   }
23   }
```

4. 创建 DAO 层的接口

在 src 目录下创建 com. qfedu. dao 包,并在该包中新建 UserDao 接口,用于定义操作数据库的方法,具体代码如例 12-16 所示。

例 12-16 UserDao. java。

```
1    import com. qfedu. pojo. User;
2    public interface UserDao {
3        User login(String username, String password);
4    }
```

5. 创建 DAO 层的接口实现类

在 src 目录下创建 com. qfedu. dao. impl 包,并在该包中新建 UserDaoImpl 类,用于执

行 SQL 语句,此处通过 Spring JDBC 实现对数据库的操作,具体代码例 12-17 所示。

例 12-17 UserDaoImpl.java。

```
1   public class UserDaoImpl implements UserDao {
2       private JdbcTemplate jdbcTemplate;
3       public void setJdbcTemplate(JdbcTemplate jdbcTemplate) {
4           this.jdbcTemplate = jdbcTemplate;
5       }
6       @Override
7       public User login(String username, String password) {
8           return jdbcTemplate.queryForObject(
9                   "select * from t_user where username = ? and password = ?"
10                  , new Object[]{username, password}
11                  , new BeanPropertyRowMapper <>(User.class));
12      }
13  }
```

6. 创建 Service 层的接口

在 src 目录下创建 com.qfedu.service 包,并在该包中新建 UserService 接口,用于定义业务逻辑层的接口层,方便统一风格约束,具体代码如例 12-18 所示。

例 12-18 UserService.java。

```
1   import com.qfedu.pojo.User;
2   public interface UserService {
3       User login(String username,String password);
4   }
```

7. 创建 Service 层的接口的实现类

在 src 目录下创建 com.qfedu.service.impl 包,并在该包中新建 UserServiceImpl 类,用于实现 UserService 接口中的方法,具体代码如例 12-19 所示。

例 12-19 UserServiceImpl.java。

```
1   public class UserServiceImpl implements UserService {
2       private UserDao userDao;
3       public UserDao getUserDao() {
4           return userDao;
5       }
6       public void setUserDao(UserDao userDao) {
7           this.userDao = userDao;
8       }
9       @Override
10      public User login(String username, String password) {
11          User user = userDao.login(username, password);
12          if (user != null) {
13              if (user.getPassword().equals(password)) {
14                  return user;
15              }
16          }
17          return null;
18      }
19  }
```

全局异常处理器和拦截器

8. 创建实现用户登录的控制器

在 src 目录下创建 com. qfedu. controller 包,并在该包中新建 UserController 类,用于用户登录功能接口的开发,具体代码如例 12-20 所示。

例 12-20 UserController. java。

```
1   @Controller
2   public class UserController {
3       @Autowired
4       private UserService userService;
5       @RequestMapping("/userlogin")
6       public String login(String username, String password, HttpSession
7       session) {
8           User user = userService. login(username, password);
9           if(user!= null) {
10          session. setAttribute("user", user);
11              return "index";
12          }else {
13              return "login";
14          }
15      }
16  }
```

9. 创建登录拦截器

在 src 目录下创建 com. qfedu. config 包,并在该包中新建 LoginInterceptor 类,实现拦截器接口,并在方法内部实现未登录状态的拦截处理,具体代码如例 12-21 所示。

例 12-21 LoginInterceptor. java。

```
1   public class LoginInterceptor implements HandlerInterceptor {
2       //需要放行的资源信息
3       private String[] urls = {"login. jsp", "userLogin"};
4       @Override
5       public boolean preHandle(HttpServletRequest request,
6       HttpServletResponse response, Object handler) throws Exception {
7           String url = request. getRequestURI();
8           if (checkURL(url)) {
9               //放行
10              return true;
11          } else {
12              HttpSession session = request. getSession();
13              if (session. getAttribute("user") == null) {
14              request. getRequestDispatcher("login. jsp"). forward(request,
15              response);
16                  return true;
17              } else {
18                  return true;
19              }
20          }
21      }
22      @Override
23      public void postHandle(HttpServletRequest request
24          , HttpServletResponse response, Object handler
25          , ModelAndView modelAndView) throws Exception {}
```

```
26        @Override
27        public void afterCompletion(HttpServletRequest request
28                , HttpServletResponse response
29                , Object handler, Exception ex)
30                throws Exception {}
31        private boolean checkURL(String url) {
32            boolean res = false;
33            for (String u : urls) {
34                if (url.indexOf(u) > - 1) {
35                    res = true;
36                    break;
37                }
38            }
39            return res;
40        }
41 }
```

上述代码中,定义了一个 checkURL()方法对当前请求的 url 进行验证,查看是否需要进行未登录拦截处理。

10. 创建登录页面

在 resources 目录下创建 views 文件夹,并在该文件夹下创建 login.jsp 页面,通过表单标签实现用户登录数据交互,主要代码如例 12-22 所示。

例 12-22 login.jsp。

```
1   < html >
2   < head >
3   < meta http - equiv = "Content - Type" content = "text/html; charset = UTF - 8">
4   < title >欢迎登录</title>
5   </head>
6   < body >
7   < form action = "userlogin" method = "post">
8   < label >用户名:</label>< input name = "username"><br/>
9   < label >密码:</label>< input name = "password" type = "password"><br/>
10  < input type = "submit" value = "登录">
11  </form>
12  </body>
13  </html>
```

11. 创建登录成功之后的跳转页面

在 views 包下新建 index.jsp,通过跳转到此页面来验证是否登录成功,主要代码如例 12-23 所示。

例 12-23 index.jsp。

```
1   < html >
2   < head >
3   < meta http - equiv = "Content - Type" content = "text/html; charset = UTF - 8">
4   < title >主页</title>
5   </head>
6   < body >
7   < h1 >欢迎: $ {user.username} 登录本系统</h1>
8   </body>
9   </html>
```

全局异常处理器和拦截器

完成上述步骤后在浏览器中进行验证,未登录状态下直接访问其他 JSP 页面或控制器时,页面会自动跳转到登录页面,可以看出登录拦截器已生效,登录页面如图 12-6 所示。

图 12-6　登录页面

输入正确的用户名和密码,然后单击"登录"按钮,登录成功即可进入主页,如图 12-7 所示,如果登录失败则继续停留在登录页面。

图 12-7　登录成功的主页

12.3　拦 截 器 链

在日常开发中可能会遇到多个拦截器在一起发生作用,比如未登录拦截、编码格式转换等,这个时候 Spring MVC 就需要配置多个拦截器,而这些拦截器就组成了拦截器链。拦截器链中拦截器起作用的顺序即为在配置文件中声明的先后顺序,一定要注意顺序关系,否则可能会引起拦截器无效。

接下来通过编写两个拦截器来演示多个拦截器一起作用时的效果,具体步骤如下。

(1) 在 chapter12 项目的 springmvc.xml 配置文件中按顺序添加 2 个拦截器配置,分别是 MyInterceptor 和 MyWebRequestInterceptor,具体代码如下所示。

```xml
<!-- 配置拦截器 -->
<mvc:interceptors>
<mvc:interceptor>
<!-- 拦截所有 -->
<mvc:mapping path = "/**"/>
<bean class = "com.qfedu.config.MyInterceptor"></bean>
</mvc:interceptor>
<mvc:interceptor>
<!-- 拦截所有 -->
<mvc:mapping path = "/**"/>
<bean class = "com.qfedu.config.MyWebRequestInterceptor"></bean>
</mvc:interceptor>
</mvc:interceptors>
```

（2）启动 Tomcat 成功后，在浏览器地址栏中输入 http://localhost:8080/chapter12/test04 请求，拦截器链在控制台中的输出结果如图 12-8 所示。

图 12-8 拦截器链在控制台中的输出结果

从图 12-8 中可以看出，当多个拦截器一起执行时，会根据拦截器声明的先后顺序执行，并且相同的方法也根据配置顺序先后执行。

12.4 本 章 小 结

本章主要讲解了全局异常处理器、拦截器和拦截器链，其中全局异常处理器用于捕获整个应用程序中未经处理的异常，从而可以增强程序的健壮性；拦截器可以避免重复的开发工作，提高程序代码的可扩展性和可维护性；拦截器链是处理和管理拦截器的一种机制，确保在控制器处理请求之前和之后执行程序中的所有拦截器。通过本章的学习，读者可以掌握异常处理器、拦截器和拦截器链的配置以及使用方法，为后续实现更加安全、稳定和高效的程序奠定基础。

12.5 习　　题

一、填空题

1. HandlerExceptionResolver 接口用于处理发生在＿＿＿＿＿的异常。

2. 使用＿＿＿＿注解可以实现一个专门用于处理异常的 Controller。

3. 使用＿＿＿＿和＿＿＿＿注解可以实现全局的异常捕提。

4. HandlerInterceptor 接口中的三个方法分别是＿＿＿＿方法、postHandle()方法和＿＿＿＿方法。

5. 当多个拦截器一起执行时，会根据＿＿＿＿执行。

二、选择题

1. 下列关于全局异常处理器的作用，描述正确的是（　　）。

　　A. 捕获所有未处理的异常　　　　　　B. 显示系统异常信息

　　C. 将异常信息发送给管理员　　　　　D. 主动抛出异常

2. 下列注解中，可以实现全局异常处理器的是（　　）。

　　A. @ControllerAdvice　　　　　　　B. @ExceptionHandler

　　C. @ResponseBody　　　　　　　　 D. @Autowired

3. 下列选项中,关于全局异常处理器中的@ExceptionHandler 注解作用,描述正确的是( )。

    A. 定义需要捕获的异常类型   B. 捕获所有未处理的异常

    C. 定义处理异常的方法   D. 定义全局异常处理规则

4. 在全局异常处理器中,下列可以捕获所有未知异常的操作是( )。

    A. 使用 Exception 类作为@ExceptionHandler 注解的参数

    B. 使用 Throwable 类作为@ExceptionHandler 注解的参数

    C. 使用 RuntimeException 类作为@ExceptionHandler 注解的参数

    D. 在@ExceptionHandler 注解中省略 value 属性

5. 下列选项中,关于拦截器作用的描述正确的是( )。

    A. 增强 Bean 的功能

    B. 对请求进行权限判断

    C. 替换掉 Spring 容器的默认处理逻辑

    D. 让 Spring 容器的默认处理逻辑更加智能化

6. 下列选项中,关于拦截器链的作用描述正确的是( )。

    A. 组合多个拦截器进行复杂的处理逻辑

    B. 决定拦截器的执行顺序

    C. 将拦截器与 Controller 中的方法进行绑定

    D. 控制请求的处理流程

三、简答题

1. 请简述全局异常处理器的实现步骤。

2. 请简述拦截器的实现步骤。

四、操作题

编写一个拦截器,在进入处理器之前记录开始时间,在结束请求处理之后记录结束时间,并用结束时间减去开始时间得到这次请求的处理时间。

第 13 章　　　Spring MVC 高级功能

学习目标

视频讲解

- 掌握 RESTful 风格,能够灵活运用 4 种请求方式开发接口。
- 掌握文件上传和下载技术,能够实现文件上传和下载功能。
- 掌握 Swagger 知识,能够运用 Swagger 文档规范为接口开发提供文档支持。

Spring MVC 框架提供了 RESTful 风格化接口、文件上传和下载及 Swagger 接口文档开发等高级功能,这些功能的目的在于提高开发效率、增强业务灵活性,同时提升设计架构的能力和优化应用程序性能。因此,学习和掌握 Spring MVC 框架的高级功能可以让开发人员更好地应对业务需要。本章将对 Spring MVC 实现 JSON 交互、RESTful 风格、Swagger、文件上传和下载进行讲解。

13.1　　Spring MVC 实现 JSON 交互

JSON(JavaScript Object Notation)是一种存储和交换文本信息的语法。Spring MVC 也支持 JSON 格式的数据交互,其中主要用到的注解为@RequestBody 和@ResponseBody,@RequestBody 注解是解析请求的 JSON 格式的参数,也就是自动解析 JSON 字符串。而@ResponseBody 注解是将对象转换为 JSON 格式字符串。接下来通过一个示例演示 Spring MVC 与 JSON 的交互,具体步骤如下。

(1) 在 IDEA 中创建一个名为 chapter13 的 Maven 项目,在 pom. xml 文件中添加 JSON 依赖,主要代码如下所示。

```
< dependency >
    < groupId > com. alibaba </ groupId >
    < artifactId > fastjson </ artifactId >
    < version > 1.2.11 </ version >
</ dependency >
```

(2) 在 src 目录下创建 com. qfedu. pojo 包,并在该包中新建 User 类,具体代码如下所示。

```
//此处省略 Getter/Setter 和 toString()方法
public class User {
    //姓名
    private String name;
    //年龄
    private Integer age;
}
```

（3）在 src 目录下创建 com. qfedu. controller 包,并在该包中新建 JsonController 类,具体代码如下所示。

```
@Controller
public class JsonController {
    @ResponseBody
    @PostMapping("/test")
    public User json(@RequestBody User user){
        return user;
    }
}
```

上述代码中,@ResponseBody 注解表示方法的返回值转换为 JSON 数据;@RequestBody 注解表示接收 JSON 格式的 User 对象数据,并返回 JSON 格式的 User 数据。

（4）启动项目成功后,使用接口请求工具如 Postman 发送 JSON 格式的数据给 localhost:8080/chapter13/test 请求。感兴趣的读者可以自行学习 Postman 使用方法, JSON 格式的数据如下所示。

```
{
"name":"李 * 明",
"age":"15"
}
```

发送 JSON 格式请求后的响应如图 13-1 所示。

图 13-1　发送 JSON 格式请求后的响应

从图 13-1 中可以看出,发送 JSON 格式的数据后,成功输出 JSON 格式的 User 数据。

13.2　RESTful 风格

RESTful 风格是 Web 开发中常用的编程风格,它针对每种不同的 URL 类型指定了相应的请求方式。本节将对 RESTful 风格及其使用方式进行详细讲解。

13.2.1 RESTful 简介

REST(Representational State Transfer)翻译是"表现层状态转化",是所有 Web 应用都应该遵守的架构设计指导原则。面向资源是 REST 的核心,同一个资源可以完成一组不同的操作。资源是服务器上一个可命名的抽象概念,资源是以名词为核心来组织的。REST 要求,必须通过统一的接口对资源执行各种操作,对每个资源只能执行一组有限的操作(7 个 HTTP 方法:GET/POST/PUT/DELETE/PATCH/HEAD/OPTIONS)符合 REST 设计标准的 API,即 RESTful API。REST 架构设计,遵循的各项标准和准则,就是 HTTP 协议的表现,换言之,HTTP 协议就是属于 REST 架构的设计模式。RESTful 风格已经成为 Web 服务开发领域广泛使用的行业标准之一,它的特点如下。

(1) 简单性:RESTful 风格使用 HTTP 协议的基本方法(GET、POST、PUT、DELETE)来进行通信,使得 API 设计简单明了,易于理解和使用。

(2) 可伸缩性:RESTful 风格的 API 可以通过增加服务器的数量来实现水平扩展,从而提高系统的性能和吞吐量。

(3) 可靠性:RESTful 风格使用 HTTP 的状态码来表示请求的结果,例如 200 表示成功,404 表示资源不存在,500 表示服务器内部错误等,使得客户端能够准确地处理不同的响应情况。

(4) 缓存支持:RESTful 风格支持 HTTP 的缓存机制,客户端可以缓存服务器返回的响应,从而减少网络传输和服务器负载。

(5) 独立性:RESTful 风格的 API 与具体的实现技术无关,可以使用不同的编程语言和框架来实现,提高了系统的灵活性和可扩展性。

(6) 可测试性:RESTful 风格的 API 可以通过简单的 HTTP 请求进行测试,无须依赖复杂的测试工具和环境。

RESTful 风格适用于构建分布式系统和设计 Web 应用程序,后续会对 RESTful 风格中常用的 GET、POST、PUT、DELETE 请求进行详细讲解。

13.2.2 GET 请求

GET 请求常用于查询数据接口,Spring MVC 中的@GetMapping 注解用于处理 GET 请求。接下来通过一个查询所有用户数据的案例演示使用@GetMapping 注解处理 HTTP GET 请求,具体步骤如下。

(1) 在 MySQL 中创建 chapter13 数据库和 user 数据表,SQL 语句如下所示。

```
CREATE TABLE 'user' (
  'id' int(0) NOT NULL AUTO_INCREMENT,
  'name' varchar(255) CHARACTER ,
  'age' int(0) NULL DEFAULT NULL,
  PRIMARY KEY ('id') USING BTREE
);
```

(2) 向 user 数据表中添加 2 条数据,插入 SQL 语句如下所示。

```
INSERT INTO 'user' VALUES (1, '牛 * 庆', 11);
INSERT INTO 'user' VALUES (2, '樊 * 仙', 22);
```

（3）创建 Maven 项目 chapter13，在 pom. xml 文件中添加 spring、json、JDBC、连接池和 MyBatis 等依赖，主要代码如例 13-1 所示。

例 13-1　pom. xml。

```
1   < dependencies >
2       < dependency >
3           < groupId > org. projectlombok </groupId >
4           < artifactId > lombok </artifactId >
5           < version > 1.18.24 </version >
6           < scope > provided </scope >
7       </dependency >
8   <!-- spring -->
9       < dependency >
10          < groupId > org. aspectj </groupId >
11          < artifactId > aspectjweaver </artifactId >
12          < version > 1.6.8 </version >
13      </dependency >
14      < dependency >
15          < groupId > org. springframework </groupId >
16          < artifactId > spring - aop </artifactId >
17          < version > 5.1.3 </version >
18      </dependency >
19      < dependency >
20          < groupId > org. springframework </groupId >
21          < artifactId > spring - context </artifactId >
22          < version > 5.1.3 </version >
23      </dependency >
24      < dependency >
25          < groupId > org. springframework </groupId >
26          < artifactId > spring - web </artifactId >
27          < version > 5.1.3 </version >
28      </dependency >
29      < dependency >
30          < groupId > org. springframework </groupId >
31          < artifactId > spring - webmvc </artifactId >
32          < version > 5.1.3 </version >
33      </dependency >
34      < dependency >
35          < groupId > org. springframework </groupId >
36          < artifactId > spring - jdbc </artifactId >
37          < version > 5.1.3 </version >
38      </dependency >
39      < dependency >
40          < groupId > mysql </groupId >
41          < artifactId > mysql - connector - java </artifactId >
42          < version > $ {mysql. version}</version >
43      </dependency >
44      < dependency >
45          < groupId > com. alibaba </groupId >
46          < artifactId > fastjson </artifactId >
47          < version > 1.2.54 </version >
48      </dependency >
49      < dependency >
```

```
50          <groupId> org.mybatis </groupId>
51          <artifactId> mybatis </artifactId>
52          <version> ${mybatis.version}</version>
53       </dependency>
54       <dependency>
55          <groupId> org.mybatis </groupId>
56          <artifactId> mybatis - spring </artifactId>
57          <version> 1.3.0 </version>
58       </dependency>
59       <!-- druid 连接池 -->
60       <dependency>
61          <groupId> com.alibaba </groupId>
62          <artifactId> druid </artifactId>
63          <version> 1.1.16 </version>
64       </dependency>
65  </dependencies>
```

（4）在 chapter13 项目的 src 目录下，首先创建 com. qfedu. pojo、com. qfedu. dao、com. qfedu. service、com. qfedu. service. impl 和 com. qfedu. controller 包，目的在于构建 MVC 架构风格。然后在 com. qfedu. pojo 包中新建 User 类用于映射数据库中 user 表的字段，具体代码如例 13-2 所示。

例 13-2 User. java。

```
1  @Data
2  @AllArgsConstructor
3  @NoArgsConstructor
4  public class User {
5      private Integer id;
6      private String name;
7      private Integer age;
8  }
```

（5）在 chapter13 项目的 com. qfedu. dao 包中新建 UserMapper 接口，用于编写查询方法的代码，具体代码如例 13-3 所示。

例 13-3 UserMapper. java。

```
1  @Mapper
2  public interface UserMapper {
3    //查询
4    List< User > findAll();
5  }
```

（6）在 chapter13 项目的 com. qfedu. service 包中新建 UserService 接口，用于编写业务层的查询方法代码，具体代码如例 13-4 所示。

例 13-4 UserService. java。

```
1  public interface UserService {
2    //查询
3    List< User > selectAll();
4  }
```

（7）在 chapter13 项目的 com. qfedu. service. impl 包中新建 UserServiceImpl 类用于实

Spring MVC 高级功能

现 UserService 中的查询方法,具体代码如例 13-5 所示。

例 13-5 UserServiceImpl.java。

```
1  @Service
2  public class UserServiceImpl implements UserService {
3      @Autowired
4      private UserMapper userMapper;
5      @Override
6      public List < User > selectAll() {
7          return userMapper.findAll();
8      }
9  }
```

(8) 在 chapter13 项目的 com.qfedu.controller 包中新建 UserController 类,具体代码如例 13-6 所示。

例 13-6 UserController.java。

```
1  @RestController
2  public class UserController {
3      @Autowired
4      UserService userService;
5      @GetMapping("/getUsers")
6      public List < User > findAllUsers(){
7          return userService.selectAll();
8      }
9  }
```

(9) 在 chapter13 项目的 resources 包中新建 jdbc.properties 数据库外部配置文件,该文件用于解耦 applicationContext.xml 文件中的数据库连接硬编码,具体代码如例 13-7 所示。

例 13-7 jdbc.properties。

```
1  jdbc.driver = com.mysql.cj.jdbc.Driver
2  jdbc.url = jdbc:mysql://localhost:3306/chapter13?useSSL = false&
3  serverTimezone = Asia/Shanghai&allowPublicKeyRetrieval = true
4  jdbc.username = root
5  jdbc.password = root
```

(10) 在 chapter13 项目的 resources 包中新建 mapper 文件目录,并在该目录下新建 UserMapper.xml 映射文件,具体代码如例 13-8 所示。

例 13-8 UserMapper.xml。

```
1  <?xml version = "1.0" encoding = "UTF - 8" ?>
2  <!DOCTYPE mapper PUBLIC " - //mybatis.org//DTD Mapper 3.0//EN"
3  "http://mybatis.org/dtd/mybatis - 3 - mapper.dtd">
4  < mapper namespace = "com.qfedu.dao.UserMapper">
5      <!-- 查询全部 -->
6      < select id = "findAll" resultType = "com.qfedu.pojo.User">
7          SELECT * FROM user;
8      </select>
9  </mapper>
```

在例 13-8 中,第 6~8 行代码用于查询全部用户信息的 SQL 语句。

（11）在 chapter13 项目的 resources 包中新建 mybatis-config.xml 文件用于配置 MyBaits 的相关属性，具体代码如例 13-9 所示。

例 13-9 mybatis-config.xml。

```
1   <?xml version = "1.0" encoding = "UTF-8" ?>
2   <!DOCTYPE configuration PUBLIC " - //mybatis.ory//DTD Config 3.0//EN"
3   "htpp://mybatis.org/dtd/mybatis - 3 - config.dtd">
4   <!-- mybatis 的主配置文件 -->
5   <configuration>
6       <mappers>
7           <mapper resource = "mapper/UserMapper.xml"/>
8       </mappers>
9   </configuration>
```

（12）在 chapter13 项目的 resources 包中新建 applicationContext.xml 配置文件，具体代码如例 13-10 所示。

例 13-10 applicationContext.xml。

```
1   <?xml version = "1.0" encoding = "UTF-8"?>
2   <beans xmlns = "http://www.springframework.org/schema/beans"
3       xmlns:xsi = "http://www.w3.org/2001/XMLSchema - instance"
4       xmlns:context = "http://www.springframework.org/schema/context"
5       xsi:schemaLocation = "http://www.springframework.org/schema/beans
6           http://www.springframework.org/schema/beans/spring - beans.xsd
7           http://www.springframework.org/schema/context
8       http://www.springframework.org/schema/context/spring - context.xsd">
9   <!-- Spring 接管 MyBatis 内容 -->
10  <!-- DataSource Druid 连接池 -->
11  <context:property - placeholder location = "classpath:jdbc.properties"/>
12  <bean id = "dataSource"
13      class = "com.alibaba.druid.pool.DruidDataSource" init - method = "init"
14      destroy - method = "close">
15      <!-- 基本配置 -->
16      <property name = "driverClassName" value = " ${jdbc.driver}"/>
17      <property name = "url" value = " ${jdbc.url}"/>
18      <property name = "username" value = " ${jdbc.username}"/>
19      <property name = "password" value = " ${jdbc.password}"/>
20  </bean>
21  <!-- SqlSessionFactory 要 DataSource 支持 -->
22  <bean id = "sqlSessionFactory"
23      class = "org.mybatis.spring.SqlSessionFactoryBean">
24      <!-- 注入连接池 -->
25      <property name = "dataSource" ref = "dataSource"/>
26      <property name = "configLocation"
27              value = "classpath:mybatis - config.xml"/>
28  </bean>
29  <!-- Dao 需要 MapperScannerConfigurer 支持 -->
30      <bean class = "org.mybatis.spring.mapper.MapperScannerConfigurer">
31      <property name = "sqlSessionFactoryBeanName"
32                              value = "sqlSessionFactory"/>
33      <property name = "basePackage" value = "com.qfedu.dao" />
34  </bean>
35  <!-- 告知 spring 注解位置,保证注解有效性,接下来注解扫描表示 Controller 不扫描,给
```

```
36      service 和 dao 扫描 -->
37    < context:component - scan base - package = "com. qfedu">
38        < context:exclude - filter type = "annotation"
39            expression = "org. springframework. stereotype. Controller">
40        </context:exclude - filter >
41    </context:component - scan >
42  </beans >
```

在例 13-10 中,第 11~14 行代码表示数据源 DataSource 选择 Druid 连接池;第 16~19 行代码表示数据源连接的 4 个重要属性;第 25~27 行代码表示注入连接池;第 30~34 行代码表示 com. qfeud. dao 层需要 MapperScannerConfigurer 支持;第 37~41 行代码表示配置 Spring 容器的注解位置。

(13) 在 chapter13 项目的 resources 包中新建 springmvc. xml 配置文件,具体代码如例 13-11 所示。

例 13-11 springmvc. xml。

```
1  <?xml version = "1.0" encoding = "UTF - 8"?>
2  < beans xmlns = "http://www. springframework. org/schema/beans"
3  xmlns:mvc = "http://www. springframework. org/schema/mvc"
4  xmlns:context = "http://www. springframework. org/schema/context"
5  xmlns:xsi = "http://www. w3. org/2001/XMLSchema - instance"
6  xsi:schemaLocation = "
7  http://www. springframework. org/schema/beans
8  http://www. springframework. org/schema/beans/spring - beans. xsd
9  http://www. springframework. org/schema/mvc
10 http://www. springframework. org/schema/mvc/spring - mvc. xsd
11 http://www. springframework. org/schema/context
12 http://www. springframework. org/schema/context/spring - context. xsd">
13    <!-- 开启注解扫描,只扫描 Controller 注解 -->
14    < context:component - scan
15        base - package = "com. qfedu. controller"></context:component - scan >
16    <!-- 注册注解驱动(开启 Spring MVC 注解的支持) -->
17    < mvc:annotation - driven >
18    < mvc:message - converters >
19    < bean class = "com. alibaba. fastjson
20                          . support. spring. FastJsonHttpMessageConverter">
21        <!-- 声明类型转换,若返回的是 json 就需要加这个进行转换 -->
22        < property name = "supportedMediaTypes">
23          < list >
24            < value > application/json </value >
25          </list >
26        </property >
27    </bean >
28    </mvc:message - converters >
29    </mvc:annotation - driven >
30    <!-- 配置的视图解析器对象 -->
31    < bean id = "internalResourceViewResolver" class = "org. springframework
32        . web. servlet. view. InternalResourceViewResolver">
33        < property name = "prefix" value = "/WEB - INF/pages/"/>
34        < property name = "suffix" value = ". jsp"/>
35    </bean >
36  </beans >
```

在例 13-11 中,第 14 行和第 15 行代码表示开启注解扫描;第 31~35 行代码表示配置视图解析器。

（14）在 chapter13 项目的 WEB-INF 目录下的 web.xml 文件中添加 Spring 初始化、监听等配置信息,主要代码如例 13-12 所示。

例 13-12 web.xml。

```
1  < display - name > chapter13 </display - name >
2  <!-- Spring 初始化 -->
3  < context - param >
4      < param - name > contextConfigLocation </param - name >
5      < param - value > classpath:applicationContext.xml </param - value >
6  </context - param >
7  <!-- spring 监听 -->
8  < listener >
9      < listener - class > org.springframework.web
10                         .context.ContextLoaderListener </listener - class >
11 </listener >
12 <!-- Spring MVC servlet -->
13 < servlet >
14     < servlet - name > Spring MVC </servlet - name >
15     < servlet - class > org.springframework.web.servlet
16                                .DispatcherServlet </servlet - class >
17     < init - param >
18         < param - name > contextConfigLocation </param - name >
19         < param - value > classpath:springmvc.xml </param - value >
20     </init - param >
21     < load - on - startup > 1 </load - on - startup >
22 </servlet >
23 <!-- 中文乱码 -->
24 < filter >
25     < filter - name > CharacterEncodingFilter </filter - name >
26     < filter - class > org.springframework.web
27                            .filter.CharacterEncodingFilter </filter - class >
28     < init - param >
29         < param - name > encoding </param - name >
30         < param - value > UTF - 8 </param - value >
31     </init - param >
32     < init - param >
33         < param - name > forceEncoding </param - name >
34         < param - value > true </param - value >
35     </init - param >
36 </filter >
37 < filter - mapping >
38     < filter - name > CharacterEncodingFilter </filter - name >
39     < url - pattern >/ * </url - pattern >
40 </filter - mapping >
41 < servlet - mapping >
42     < servlet - name > Spring MVC </servlet - name >
43     < url - pattern >/</url - pattern >
44 </servlet - mapping >
45 </web - app >
```

Spring MVC 高级功能

（15）启动 Tomcat 成功后，在接口调试工具中选择 GET 请求方式访问 http://localhost:8080/chapter13/getUsers 请求。getUsers 请求返回结果如图 13-2 所示。

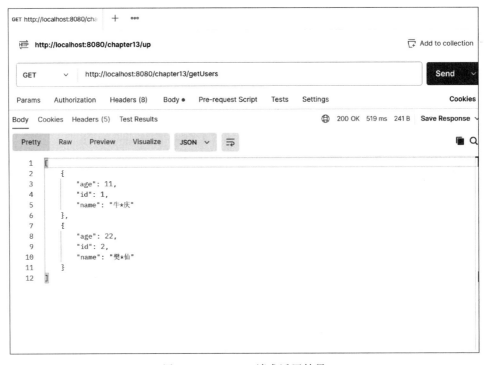

图 13-2　getUsers 请求返回结果

从图 13-2 中可以看出，接口调试工具使用 GET 方式访问 getUsers 请求后，实时响应中的返回结果与 User 数据表中的数据一致，证明@GetMapping 注解成功处理 HTTP GET 请求。

13.2.3　POST 请求

POST 请求常用于新增数据和上传文件等场景，Spring MVC 中的@PostMapping 注解用于处理 POST 请求。接下来通过一个新增用户的案例演示使用@PostMapping 注解处理 HTTP POST 请求，具体步骤如下。

（1）在 chapter13 项目的 UserMapper 接口中添加新增 User 数据的方法，具体代码如下所示。

```
//添加
int addUser(User user);
```

（2）在 chapter13 项目的 UserService 接口中添加新增 User 数据的方法，具体代码如下所示。

```
//添加
int addUser(User user);
```

（3）在 chapter13 项目的 UserServiceImpl 类中实现 UserService 接口中的 addUser() 方法，具体代码如下所示。

```
@Override
public int addUser(User user) {
    return userMapper.addUser(user);
}
```

（4）在 chapter13 项目的 UserController 类中添加新增 User 数据功能的代码,具体代码如下所示。

```
@PostMapping("/addUser")
public int addUser(@RequestBody User user){
    return userService.addUser(user);
}
```

（5）启动 Tomcat 成功后,在接口调试工具中选择 POST 请求方式访问 http://localhost:8080/chapter13/addUser 请求。addUser 请求返回结果如图 13-3 所示。

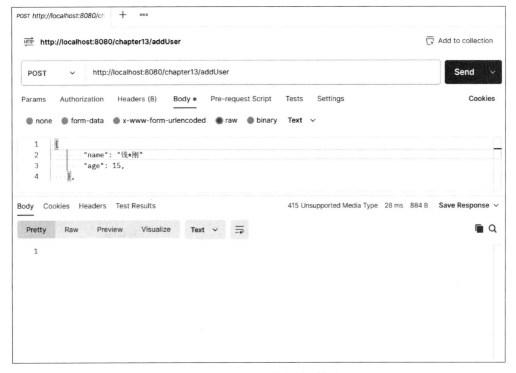

图 13-3　addUser 请求返回结果

从图 13-3 中可以看出,接口调试工具使用 POST 请求访问 addUser 请求后,实时响应中的返回结果为 1,证明@PostMapping 注解成功处理 HTTP POST 请求。

13.2.4　PUT 请求

PUT 请求常用于修改数据,Spring MVC 中的@PutMapping 注解用于处理 PUT 请求。接下来通过一个修改用户信息的案例演示使用@PutMapping 注解处理 HTTP PUT 请求,具体步骤如下。

（1）在 chapter13 项目的 UserMapper 接口中添加修改 User 数据的方法,具体代码如下所示。

```
//修改
int updateUser(User user);
```

（2）在 chapter13 项目的 UserService 接口中添加修改 User 数据的方法，具体代码如下所示。

```
//修改
int updateUser(User user);
```

（3）在 chapter13 项目的 UserServiceImpl 类中实现 UserService 接口中的 updateUser()方法，具体代码如下所示。

```
@Override
public int updateUser(User user) {
    return userMapper.updateUser(user);
}
```

（4）在 chapter13 项目的 UserController 类中添加修改 User 数据的代码，具体代码如下所示。

```
@PutMapping("/updateUser")
public int updateUser(@RequestBody User user){
    return userService.updateUser(user);
}
```

（5）启动 Tomcat 成功后，在接口调试工具中选择 PUT 请求方式访问 http://localhost:8080/chapter13/updateUser 请求。updateUser 请求返回结果如图 13-4 所示。

图 13-4   updateUser 请求返回结果

从图 13-4 中可以看出，接口调试工具使用 PUT 请求访问 updateUser 请求后，实时响应中的返回结果为 1，证明@PutMapping 注解成功处理 HTTP PUT 请求。

13.2.5   DELETE 请求

DELETE 请求常用于删除数据，Spring MVC 中的@DeleteMapping 注解用于处理

DELETE 请求。接下来通过一个删除用户的案例演示使用@DeleteMapping 注解处理 HTTP DELETE 请求,具体步骤如下。

(1) 在 chapter13 项目的 UserMapper 接口中添加删除 User 数据的方法,具体代码如下所示。

```
//删除
int deleteUser(Integer id);
```

(2) 在 chapter13 项目的 UserService 接口中添加删除 User 数据的方法,具体代码如下所示。

```
//删除
int deleteUser(Integer id);
```

(3) 在 chapter13 项目的 UserServiceImpl 类中实现 UserService 接口中的 deleteUser()方法,具体代码如下所示。

```
@Override
public int deleteUser(Integer id) {
    return userMapper.deleteUser(id);
}
```

(4) 在 chapter13 项目的 UserController 类中添加删除 User 数据的代码,具体代码如下所示。

```
@DeleteMapping("/deleteUser/{id}")
public int deleteUser(@PathVariable("id") Integer id){
    return userService.deleteUser(id);
}
```

(5) 启动 Tomcat 成功后,在接口调试工具中选择 DELETE 请求方式访问 http://localhost:8080/chapter13/deleteUser/3 请求。deleteUser 请求返回结果如图 13-5 所示。

图 13-5　deleteUser 请求返回结果

从图 13-5 中可以看出,接口调试工具使用 DELETE 请求访问 deleteUser 请求后,实时响应中的返回结果为 1,证明@DeleteMapping 注解成功处理 HTTP DELETE 请求。

Spring MVC 高级功能

13.3 Swagger

Swagger 是一种用于描述、构建和测试 RESTful 风格的 API 开源工具集。它提供了一种简单且易于理解的方式来定义 API 的结构、请求和响应的格式,并生成可交互的 API 文档。通过注解方式即可完成 Swagger 文档界面的开发,Swagger 中常用注解的说明及使用位置如表 13-1 所示。

表 13-1 Swagger 中常用注解的说明及使用位置

注 解 名 称	说　明	使 用 位 置
@Api	表示对类的说明常用的参数	类上面
@ApiOperation	说明方法的用途、作用	方法上面
@ApiModel	表示一个返回响应数据的信息	响应类
@ApiModelProperty	描述响应类的属性	属性
@ApiIgnore	忽略某个字段使之不显示在文档中	属性

表 13-1 中的注解可以根据实际场景需要使用在项目中。接下来演示使用 Spring MVC 框架整合 Swagger 的具体步骤。

(1) 在 chapter13 项目的 pom.xml 里添加 Swagger 依赖,具体代码如下所示。

```xml
<!-- swagger -->
<dependency>
    <groupId>com.fasterxml.jackson.core</groupId>
    <artifactId>jackson-core</artifactId>
    <version>2.9.8</version>
</dependency>
<dependency>
    <groupId>com.fasterxml.jackson.core</groupId>
    <artifactId>jackson-databind</artifactId>
    <version>2.9.8</version>
</dependency>
<dependency>
        <groupId>com.fasterxml.jackson.core</groupId>
        <artifactId>jackson-annotations</artifactId>
        <version>2.9.8</version>
</dependency>
<dependency>
        <groupId>io.springfox</groupId>
        <artifactId>springfox-swagger2</artifactId>
        version>2.9.2</version>
</dependency>
<!-- swagger-ui 是提供 API 接口页面展示的 -->
<dependency>
        <groupId>io.springfox</groupId>
        <artifactId>springfox-swagger-ui</artifactId>
        <version>2.9.2</version>
</dependency>
```

(2) 在 chapter13 项目中创建 com.qfedu.config 包,并在该包中新建 swagger 的配置文件 Swagger2Config 类,具体代码如例 13-13 所示。

例 13-13 Swagger2Config.java。

```java
1  @Configuration
2  @EnableSwagger2
3  @EnableWebMvc
4  @ComponentScan(basePackages = {"com.qfedu.controller"}) // 扫描路径
5  public class Swagger2Config {
6      @Bean
7      public Docket createRestApi() {
8          return new Docket(DocumentationType.SWAGGER_2)
9                  .apiInfo(apiInfo())
10                 .select()
11                 .apis(RequestHandlerSelectors.any())
12                 .paths(PathSelectors.any())
13                 .build();
14     }
15     private ApiInfo apiInfo() {
16         return new ApiInfoBuilder()
17                 .title("swagger2")
18                 .description("swagger2")
19                 .termsOfServiceUrl("http://localhost:8080/")
20                 .version("1.0")
21                 .build();
22     }
23 }
```

在例 13-13 中,第 4 行代码表示 Swagger 的扫描路径;第 7~14 行代码表示注册 Swagger 到 Bean 中;第 15~22 行代码表示配置 Swagger 的标题、描述及版本等信息。

(3)在 chapter13 项目的 springmvc.xml 配置文件中添加如下代码。

```xml
1  <!-- 重要!配置 swagger 资源不被拦截 -->
2  < mvc:resources mapping = "swagger - ui.html"
3                          location = "classpath:/META - INF/resources/" />
4  < mvc:resources mapping = "/webjars/ * * "
5                          location = "classpath:/META - INF/resources/webjars/" />
6  <!-- 重要!将你的 Swagger2Config 配置类注入 -->
7  < bean id = "swagger2Config" class = "com.qfedu.config.Swagger2Config"/>
```

上述代码中,第 2~5 行代码表示配置 Swagger 资源的拦截路径;第 7 行代码表示注册 Swagger2Config 配置类到 Spring 容器中。

(4)在 chapter13 项目的 UserController 类中添加 Swagger 相关注解,具体代码如例 13-14 所示。

例 13-14 UserController.java。

```java
1  @RestController
2  @Api(description = "用户管理")
3  public class UserController {
4      @Autowired
5      UserService userService;
6      @GetMapping("/getUsers")
7  @ApiOperation(value = "查询所有用户详细信息", httpMethod = "GET",
8  notes = "不需要任何参数")
```

```
9          public List < User > findAllUsers(){
10             return userService. selectAll();
11      }
12        @PostMapping("/addUser")
13  @ApiOperation(value = "新增用户信息", httpMethod = "POST",
14  notes = "参数为 User 实体类")
15  public int addUser(@ApiParam(required = true, name = "user",
16      value = "用户实体类")@RequestBody User user){
17             return userService. addUser(user);
18    }
19       @PutMapping("/updateUser")
20  @ApiOperation(value = "修改用户信息", httpMethod = "PUT",
21  notes = "参数为 User 实体类")
22  public int updateUser(@ApiParam(required = true, name = "user",
23      value = "用户实体类")@RequestBody User user){
24             return userService. updateUser(user);
25    }
26  @DeleteMapping("/deleteUser/{id}")
27  @ApiOperation(value = "删除用户信息", httpMethod = "DELETE",
28  notes = "参数为 Integer 类型")
29  public int deleteUser(@ApiParam(required = true, name = "id",
30      value = "用户的 id")@PathVariable("id") Integer id){
31             return userService. deleteUser(id);
32    }
33 }
```

在例 13-14 中,@Api 和@ApiOperation 注解在表 13-1 中均有讲解,此处不再赘述。

(5) 启动 Tomcat 成功后,在浏览器地址栏中输入 http://localhost:8080/chapter13/swagger-ui. html 请求,Swagger UI 页面如图 13-6 所示。

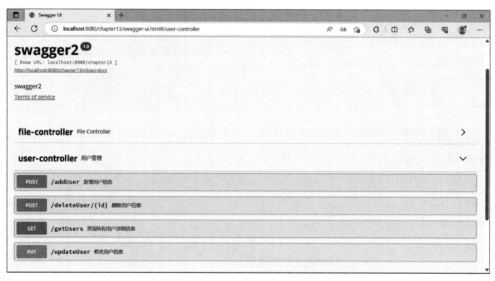

图 13-6　Swagger UI 页面

(6) 单击如图 13-6 所示的"POST/addUser 新增用户信息"选项栏,依次单击 Try it out 按钮和 Execute 按钮,Swagger 访问接口步骤如图 13-7 和图 13-8 所示。

(7) 单击 Execute 按钮后的查询结果如图 13-9 所示。

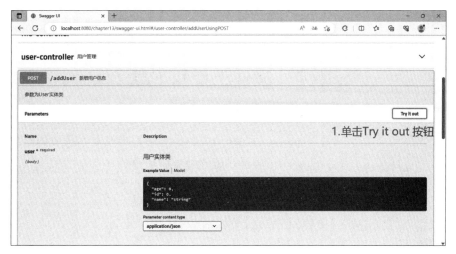

图 13-7　Swagger 访问接口步骤 1

图 13-8　Swagger 访问接口步骤 2

图 13-9　单击 Execute 按钮后的查询结果

Spring MVC 高级功能

至此使用 Spring MVC 整合 Swagger 的具体步骤完成。

从图 13-9 中可以看出,Swagger 接口访问成功,并输出正确信息。

13.4 文件上传和下载

文件上传和下载在用户交互性、数据备份和共享文档等方面具有现实意义,而且该功能对于改善用户体验和增强应用程序的交互性和提高数据管理能力有非常重要的作用。本节将对 Spring MVC 框架实现文件上传和下载的功能进行详细讲解。

13.4.1 Spring MVC 实现文件上传

本节讲解如何在 Spring MVC 框架中上传文件,具体步骤如下。

1. 准备环境

(1) 在 chapter13 项目的 pom. xml 文件中添加文件上传依赖,主要代码如下所示。

```
<!-- 文件上传 -->
<dependency>
    <groupId>commons-fileupload</groupId>
    <artifactId>commons-fileupload</artifactId>
    <version>1.3.1</version>
</dependency>
```

(2) 在 chapter13 项目的 springmvc. xml 文件中配置文件上传解析器,主要代码如下所示。

```
<!-- 配置文件上传解析器 -->
<beanid="multipartResolver" class="org.springframework.web.
    multipart.commons.CommonsMultipartResolver">
</bean>
```

2. 编写控制器

在 chapter13 项目的 com. qfedu. controller 包中新建 FileController 类,该类用于实现文件上传功能,具体代码如例 13-15 所示。

例 **13-15** FileController. java。

```
1   @Controller
2   public class FileController {
3       @GetMapping("/index")
4       public String index() {
5           return "/index";
6       }
7       @PostMapping("/up")
8       public String testUp(MultipartFile document, HttpSession session)
9       throws IOException {
10          //获取上传的文件的文件名
11          String fileName = document.getOriginalFilename();
12          //获取上传的文件的后缀名
13          String hzName = fileName.substring(fileName.lastIndexOf("."));
14          //获取 uuid
15          String uuid = "1";
```

```
16        //拼接一个新的文件名
17        fileName = uuid + hzName;
18        //获取 servletContext 对象
19        ServletContext servletContext = session.getServletContext();
20        //获取当前项目 document 目录的真实路径
21        String documentpath = servletContext.getRealPath("document");
22        //创建 documentpath 所对应的 File 对象
23        File file = new File(documentpath);
24        //判断 file 所对应目录是否存在
25        if (!file.exists()) {                //如果不存在
26            file.mkdir();                    //创建目录
27        }
28        String finalPath = documentpath + File.separator + fileName;
29        //路径 + / + document + / + 上传的文件名
30        //上传文件
31        document.transferTo(new File(finalPath));
32        return "/success";
33    }
34 }
```

在例 13-15 中,第 7 行代码表示请求方式为 POST,且文件上传的数据接口只能接收 POST 请求,否则将获取不到上传文件的内容;第 8 行代码中的 MultipartFile 是 Apache 提供的 API,用于接收文件上传对象,参数名称与请求上传的 File 标签的 name 名称必须一致,否则将无法读取到文件内容;第 11~32 行代码为文件上传代码,首先在 testUp() 方法内部完成上传文件的存储,然后获取到上传的文件名称及其后缀名,最后调用 transferTo() 方法将文件存储到项目的发布路径。

3. 创建文件上传页面

在 chapter13 项目的 WEB-INF 目录下创建 pages 包,并在该包下新建 index.jsp 和 success.jsp,具体代码如例 13-16 与例 13-17 所示。

例 13-16 index.jsp。

```
1  <%@ page contentType = "text/html;charset = UTF-8" language = "java" %>
2  <html>
3  <head>
4      <title>Title</title>
5  </head>
6  <body>
7  <form action = "/chapter13/up" method = "post" enctype = "multipart/form-data">
8      文件上传:<input type = "file" name = "document" multiple = "multiple"/>
9      <input type = "submit" value = "上传">
10 </form>
11 </body>
12 </html>
```

在例 13-16 中,第 7 行代码中的 enctype="multipart/form-data"表示文件上传的数据格式,未正确设置会导致无法读取文件内容;第 8 行代码的 multiple 属性表示该表单支持多文件上传;第 9 行代码的 submit 属性表示提交表单按钮,value 属性表示按钮名称,当单击上传按钮后,FileController 类的 testUp() 方法执行完毕后会跳转到 success.jsp 界面,并显示上传成功的提示信息。

例 13-17 success.jsp。

```
1  <%@ page contentType = "text/html;charset = UTF - 8" language = "java" %>
2  <html>
3  <head>
4    <title>Title</title>
5  </head>
6  <body>
7    <h1>上传成功</h1>
8  </body>
9  </html>
```

4. 测试文件上传功能

（1）启动 chapter13 项目，在浏览器地址栏中输入 http://localhost:8080/chapter13/index 请求，index 页面如图 13-10 所示。

图 13-10 index 页面

（2）首先在 D 盘创建一个内容为"我是文件"的 photo.txt，然后在 index 页面单击"选择文件"按钮，选择完毕后单击"上传"按钮。文件上传步骤如图 13-11 所示。

图 13-11 文件上传步骤

（3）单击"上传"按钮后，出现"上传成功"提示，success 页面如图 13-12 所示。

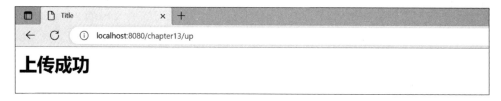

图 13-12 success 页面

（4）查看 FileController 类中 finalPath 路径下是否有 1.txt 文件。finalPath 路径下的文件如图 13-13 所示。

（5）查看上传完毕后且已被更名的 1.txt 文件内容，1.txt 内容如图 13-14 所示。

从图 13-13 中可以看出，文件上传到指定路径；从图 13-14 中可以看出，文件内容正确无误。

13.4.2 Spring MVC 实现文件下载

实现文件的下载功能，实际上是通过流读取文件内容，并通过 response 输出流将文件的内容输出。接下来演示如何在 Spring MVC 框架中实现文件下载，使用 13.4.1 节中的

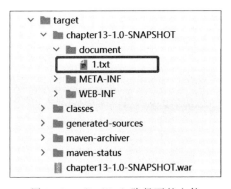

图 13-13　finalPath 路径下的文件

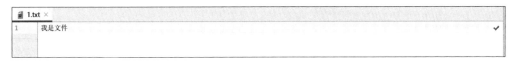

图 13-14　1.txt 内容

1.txt 做文件下载示例,具体步骤如下。

1. 编写文件下载的控制器

在 chapter13 项目的 FileController 类中编写文件下载的代码,主要代码如下所示。

```java
@RequestMapping("/down")
public ResponseEntity<byte[]> testResponseEntity(HttpSession session)
throws IOException {
    //获取 ServletContext 对象
    ServletContext servletContext = session.getServletContext();
    //获取服务器中文件的真实路径
    String realPath = servletContext.getRealPath("document");
    //File.separator:路径分隔符
    realPath = realPath + File.separator + "1.txt";
    System.out.println(realPath);
    //创建输入流
    InputStream is = new FileInputStream(realPath);
    //创建字节数组,is.available()获取输入流所对应文件的字节数
    byte[] bytes = new byte[is.available()];
    //将流读到字节数组中
    is.read(bytes);
    //创建 HttpHeaders 对象设置响应头信息
    MultiValueMap<String, String> headers = new HttpHeaders();
    //设置下载方式以及下载文件的名字,
    //attachment:以附件的方式进行下载,filename 设置下载下来时默认的名字
    headers.add("Content-Disposition", "attachment;filename=1.txt");
    //设置响应状态码
    HttpStatus statusCode = HttpStatus.OK;
    //创建 ResponseEntity 对象
    ResponseEntity<byte[]> responseEntity = new
    ResponseEntity<>(bytes, headers, statusCode);
    //关闭输入流
    is.close();
    return responseEntity;
}
```

Spring MVC 高级功能

上述代码中,首先通过路径获取文件对象,然后通过输入流进行文件内容的读取,最后创建 ResponseEntity 对象实现流和文件内容的转换。

2. 编写文件下载页面

在 chapter13 项目的 index.jsp 中编写文件下载代码,主要代码如下所示。

```
< a href = "/chapter13/down">下载图片</a>
```

3. 测试文件下载功能

(1) 启动 chapter14 项目,在浏览器地址栏中输入 http://localhost:8080/chapter13/index 请求。单击"下载文件"超链接,下载文件步骤如图 13-15 所示。

图 13-15　下载文件步骤

(2) 查看下载后的 1.txt 文档内容,如图 13-16 所示。

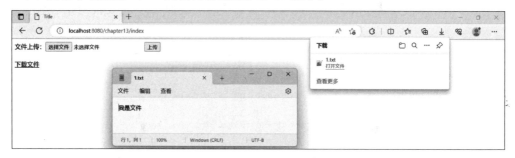

图 13-16　1.txt 文档内容

从图 13-16 中可以看出,成功下载文件并且内容正确无误。

13.5　实战演练:智慧农业果蔬系统中公告板块的数据上传与下载

为了巩固文件上传与下载的相关编程知识,本节将以智慧农业果蔬系统的公告板块做一个数据文件上传与下载的 Maven 项目。本实战的实战描述、实战分析和实现步骤如下所示。

【实战描述】

首先使用 IDEA 软件搭建一个 Maven 项目 chapter13,然后在 Controller 层编写文件上传与下载的相关代码,最后通过前端页面的上传和下载按钮测试上传与下载功能是否成功执行。

【实战分析】

(1) 使用 IDEA 创建一个名为 chapter13 的 Maven 项目。

(2) 在 Controller 层编写文件上传与下载的相关代码。

（3）编写公告板块的前端 JSP 页面。

（4）测试上传和下载功能，验证其准确性和完整性。

【实现步骤】

1. 配置环境

（1）使用 IDEA 软件搭建一个 Maven 项目 chapter13，在 pom. xml 文件中添加 spring-web、spring-webmvc、文件流等依赖，主要代码如例 13-18 所示。

例 13-18 pom. xml。

```
1  < dependencies >
2      < dependency >
3          < groupId > org. springframework </groupId >
4          < artifactId > spring - web </artifactId >
5          < version > 5.3.2 </version >
6      </dependency >
7      < dependency >
8          < groupId > org. springframework </groupId >
9          < artifactId > spring - webmvc </artifactId >
10         < version > 5.3.2 </version >
11     </dependency >
12     < dependency >
13         < groupId > commons - fileupload </groupId >
14         < artifactId > commons - fileupload </artifactId >
15         < version > 1.3.1 </version >
16     </dependency >
17 </dependencies >
```

（2）在 chapter13 项目的 resources 目录中新建 springmvc. xml 配置文件，该文件用于开启注解扫描及驱动、配置视图解析器和文件上传解析器，主要代码如例 13-19 所示。

例 13-19 springmvc. xml。

```
1  <!-- 开启注解扫描,只扫描 Controller 注解 -->
2  < context:component - scan basepackage = "com.qfedu.controller">
3  </context:component - scan >
4  <!-- 注册注解驱动(开启 SpringMVC 注解的支持) -->
5  < mvc:annotation - driven >< mvc:message - converters ></mvc:annotation - driven >
6  <!-- 配置的视图解析器对象 -->
7  < bean id = "internalResourceViewResolver" class = "org.springframework.web.
8  servlet.view.InternalResourceViewResolver">
9  < property name = "prefix" value = "/WEB - INF/pages/"/>
10 < property name = "suffix" value = ".jsp"/>
11 </bean >
12 <!-- 配置文件上传解析器 -->
13 < bean id = "multipartResolver" class = "org.springframework.web.multipart.
14 commons.CommonsMultipartResolver">
15 </bean >
```

2. 编写 Controller 层

在 chapter13 项目的 src 目录下创建 com. qfedu. controller 包，并在该包中新建 MessageController 类，该类负责文件上传与下载的代码实现，具体代码如例 13-20 所示。

例 **13-20**　MessageController. java。

```
1   @Controller
2   public class MessageController {
3       @GetMapping("/message")
4       public String getMessage() {
5           return "/message";
6       }
7       //上传公告信息
8       @PostMapping("/upMessage")
9       public String testUp(MultipartFile document, HttpSession session) {
10          //获取上传的文件的文件名
11          String fileName = document.getOriginalFilename();
12          //获取上传的文件的后缀名
13          String hzName = fileName.substring(fileName.lastIndexOf("."));
14          //获取 uuid
15          String uuid = String.valueOf(new Date().getTime());
16          //拼接一个新的文件名
17          fileName = uuid + hzName;
18          //获取 servletContext 对象
19          ServletContext servletContext = session.getServletContext();
20          //获取当前项目 document 目录的真实路径
21          String documentpath = servletContext.getRealPath("document");
22          //创建 documentpath 所对应的 File 对象
23          File file = new File(documentpath);
24          //判断 file 所对应目录是否存在
25          if (!file.exists()) {             //如果不存在
26              file.mkdir();                 //创建目录
27          }
28          String finalPath = documentpath + File.separator + fileName;
29          //路径 + / + document + / + 上传的文件名
30          //上传文件
31          document.transferTo(new File(finalPath));
32          try (Scanner sc = new Scanner(new FileReader(finalPath))) {
33              while (sc.hasNextLine()) {        //按行读取字符串
34                  String line = sc.nextLine();
35                  System.out.println(line);
36              }
37          }
38          return "/success";
39      }
40      //下载公告信息
41      @RequestMapping("/downMessage")
42      public ResponseEntity < byte[]> testResponseEntity(HttpSession
43      session) {
44          String message = "1.周二休息一天\n2.平谷大桃新鲜到货\n3.西瓜已售罄\
45          n4.预订电话联系:156 **** 9858";
46          byte[] bytes = message.getBytes();
47          //创建 HttpHeaders 对象设置响应头信息
48          MultiValueMap < String, String > headers = new HttpHeaders();
49          //设置下载方式以及下载文件的名字,attachment:以附件的方式进行下载,
50          //filename 设置下载下来时默认的名字
51          headers.add("Content - Disposition",
52                                  "attachment;filename = message.txt");
```

```
53          //设置响应状态码
54          HttpStatus statusCode = HttpStatus.OK;
55          //创建 ResponseEntity 对象
56          ResponseEntity< byte[ ]> responseEntity = new
57                              ResponseEntity<>(bytes, headers, statusCode);
58          return responseEntity;
59     }
60 }
```

在例 13-20 中,第 8～39 行代码用于实现文件上传功能,首先获取前端上传的文件路径及名称,然后保存到项目的真实路径下,最后通过 FileReader 文件输入流读取文件内容并打印在控制台上;第 41～59 行代码用于实现文件下载功能,首先通过路径获取文件对象,然后通过输入流进行文件内容的读取,最后创建 ResponseEntity 对象实现流和文件内容的转换。

3. 编写公告模块前端页面

在 chapter13 项目的 WEB-INF 目录中创建 pages 包,并在该包中新建 message.jsp 文件,具体代码如例 13-21 所示。

例 13-21 message.jsp。

```
1  < html >
2  < head >
3  < title > Title </title >
4  </head >
5  < body >
6  < table >
7      < a >公告板块</a >
8      < hr color = "black" width = "40 %" align = "left">
9      < tr >
10         < td >1.周二休息一天</td >
11     </tr >
12     < tr >
13         < td >2.平谷大桃新鲜到货</td >
14     </tr >
15     < tr >
16         < td >3.西瓜已售罄</td >
17     </tr >
18     < tr >
19         < td >4.预订电话联系:156 **** 9858 </td >
20     </tr >
21 </table >
22 < a href = "/chapter13/downMessage">下载公告信息</a >
23 < form action = "/chapter13/upMessage" method = "post"
24 enctype = "multipart/form – data">
25 批量上传公告信息:< input type = "file" name = "document" multiple = "multiple"/>
26 < input type = "submit" value = "上传">
27 </form >
28 </body >
29 </html >
```

4. 测试文件上传与下载功能

(1) chapter13 项目启动成功后,在浏览器地址栏中输入 http://localhost:8080/

chapter13/message 请求,公告板块前端页面如图 13-17 所示。

图 13-17　公告板块前端页面

(2) 在 D 盘新建一个 message.txt 文件,内容如图 13-18 所示。

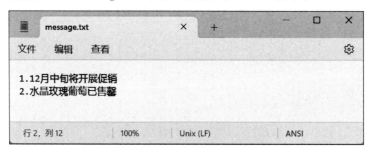

图 13-18　message.txt 文本内容

(3) 单击图 13-17 中的"选择文件"按钮,然后选择图 13-18 中的 message.txt 文件,最后单击"上传"按钮,完成文件的上传,操作步骤如图 13-19 所示。

图 13-19　文件上传步骤

(4) 单击"上传"按钮后,查看控制台输出信息,具体如图 13-20 所示。

从图 13-20 中可以看出,成功读取到上传文件 message.txt 中的文本信息。

(5) 单击图 13-16 中的"下载公告信息"文字超链接,下载后的文本内容如图 13-21 所示。

从图 13-21 中可以看出,下载的 message.txt 文本内容和公告板块的 4 条公告信息一致。

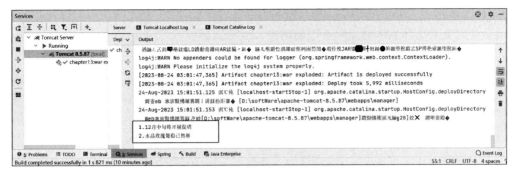

图 13-20 Chapter13 项目的控制台输出信息

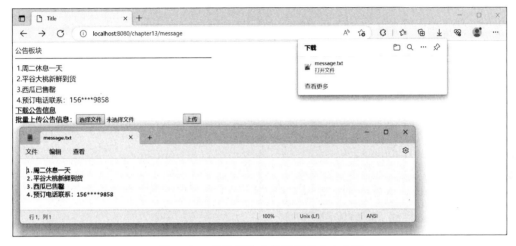

图 13-21 公告板块文件下载的文本内容

13.6 本章小结

本章主要讲解了 Spring MVC 的高级功能,包括 Spring MVC 实现 JSON 交互、RESTful 风格、Swagger、文件上传和下载,最后是一个实战演练:智慧农业果蔬系统中公告板块的数据上传与下载。通过对本章内容的学习,可以使读者设计出符合 RESTful 风格的 API,实现文件上传和下载,以及使用 Swagger 实现文档化 API,从而提高开发效率,降低维护成本,并改善用户体验。

13.7 习 题

一、填空题

1. 在文件上传时,应设置请求方式为_____。

2. 文件上传的表单需要设置_____属性。

3. RESTful 是一种架构风格,其核心是_____。

4. JSON 是一种_____。

5. Swagger 中的@API 注解用在_____上面。

264

二、选择题

1. 下列关于文件上传的说法不正确的是( )。

    A. Spring MVC 默认并没有文件上传解析器,因此,需要自己动手配置

    B. 文件上传的数据接口只能接收 post 请求,否则将获取不到上传文件的内容

    C. 上传的表单可以不用设置 enctype="multipart/form-data"

    D. 在方法内部完成上传文件的存储,首先需要获取到上传的文件名称及其后缀

2. ( )注解用于将 controller 类的方法返回对象转换为 JSON 响应给客户端。

    A. @ResponseBody   B. @RequestBody

    C. @RequestMapping   D. @Controller

3. 以下不是 HTTP 请求方式的是( )。

    A. PUT   B. DELETE   C. GET   D. JSON

4. 当 DispatchServlet 拦截请求导致静态资源无法访问时,在配置文件中添加( )标签。

    A. < mvc:annotation-driven/>   B. < mvc:default-servlet-handler >

    C. < context:annotation-config >   D. < context:component-scan/>

5. ( )注解是解析请求的 JSON 格式的参数,也就是自动解析 JSON 字符串。

    A. @ResponseBody   B. @RequestBody

    C. @RequestMapping   D. @Controller

三、简答题

1. 简述 RESTful 风格的 4 种方式。

2. 简述文件上传和下载的流程。

四、操作题

使用 Spring MVC 框架完成一个能够实现图片上传和下载功能的项目。

第 14 章　综合项目——智慧农业果蔬系统

学习目标

视频讲解

- 掌握 SSM 框架的整合，能够独立完成 SSM 框架的搭建。
- 掌握应用测试的方法，能够执行项目功能测试。
- 掌握 Maven 项目管理，能够使用 Maven 对项目进行创建和维护。

本书前 13 章详细讲解了 Spring、Spring MVC、MyBatis 框架的基础知识和核心技术，并演示了如何将这些知识应用于实际项目。为了巩固和联系之前所学的知识，本章将通过一个完整的项目案例来展示如何将它们进行整合，让读者更好地理解 Java EE 常用框架的精髓，并做到学以致用。本章将对项目介绍、环境搭建、数据库设计、普通用户功能的实现和管理员用户功能实现进行讲解。

14.1　项 目 介 绍

智慧农业果蔬系统是一个基于 SSM 框架的精细化农业管理系统，旨在支持果蔬种植、销售和管理。本节将全面介绍该项目，包括项目的背景与意义、系统环境配置、系统架构设计、各功能模块的详细介绍及页面效果的展示，帮助读者深入了解该系统的特点和功能。

14.1.1　项目背景

智慧农业是我国智慧经济的重要组成部分，并且我国处于现代农业发展的高级阶段。对于作为发展中国家的中国而言，加快智慧农业建设，利用新一代信息技术提升农业生产和管理水平，是实现国家农业转型升级的重要举措。智慧农业果蔬系统的应用不仅可以拓宽农产品的销售途径，还能减轻农民的市场推广负担，提高农民的生活水平。因此，本章通过实际项目的方式实现一个智慧农业果蔬系统，巩固 SSM 框架整合技术以及关键知识点在项目实践中的应用。

14.1.2　系统环境配置

- 系统开发平台：Tomcat 8.5.87＋JDK 1.8＋Windows 10。
- 开发语言：Java。
- 框架：Spring 5.0＋Spring MVC 5.0＋MyBatis 3.5.6。
- JAR 包管理：Maven 3.9.4。
- 前端：JSP。

- 数据库：MySQL 8.0.32。
- 开发环境：IntelliJ IDEA 2020.2.3。
- 浏览器：Chrome。

14.1.3 功能模块介绍

智慧农业果蔬系统分为普通用户功能和管理员后台功能。普通用户功能主要为普通用户提供登录和注册、商品购买、商品收藏、购物车、个人信息修改、公告及留言等服务。管理员后台功能主要提供类目管理、用户管理、商品管理、订单管理、公告管理和留言管理服务。普通用户功能如图 14-1 所示，管理员后台功能如图 14-2 所示。

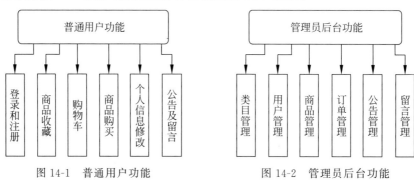

图 14-1　普通用户功能　　　　　　图 14-2　管理员后台功能

普通用户功能和管理员后台功能模块的详细介绍如下。

1. 普通用户功能模块

- 登录和注册：支持普通用户注册账号并进行登录。
- 商品购买：普通用户可以浏览蔬菜和水果，并将它们添加到购物车以进行购买，也可以根据折扣大促销和热门商品标签挑选蔬菜水果购买。
- 商品收藏：用户可以选择心仪的商品进行收藏，并在个人中心的"商品收藏"部分查看已收藏的商品。
- 购物车：用户可以将所选的蔬菜和水果添加到购物车中，随后可以在个人中心的"我的订单"部分查看已加入购物车的商品。
- 个人信息修改：普通用户可以更新个人信息，包括姓名、邮箱、手机号、地址以及密码等。
- 公告及留言：用户可以查看首页上的日常公告，同时也可以在留言板上进行留言和回复。管理员页面的留言管理模块可以接收到普通用户的留言，而管理员页面的公告板块可以发布和编辑公告信息。

2. 管理员后台功能模块

- 类目管理：管理员具备对农产品类目进行新增、修改、删除的权限，还可以进行二级分类的修改和删除操作。
- 用户管理：管理员可以查看和搜索所有普通用户的详细信息。
- 商品管理：管理员可以执行查询、新增、修改农产品商品信息及下架等操作。
- 订单管理：管理员可以查看和查询订单的状态信息。
- 公告管理：管理员可以对公告进行查询、新增、修改及删除等操作。
- 留言管理：管理员有权限查询或删除用户的留言。

14.1.4　页面效果

智慧农业果蔬系统分为两个部分：为普通用户服务的消费端，主要由用户登录和注册、商品购买、商品收藏、购物车、个人信息修改、公告及留言等功能组成；为管理员用户服务的商家管理端，主要由类目管理、用户管理、商品管理、订单管理、公告管理和留言管理功能组成。接下来将分别展示普通用户端和管理员用户端的页面效果。

1. 普通用户页面

（1）普通用户第一次登录需要注册账号，注册页面如图 14-3 所示。

图 14-3　注册页面

（2）普通用户注册成功之后可以在登录页面进行登录，登录页面如图 14-4 所示。

图 14-4　登录页面

（3）用户登录成功后系统可自动跳转到首页，首页页面如图 14-5 所示。

（4）单击首页的"个人中心"超链接即可进入个人中心页面，个人中心的个人信息页面

图 14-5　首页页面

如图 14-6 所示,个人中心的我的订单页面如图 14-7 所示,个人中心的商品收藏页面如图 14-8 所示,个人中心的修改密码页面如图 14-9 所示。

图 14-6　个人中心—个人信息页面

(5) 单击导航栏的"公告",即可进入公告页面,公告页面如图 14-10 所示。

(6) 单击"留言",即可进入留言页面,留言页面如图 14-11 所示。

(7) 单击首页上的"分类",再单击"桃子"选项,查看桃子的商品列表,如图 14-12 所示。

(8) 单击商品列表的商品标题或商品图片,即可进入商品详情页面,商品详情页面如图 14-13 所示。

(9) 如图 14-13 所示,普通用户可选择购买数量,单击"加入购物车"按钮后,进入购物车页面,购物车页面如图 14-14 所示。

(10) 如图 14-14 所示,用户确定购买的商品和商品数量后,单击"结算"按钮,即可完成购买。用户可以在个人中心查看货物状态,货物状态页面如图 14-15 所示。

图 14-7　个人中心—我的订单页面

图 14-8　个人中心—商品收藏页面

图 14-9　个人中心—修改密码页面

269

图 14-10 公告页面

图 14-11 留言页面

图 14-12 商品列表页面

图 14-13　商品详情页面

图 14-14　购物车页面

图 14-15　货物状态页面

综合项目——智慧农业果蔬系统

(11) 用户收货后可以对商品进行评价，评价页面如图 14-16 所示。

图 14-16   评价页面

普通用户的功能页面已展示完毕。接下来展示管理员用户的功能页面。

2. 管理员用户页面

(1) 管理员可以使用账号和密码登录管理员用户页面，管理员用户登录页面如图 14-17 所示。

图 14-17   管理员用户登录页面

(2) 管理员用户登录成功后，默认进入商品"类目管理"模块，可对商品类目进行增加、删除、修改和查看操作，类目管理页面如图 14-18 所示。

(3) 在左侧菜单栏选择"用户管理"菜单项，可以查看已注册用户的信息，用户管理页面如图 14-19 所示。

(4) 在左侧菜单栏选择"商品管理"菜单项，可以对商品信息进行添加、查看、修改和下架操作，商品管理页面如图 14-20 所示。

(5) 在左侧菜单栏选择"订单管理"菜单项，可以查询订单的状态或操作发货，订单管理页面如图 14-21 所示。

(6) 在左侧菜单栏选择"公告管理"菜单项，可对公告进行添加、查询、修改和删除操作，公告管理页面如图 14-22 所示。

图 14-18 类目管理页面

图 14-19 用户管理页面

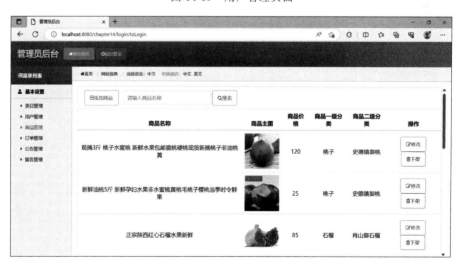

273

第14章

图 14-20 商品管理页面

综合项目——智慧农业果蔬系统

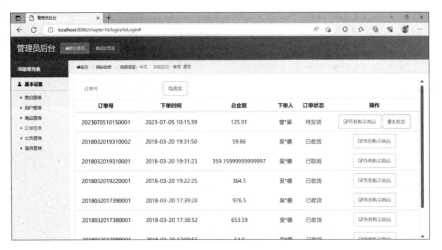

图 14-21 订单管理页面

图 14-22 公告管理页面

（7）在左侧菜单栏选择"留言管理"菜单项，可对留言进行查询、回复和删除操作，留言管理页面如图 14-23 所示。

图 14-23 留言管理页面

管理员用户的功能页面展示完毕。

14.2 环 境 搭 建

环境搭建是项目可以稳定运行的基础,是至关重要的一环,核心环节包括引入依赖、创建 MVC 架构的层级目录、创建配置文件。项目结构如图 14-24 所示。

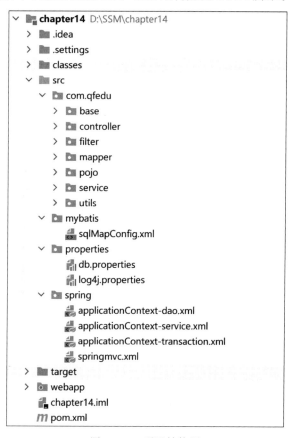

图 14-24　项目结构图

在图 14-24 中,com. qfedu. base 包下存放公共基础类,主要用于封装 DAO、Service、Controller 层的基础方法;com. qfedu. controller 包下存放 Controller 层代码;com. qfedu. filter 包下存放过滤器配置相关代码;com. qfedu. mapper 包下存放 MyBatis 的 SQL 映射文件;com. qfedu. pojo 包下存放 Model 层实体类;com. qfedu. service 包下存放业务层代码;com. qfedu. utils 包下存放自定义工具类;mybatis 包下存放 MyBatis 的配置文件;properties 包下存放资源文件,如数据库外部配置文件和日志配置文件;spring 包下存放 Spring 及 Spring MVC 的配置文件;webapp 下存放 View 层文件和 Web 应用程序的配置文件。在了解项目结构后,开始搭建项目环境,具体步骤如下。

1. 引入依赖

(1) 使用 IDEA 软件创建 Maven 项目 chapter14,然后在 pom. xml 文件中添加项目所需要的 Spring、SpringMVC、JSTL、JSON 等依赖。pom. xml 文件的主要代码如下所示。

276

```
1   < dependencies >
2       <!-- spring核心包 -->
3       < dependency >
4           < groupId > org. springframework </groupId >
5           < artifactId > spring - core </artifactId >
6           < version > $ {spring. version}</version >
7       </dependency >
8       < dependency >
9           < groupId > org. springframework </groupId >
10          < artifactId > spring - web </artifactId >
11          < version > $ {spring. version}</version >
12      </dependency >
13      < dependency >
14          < groupId > org. springframework </groupId >
15          < artifactId > spring - oxm </artifactId >
16          < version > $ {spring. version}</version >
17      </dependency >
18      < dependency >
19          < groupId > org. springframework </groupId >
20          < artifactId > spring - tx </artifactId >
21          < version > $ {spring. version}</version >
22      </dependency >
23      < dependency >
24          < groupId > org. springframework </groupId >
25          < artifactId > spring - jdbc </artifactId >
26          < version > $ {spring. version}</version >
27      </dependency >
28      < dependency >
29          < groupId > org. springframework </groupId >
30          < artifactId > spring - webmvc </artifactId >
31          < version > $ {spring. version}</version >
32      </dependency >
33      < dependency >
34          < groupId > org. springframework </groupId >
35          < artifactId > spring - aop </artifactId >
36          < version > $ {spring. version}</version >
37      </dependency >
38      < dependency >
39          < groupId > org. springframework </groupId >
40          < artifactId > spring - context - support </artifactId >
41          < version > $ {spring. version}</version >
42      </dependency >
43      < dependency >
44          < groupId > org. springframework </groupId >
45          < artifactId > spring - test </artifactId >
46          < version > $ {spring. version}</version >
47      </dependency >
48      < dependency >
49          < groupId > org. aspectj </groupId >
50          < artifactId > aspectjweaver </artifactId >
51          < version > 1. 8. 5 </version >
52      </dependency >
53      <!-- 引入 JSON -->
54      < dependency >
```

```
55            <groupId>com.alibaba</groupId>
56            <artifactId>fastjson</artifactId>
57            <version>1.2.11</version>
58        </dependency>
59        <!-- JSTL 标签类 -->
60        <dependency>
61            <groupId>jstl</groupId>
62            <artifactId>jstl</artifactId>
63            <version>1.2</version>
64        </dependency>
65        <!-- 日志文件管理包 -->
66        <dependency>
67            <groupId>log4j</groupId>
68            <artifactId>log4j</artifactId>
69            <version>${log4j.version}</version>
70        </dependency>
71        <!-- 上传组件包 -->
72        <dependency>
73            <groupId>commons-fileupload</groupId>
74            <artifactId>commons-fileupload</artifactId>
75            <version>1.3.1</version>
76        </dependency>
77        <dependency>
78            <groupId>commons-io</groupId>
79            <artifactId>commons-io</artifactId>
80            <version>2.4</version>
81        </dependency>
82        <dependency>
83            <groupId>commons-logging</groupId>
84            <artifactId>commons-logging</artifactId>
85            <version>1.1.1</version>
86        </dependency>
87    </dependencies>
```

上述代码中，第 3～52 行代码为 Spring 核心相关依赖；第 54～58 行代码为 JSON 相关依赖；第 66～70 行代码为日志管理相关依赖；第 72～86 行代码为 I/O 流、分页、文件上传及下载等相关组件依赖。

（2）在 chapter14 项目的 src 目录下创建 com.qfedu 包、com.qfedu.base 包、com.qfedu.controller 包、com.qfedu.filter 包、com.qfedu.pojo 包、com.qfedu.servcie 包、com.qfedu.utils 包、com.qfedu.mapper 包、mybatis 包、spring 包和 properties 包。properties 包下存放 db.properties 和 log4j.properties 外部资源文件。db.properties 文件用于配置数据库连接的驱动、地址、用户和密码；log4j.properties 文件用于配置日志相关的功能信息，具体代码如例 14-1 与例 14-2 所示。

例 14-1 db.properties。

```
1   jdbc.driver = com.mysql.cj.jdbc.Driver
2   jdbc.url = jdbc:mysql://localhost:3306/chapter14?useSSL = false&serverTim
3   ezone = Asia/Shanghai&allowPublicKeyRetrieval = true
4   jdbc.username = root
5   jdbc.password = root
```

例 14-2 log4j. properties。

```
1   log4j. rootLogger = DEBUG, Console
2   # Console
3   log4j. appender. Console = org. apache. log4j. ConsoleAppender
4   log4j. appender. Console. layout = org. apache. log4j.PatternLayout
5   log4j. appender. Console. layout. ConversionPattern = % d [ % t] % - 5p [ % c] - % m % n
6   log4j. logger. java. sql. ResultSet = INFO
7   log4j. logger. org. apache = INFO
8   log4j. logger. java. sql. Connection = DEBUG
9   log4j. logger. java. sql. Statement = DEBUG
10  log4j. logger. java. sql. PreparedStatement = DEBUG
```

日志管理为拓展模块,感兴趣的读者可以自行学习日志管理相关知识,本书只做演示。

(3) 在 chapter14 项目的 com. qfedu. mybatis 包下新建 sqlMapConfig. xml 配置文件,该文件用于配置别名、分页和参数映射等功能信息,具体代码如例 14-3 所示。

例 14-3 sqlMapConfig. xml。

```
1   < configuration >
2       <!-- 配置别名 -->
3       < settings >
4           < setting name = "logImpl" value = "LOG4J"/>
5       </settings >
6       < typeAliases >
7       <!-- 批量扫描别名 -->
8           < package name = "com. qfedu. pojo"/>
9       </typeAliases >
10  < plugins >
11      <!-- com. GitHub. pagehelper 为 PageHelper 类所在包名 -->
12      < plugin interceptor = "com. GitHub. pagehelper. PageHelper">
13          < property name = "dialect" value = "mysql"/>
14  <!-- 设置为 true 时,会将 RowBounds 第一个参数 offset 作为 pageNum 页码使用 -->
15          < property name = "offsetAsPageNum" value = "true"/>
16          <!-- 设置为 true 时,使用 RowBounds 分页会进行 count 查询 -->
17          < property name = "rowBoundsWithCount" value = "true"/>
18  <!-- 设置为 true 时,如果 pageSize = 0 或 RowBounds. limit = 0 就会查询出全部的结果 -->
19          < property name = "pageSizeZero" value = "true"/>
20  <!-- 启用合理化时,如果 pageNum < 1 则查询第一页,如果 pageNum > pages 则查询最后一页 -->
21          < property name = "reasonable" value = "true"/>
22          <!-- 3.5.0 版本可用 - 为了支持 startPage(Object params)方法 -->
23          <!-- 增加"params"参数配置参数映射,用于从 Map 或 ServletRequest 中取值 -->
24          < property name = "params" value = "pageNum = start;pageSize = limit;"/>
25          <!-- 支持通过 Mapper 接口参数来传递分页参数 -->
26          < property name = "supportMethodsArguments" value = "true"/>
27          < property name = "returnPageInfo" value = "check"/>
28      </plugin >
29  </plugins >
30  </configuration >
```

在例 14-3 中,第 3~9 行代码表示为 com. qfedu. pojo 包下的所有实体类设置默认别名,别名的命名格式为驼峰命名格式;第 10~29 行代码表示分页查询相关功能的配置。

(4) 在 chapter14 项目的 com. qfedu. spring 包中新建 applicationContext-dao. xml 配置文件,该文件用于配置数据源、数据库连接池、Mapper 扫描器等功能信息,具体代码如例 14-4 所示。

例 14-4 applicationContext-dao. xml。

```
1  < context:property - placeholder location = "classpath:db.properties" />
2  <!-- 配置数据源,dbcp -->
3  < bean id = "dataSource" class = "org. apache. commons. dbcp. BasicDataSource"
4  destroy - method = "close">
5  < property name = "driverClassName" value = " ${jdbc.driver}" />
6  < property name = "url" value = " ${jdbc.url}" />
7  < property name = "username" value = " ${jdbc.username}" />
8  < property name = "password" value = " ${jdbc.password}" />
9  < property name = "maxActive" value = "30" />
10 < property name = "maxIdle" value = "5" />
11 </bean>
12 <!-- sqlSessionFactory -->
13 < bean id = "sqlSessionFactory"
14     class = "org. mybatis. spring. SqlSessionFactoryBean">
15     <!-- 数据库连接池 -->
16     < property name = "dataSource" ref = "dataSource" />
17     <!-- 加载 MyBatis 的全局配置文件 -->
18     < property name = "configLocation"
19     value = "classpath:mybatis/sqlMapConfig.xml" />
20 </bean>
21 <!-- Mapper 扫描器 -->
22 < bean class = "org. mybatis. spring. mapper. MapperScannerConfigurer">
23     <!-- 扫描包路径,如果需要扫描多个包,中间使用半角逗号隔开 -->
24     < property name = "basePackage" value = "com. qfedu. mapper"></property>
25     < property name = "sqlSessionFactoryBeanName" value = "sqlSessionFactory"/>
26 </bean>
```

在例 14-4 中,第 3~11 行代码表示数据源相关属性配置;第 13~20 行代码表示设置数据库连接池和加载 MyBatis 的配置文件;第 22~26 行代码表示设置 mapper 扫描器和扫描包的路径。

(5) 在 chapter14 项目的 com. qfedu. spring 包下新建 applicationContext-service. xml 配置文件,该文件用于配置开启自动扫描 Service 层注解等功能信息,具体代码如例 14-5 所示。

例 14-5 applicationContext-service. xml。

```
1  <!-- 商品管理的 service -->
2  < context:component - scan
3  base - package = "com. qfedu"></context:component - scan >
4  < context:annotation - config></context:annotation - config>
5  </beans>
```

(6) 在 chapter14 项目的 com. qfedu. spring 包下新建 applicationContext-transaction
. xml 配置文件,该文件用于配置事务管理和切面通知等功能信息,具体代码如例 14-6 所示。

例 14-6 applicationContext-transaction. xml。

```
1  <!-- 事务管理器 -->
2     < bean id = "transactionManager" class = "org. springframework. jdbc.
3       datasource. DataSourceTransactionManager">
4  <!-- 数据源 -->
```

```
5    < property name = "dataSource" ref = "dataSource"/></bean >
6    <!-- 通知 -->
7    < tx:advice id = "txAdvice" transaction - manager = "transactionManager">
8        < tx:attributes >
9            <!-- 传播行为 -->
10           < tx:method name = "save * " propagation = "REQUIRED"/>
11           < tx:method name = "delete * " propagation = "REQUIRED"/>
12           < tx:method name = "insert * " propagation = "REQUIRED"/>
13           < tx:method name = "update * " propagation = "REQUIRED"/>
14           < tx:method name = "find * " propagation = "SUPPORTS" read - only = "true"/>
15           < tx:method name = "get * " propagation = "SUPPORTS" read - only = "true"/>
16           < tx:method name = "select * " propagation = "SUPPORTS" read - only = "true"/>
17       </tx:attributes >
18   </tx:advice >
```

在例 14-6 中,第 2 行和第 3 行代码表示配置事务管理器;第 5 行代码表示配置数据源;第 7~18 行代码表示设置通知类型及传播行为。

(7) 在 chapter14 项目的 com. qfedu. spring 包中新建 springmvc. xml 配置文件,该文件用于配置自动开启 Controller 层注解扫描和视图解析器等功能信息,具体代码如例 14-7 所示。

例 14-7 springmvc. xml。

```
1  <!-- 指定 Controller 的包 -->
2      < context:component - scan
3      base - package = "com. qfedu. controller"></context:component - scan >
4  <!-- 使用注解 -->
5  < mvc:annotation - driven >< mvc:message - converters >
6      < bean class = "org. springframework. http.
7      converter. StringHttpMessageConverter">
8        < property name = "supportedMediaTypes">
9          < list >
10             < value > application/json;charset = UTF - 8 </value >
11         </list >
12       </property >
13     </bean >
14 </mvc:message - converters ></mvc:annotation - driven >
15 < mvc:resources mapping = "/resource/ ** " location = "/resource/"/>
16 < bean id = "multipartResolver"
17 class = "org. springframework. web. multipart.
18 commons. CommonsMultipartResolver"/>
19 <!-- 视图解析器 -->
20 < bean class = "org. springframework. web. servlet.
21   view. InternalResourceViewResolver">
22 <!-- 配置 JSP 路径的前缀 -->
23 < property name = "prefix" value = "/WEB - INF/jsp/"/>
24 <!-- 配置 JSP 路径的后缀 -->
25 < property name = "suffix" value = ". jsp"/>
26 </bean >
```

在例 14-7 中,第 2 行和第 3 行代码表示指定 Controller 层的包路径;第 5 行代码表示开启自动注解;第 20~26 行代码表示配置视图解析器。

(8) 在 chapter14 项目的 WEB-INF 包下的 web. xml 文件中配置字符编码、过滤器和访问路径等功能信息,具体代码如例 14-8 所示。

例 14-8 web. xml。

```
1  < display - name ></display - name >
2  < welcome - file - list >
3      < welcome - file > index. jsp </welcome - file >
4  </welcome - file - list >
5  < context - param >
6      < param - name > contextConfigLocation </param - name >
7      < param - value >/WEB - INF/classes/spring/applicationContext - * .xml
8      </param - value >
9  </context - param >
10 < listener >
11     < listener - class > org. springframework. web. context
12     .ContextLoaderListener </listener - class >
13 </listener >
14 < filter >
15     < filter - name > characterEncodingFilter </filter - name >
16     < filter - class > org. springframework. web. filter
17                     .CharacterEncodingFilter </filter - class >
18     < init - param >
19         < param - name > encoding </param - name >
20         < param - value > UTF - 8 </param - value >
21     </init - param >
22     < init - param >
23         < param - name > forceEncoding </param - name >
24         < param - value > true </param - value >
25     </init - param >
26 </filter >
27 < filter - mapping >
28     < filter - name > characterEncodingFilter </filter - name >
29     < url - pattern >/ * </url - pattern >
30 </filter - mapping >
31 < servlet >
32     < servlet - name > Spring MVC </servlet - name >
33     < servlet - class > org. springframework. web. servlet
34     .DispatcherServlet </servlet - class >
35     < init - param >
36         < param - name > contextConfigLocation </param - name >
37         < param - value > classpath:spring/springmvc. xml </param - value >
38     </init - param >
39 </servlet >
40 < servlet - mapping >
41     < servlet - name > Spring MVC </servlet - name >
42     < url - pattern >/</url - pattern >
43 </servlet - mapping >
44 < filter >
45     < filter - name > SystemContextFilter </filter - name >
46     < filter - class > com. qfedu. filter. SystemContextFilter </filter - class >
47     < init - param >
48         < param - name > pageSize </param - name >
49         < param - value > 15 </param - value >
50     </init - param >
```

```
51 </filter>
52 <filter - mapping>
53     <filter - name>SystemContextFilter</filter - name>
54     <url - pattern>/ * </url - pattern>
55 </filter - mapping>
```

在例 14-8 中,第 2~4 行代码表示设置系统默认首页的 JSP 文件;第 5~9 行代码表示配置 contextConfigLocation 类并读取符合格式的所有 applicationContext- * . xml 文件;第 18~25 行代码表示设置系统的字符编码为 UTF-8;第 27~55 行代码表示为项目设置访问路径权限等信息。

至此,智慧农业果蔬系统项目的环境搭建及配置步骤完成。

14.3 数据库设计

数据库设计是构建健壮、高效和安全的信息管理系统的关键步骤之一。优秀的数据库设计可以确保数据的完整性、准确性和安全性,提高系统性能和响应时间,降低维护成本,为用户提供优质的访问和查询体验。本节将带领读者掌握智慧农业果蔬系统的 E-R 图、数据表关系模型图和表的设计结构。

14.3.1 E-R 图

本节介绍一种能描述实体类对象关系的模型:E-R 图。E-R 图又称为实体关系图,它能够直观地描述出实体与属性之间的关系,下面根据智慧农业果蔬系统的功能来设计 E-R 图,具体如下所示。

(1)用户实体类的 E-R 图如图 14-25 所示。

(2)管理员实体类的 E-R 图如图 14-26 所示。

图 14-25 用户实体类 E-R 图

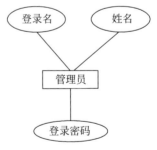
图 14-26 管理员实体类 E-R 图

(3)订单实体类的 E-R 图如图 14-27 所示。

(4)商品实体类的 E-R 图如图 14-28 所示。

(5)商品详情实体类的 E-R 图如图 14-29 所示。

(6)购物车实体类的 E-R 图如图 14-30 所示。

(7)评价实体类的 E-R 图如图 14-31 所示。

(8)收藏实体类的 E-R 图如图 14-32 所示。

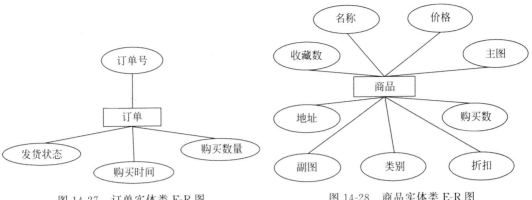

图 14-27　订单实体类 E-R 图　　　　　图 14-28　商品实体类 E-R 图

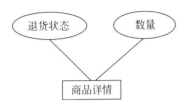

图 14-29　商品详情实体类 E-R 图

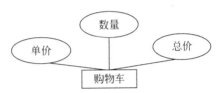

图 14-30　购物车实体类 E-R 图

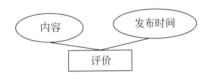

图 14-31　评价实体类 E-R 图

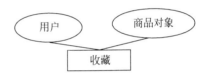

图 14-32　收藏实体类 E-R 图

（9）公告实体类的 E-R 图如图 14-33 所示。

（10）留言实体类的 E-R 图如图 14-34 所示。

图 14-33　公告实体类 E-R 图

图 14-34　留言实体类 E-R 图

14.3.2　数据表关系模型图

1. 根据业务分析该系统需要哪些数据表

（1）登录与注册业务。

系统支持两种角色的用户：普通用户和管理员用户，每个角色分别对应不同的子系统及页面。出于架构角度和系统安全性的考虑，本项目中采用两张表：user 表用于存储普通用户信息，manage 表用于存储管理员用户信息。

（2）商品管理业务。

设计类目表 item_category、商品表 item 和商品详情表 order_detail 来存储农产品的相关信息。

(3) 购物车业务。

普通用户可以在商品页面中选择农产品,并将它们添加到购物车进行结算。为了实现这一功能,系统使用了两个关键数据表:购物车表 car 和订单表 item_order,用于统计和存储相关信息。

(4) 收藏、公告、留言业务。

对于收藏、公告和留言板块等功能,只需分别创建相应的数据表,如 sc 表、news 表和 message 表,并建立外键关联用户 ID,以实现相关业务功能的增、删、改、查等操作。

2. 根据功能分析该系统表及表之间的关系

(1) 商品展示功能:一个类目下可以有多个商品,因此,类目表 item_category 和商品表 item 是一对多的关系;一个商品信息对应一个商品详情,所以商品表 item 和商品详情表 order_detail 是一对一的关系。

(2) 下单结算功能:一个购物车可以加入多个产品,同一产品也可以加入多个用户的购物车,所以订单表 item_order 和购物车表 car 是多对多的关系。

(3) 普通用户评价功能:一个用户可以对多个商品评价,一个商品也可以被多个用户评价,所以用户表 user 和评价表 comment 是多对多的关系。

(4) 商品收藏功能:一个用户可以收藏多个商品,所以用户表 user 和商品表 item 是一对多的关系。

(5) 发布公告功能:一个管理员可以发布多个公告,所以管理员用户表 manage 和公告表 news 是一对多的关系。

(6) 添加留言功能:一个用户可以进行多次留言,所以用户表 user 和留言表 message 是一对多的关系。

经过上述分析,智慧农业果蔬系统的数据表关系模型如图 14-35 所示。

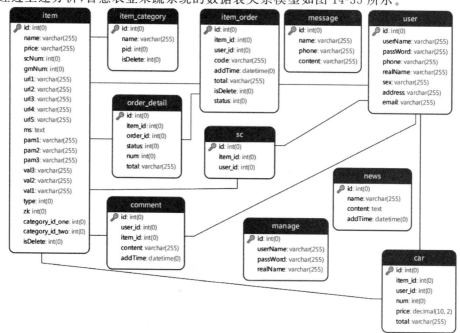

图 14-35　智慧农业果蔬系统的数据表关系模型图

从图 14-35 中可以清晰地看出每张表的字段、数据类型、长度及外键关系。

14.3.3 用户表

用户表负责存储普通用户的个人信息,user 表设计结构如表 14-1 所示。

表 14-1 user 表设计结构

字　　段	类　　型	长　　度	注　　释
id	int	0	主键 id
userName	varchar	255	用户名
passWord	varchar	255	密码
phone	varchar	255	手机号
realName	varchar	255	真实姓名
sex	varchar	255	性别
address	varchar	255	地址
email	varchar	255	邮箱

14.3.4 管理员表

管理员表负责存储管理员用户的个人信息,manage 表设计结构如表 14-2 所示。

表 14-2 manage 表设计结构

字　　段	类　　型	长　　度	注　　释
id	int	0	主键 id
userName	varchar	255	登录名
passWord	varchar	255	登录密码
realName	varchar	255	姓名

14.3.5 订单表

订单表负责存储订单的详细信息,item_order 表设计结构如表 14-3 所示。

表 14-3 item_order 表设计结构

字　　段	类　　型	长　　度	注　　释
id	int	0	主键 id
item_id	int	0	商品 id
user_id	int	0	购买者 id
code	varchar	255	订单号
addTime	datetime	0	购买时间
total	varchar	255	购买数量
isDelete	int	0	是否删除
status	int	0	0—待发货　1—已取消 2—已发货　3—已收货 4—已评价

285

第14章

14.3.6 类目表

类目表负责存储管水果蔬菜的类目信息,item_category 表设计结构如表 14-4 所示。

表 14-4 item_category 表设计结构

字　段	类　型	长　度	注　释
id	int	0	主键 id
name	varchar	255	类目 id
pid	int	0	父 id
isDelete	int	0	是否删除

14.3.7 商品表

商品表负责存储商品的详细信息,item 表设计结构如表 14-5 所示。

表 14-5 item 表设计结构

字　段	类　型	长　度	注　释
id	int	0	主键 id
name	varchar	255	商品名称
price	varchar	255	商品价格
scNum	int	0	收藏数
gmNum	int	0	购买数
url1	varchar	255	主图 1
url2	varchar	255	副图 1
url3	varchar	255	副图 2
url4	varchar	255	副图 3
url5	varchar	255	副图 4
ms	text	0	描述
pam1	varchar	255	参数 1
pam2	varchar	255	参数 2
pam3	varchar	255	参数 3
val3	varchar	255	值 3
val2	varchar	255	值 2
val1	varchar	255	值 1
type	int	0	类别
zk	int	0	折扣
category_id_one	int	0	类别 id
category_id_two	int	0	类别 2 级
isDelete	int	0	0 否　1 是

14.3.8 商品详情表

商品详情表负责商品和订单之间的关联信息,order_detail 表设计结构如表 14-6 所示。

表 14-6 order_detail 表设计结构

字 段	类 型	长 度	注 释
id	int	0	主键 id
item_id	int	0	商品 id
order_id	int	0	订单 id
status	int	0	0—未退货 1—已退货
num	int	0	数量
total	varchar	255	小计

14.3.9 购物车表

购物车表负责存储普通用户加入购物车的商品信息，car 表设计结构如表 14-7 所示。

表 14-7 car 表设计结构

字 段	类 型	长 度	注 释
id	int	0	主键 id
item_id	int	0	商品 id
user_id	int	0	用户 id
num	int	0	数量
price	decimal	10	单价
total	varchar	255	总价

14.3.10 评价表

评价表负责存储普通用户对已收货商品的评价信息，comment 表设计结构如表 14-8 所示。

表 14-8 comment 表设计结构

字 段	类 型	长 度	注 释
id	int	0	主键 id
user_id	int	0	用户 id
item_id	int	0	商品 id
content	varchar	255	内容
addTime	datetime	0	发布时间

14.3.11 收藏表

收藏表负责存储普通用户收藏的商品信息，sc 表设计结构如表 14-9 所示。

表 14-9 sc 表设计结构

字 段	类 型	长 度	注 释
id	int	0	商品 id
item_id	int	0	商品对象
user_id	int	0	收藏者 id

14.3.12 公告表

公告表负责存储管理员用户发布的公告信息,news 表设计结构如表 14-10 所示。

表 14-10　news 表设计结构

字　　段	类　　型	长　　度	注　　释
id	int	0	主键 id
name	varchar	255	标题
content	text	0	内容
addTime	datetime	0	发布时间

14.3.13 留言表

留言表负责存储普通用户的留言信息,message 表设计结构如表 14-11 所示。

表 14-11　message 表设计结构

字　　段	类　　型	长　　度	注　　释
id	int	0	主键 id
userName	varchar	255	登录名
passWord	varchar	255	登录密码
realName	varchar	255	姓名

14.4 普通用户功能的实现

本节主要讲解普通用户登录智慧农业果蔬系统后的功能编码实现,涉及的功能主要有登录与注册、商品购买、商品收藏、购物车、个人信息、公告及留言 6 方面。

14.4.1 注册与登录

1. 注册功能

当普通用户第一次访问智慧农业果蔬系统时,需要先注册账号,才可以进行后续的购买、收藏和结算等操作。接下来讲解如何实现注册功能,具体步骤如下。

(1) 在 chapter14 项目的 com. qfedu. base 包下新建 BaseDao 接口,用于封装一些与数据库交互的方法,BaseService 接口和 BaseController 类与 BaseDao 接口的作用大致相同,用于封装基础功能,此处不再赘述。BaseDao 接口的具体代码如例 14-9 所示。

例 14-9　BaseDao. java。

```
1    public interface BaseDao < T >{
2        int insert(T entity);
3        void deleteById(Serializable id);
4        void deleteByEntity(T entity);
5        void deleteByMap(Map < String,Object > params);
6        void update(T entity);
```

```
7        void updateById(T entity);
8        public List < T > listByMap(Map < String, Object > params);
9        List < T > listAll();
10       List < T > listAllByEntity(T entity);
11       T load(Serializable id);
12       T getById(Serializable id);
13       T getByMap(Map < String, Object > params);
14       public T getByEntity(T entity);
15       public List < T > findByMap(Map < String, Object > params);
16       public List < T > findByEntity(T entity);
17       public void insertBatch(List < T > list);
18       public void updateBatch(List < T > list);
19       public Map < String, Object > getBySqlReturnMap(
20                                    @Param("sql")String sql);
21       public T getBySqlReturnEntity(@Param("sql")String sql);
22       public List < Map < String, Object >> listBySqlReturnMap(
23                                    @Param("sql")Stringsql);
24       public List < T > listBySqlReturnEntity(@Param("sql")String sql);
25       public List < T > findBySqlRerturnEntity(@Param("sql")String sql);
26       public void updateBysql(@Param("sql")String sql);
27       public void deleteBySql(@Param("sql")String sql);
28    }
```

在例 14-9 中,BaseDao 接口封装了新增、删除、更新、查询及通过 SQL 语句完成增删改查的方法,通过这些方法可以完成大部分与数据库交互的通用功能,从而达到简化代码,提高编写效率的目的。需要注意的是,尽管 BaseDao 接口提供了一系列通用的数据库操作方法,但特殊情况需要额外的处理,当 BaseDao 接口中提供的通用方法无法满足需求时,开发人员可以通过在接口中自定义方法以完成相关业务。

(2) 在 chapter14 项目下的 com. qfedu. pojo 包中创建 User 实体类,用于映射所有注册用户的 Model 信息,具体代码如例 14-10 所示。

例 14-10 User. java。

```
1     public class User implements Serializable {
2         //主键 id
3         private Integer id;
4         //用户名
5         private String userName;
6         //密码
7         private String passWord;
8         //手机号
9         private String phone;
10        //真实姓名
11        private String realName;
12        //性别
13        private String sex;
14        //地址
15        private String address;
```

```
16        //电子邮箱
17        private String email;
18        //此处省略了 User 类的构造方法、Getter、Setter 和 toString()方法
19 }
```

（3）在 chapter14 项目下的 com.qfedu.mapper 包中创建 UserMapper 接口,用于定义与用户数据访问层相关的功能,该接口表示 MVC 架构中的 Dao 层,具体代码如例 14-11 所示。

例 14-11 UserMapper.java。

```
public interface UserMapper extends BaseDao < User > {}
```

在例 14-11 代码中,由于 UserMapper 接口继承了例 14-9 的 BaseDao 接口,所以基础的增、删、改、查方法不必在 UserMapper 接口中重复编写。

（4）在 chapter14 项目下的 com.qfedu.mapper 包下创建 UserMapper 接口的映射文件 UserMapper.xml,用于编写注册功能的相关 SQL 语句,具体代码如例 14-12 所示。

例 14-12 UserMapper.xml。

```
1 <!-- 声明数据库字段 -->
2 < sql id = "User_field">
3     id,userName,passWord,phone,realName,sex,address,email
4 </sql>
5 <!-- 实体类属性 -->
6 < sql id = "User_insert">
7     #{id},#{userName},#{passWord},#{phone},#{realName},#{sex},
8     #{address},#{email}
9 </sql>
```

在例 14-12 中,第 2~4 行代码为 user 表字段的 SQL 片段;第 6~8 行代码表示注册功能的 SQL 语句。

（5）在 chapter14 项目下的 com.qfedu.service 包下创建 UserService 接口,用于定义与用户相关的服务层功能,该接口和 UserDao 接口原理相同,具体代码如例 14-13 所示。

例 14-13 UserService.java。

```
public interface UserService extends BaseService < User > {}
```

（6）在 chapter14 项目下的 com.qfedu.service.impl 包下创建 UserServiceImpl 类,该类继承 BaseServiceImpl 类,与 UserDao 接口继承 BaseDao 接口的原理相同,此处不再赘述,具体代码如例 14-14 所示。

例 14-14 UserServiceImpl.java。

```
1 @Service
2 public class UserServiceImpl extends BaseServiceImpl < User >
3 implements UserService {
4     @Autowired
5     private UserMapper userMapper;
6     @Override
7     public BaseDao < User > getBaseDao() {
8         return userMapper;
9     }
10 }
```

在例 14-14 中,UserServiceImpl 类继承了 BaseServiceImpl 类,需要实现 BaseServiceImpl 类中的 getBaseDao()方法。注册功能的本质是向 user 表中插入一条注册时用户填写的相关注册信息,所以通过 BaseDao 类封装的新增通用方法即可完成注册功能的 Dao 层逻辑代码。

（7）在 chapter14 项目下的 com. qfedu. controller 包下创建 UserController 类,负责处理与用户界面和用户请求相关的逻辑,此处首先实现普通用户的注册功能,具体代码如例 14-15 所示。

例 14-15 UserController. java。

```
1  @Controller
2  @RequestMapping("/login")
3  public class LoginController extends BaseController {
4      @Autowired
5      private UserService userService;
6      /** 普通用户注册 */
7      @RequestMapping("/res")
8      public String res(){
9          return "login/res";
10     }
11     /** 执行普通用户注册 */
12     @RequestMapping("/toRes")
13     public String toRes(User u){
14         userService.insert(u);
15         return "login/uLogin";
16     }
```

在例 14-15 中,第 7～10 行代码表示普通用户单击注册账号跳转到的页面;第 12～16 行代码表示用户填写完相关注册信息后,通过 insert()方法向 user 表中插入对应数据,以完成注册功能。

（8）在 WEB-INF 目录下的 jsp 文件夹中创建 res. jsp 页面,用于用户注册,通过用户注册时提交的用户名、密码、地址和邮箱等信息以 form 表单的形式提交到 LoginController 类中,并完成用户的注册,主要代码如例 14-16 所示。

例 14-16 res. jsp。

```
1  < body >
2  < span >用户名:</span >
3  < input type = "text" name = "userName" placeholder = "请输入您的用户名">
4  </div >
5  < div class = "center_yh hidden_yh">设置密码:</span >
6      < input type = "text" name = "passWord"
7                              placeholder = "建议至少使用两种字符组合">
8  </div >
9  < div class = "center_yh hidden_yh">
10     < span >手机号:</span >
11     < input type = "text" name = "phone" placeholder = "建议使用常用的手机">
12 </div >
13 < div class = "center_yh hidden_yh">
14     < span >电子邮箱:</span >
15     < input type = "text" name = "email" placeholder = "请输入邮箱">
16 </div >
```

292

```
17  < p class = "font14 c_66">
18      < input type = "checkbox">我已阅读并同意< a href = " # " class = "red">
19      《会员注册协议》</a>
20      和< a href = " # " class = "red">《隐私保护政策》</a></p>
21  < input type = "submit" value = "提交" class = "ipt_tj">
22  </form >
23  </div >
24  </body >
```

至此实现普通用户注册功能的步骤完成。

2. 登录功能

普通用户成功注册账号之后即可进行登录,实现登录功能的具体步骤如下。

(1) 在 chapter14 项目的 UserController 类中编写登录功能的代码,主要代码如下所示。

```
1  / **
2   * 登录验证
3   * @return
4   */
5  @RequestMapping("toLogin")
6  public String toLogin(Manage manage, HttpServletRequest request){
7      Manage byEntity = manageService.getByEntity(manage);
8      if(byEntity == null){
9          return "redirect:/login/mtuichu";
10     }
11     request.getSession().setAttribute(Consts.MANAGE, byEntity);
12     return "/login/mIndex";
13 }
```

上述代码中,第5～13行代码表示在用户登录时,对用户的账号密码进行验证,验证通过即可跳转到智慧农业果蔬系统的首页。

(2) 在 chapter14 项目的 login 文件夹中创建 uLogin. jsp,用于普通用户进行登录操作,通过普通用户填写的账号密码信息以 form 表达的形式与后台的 UserController 类进行查询和验证,主要代码如例 14-17 所示。

例 14-17 uLogin. jsp。

```
1   < body >
2   < div class = "width100 hidden_yh">
3       < div class = "width1200 hidden_yh center_yh">
4           < div class = "right_yh bj_fff">
5               < form action = " $ {ctx}/login/utoLogin" method = "post">
6                   < h3 class = "tcenter font30 c_33">账户登录</h3>
7                   < div class = "center_yh hidden_yh">
8                       < div class = "width100 box - sizing hidden_yh">
9                           < img src = " $ {ctx}/resource/user/images/rw.jpg"
10                              alt = ""
11                              class = "left_yh" width = "42" height = "42">
12                          < input type = "text" placeholder = "
13                              请输入用户名或手机号" name = "userName" value = "">
14                      </div>
15                      < div class = "width100 box - sizing hidden_yh">
```

```
16                      < img src = " $ {ctx}/resource/user/images/pass.jpg"
17                                  alt = ""
18                                  class = "left_yh" width = "42" height = "42">
19                      < input type = "password" placeholder = "请输入密码"
20                                  name = "passWord" value = "">
21                      </div >
22                      < input type = "submit" value = "登录" class = "center_yh">
23                  </div >
24              </form >
25          </div >
26      </div >
27  </body >
```

至此实现普通用户登录功能的步骤完成。

14.4.2　个人信息

14.4.1 节演示了实现普通用户注册与登录功能的步骤。当普通用户登录成功后,可以在个人中心更新个人信息,实现个人信息更新功能的具体步骤如下。

(1) 在 chapter14 项目的 UserMapper. xml 映射文件中编写有关个人信息查询和修改 SQL 语句,主要代码如下所示。

```
1   <!-- 更新 -->
2   < sql id = "User_update">
3       < if test = "userName != null">
4           userName = #{userName},
5       </if >
6       < if test = "passWord != null">
7           passWord = #{passWord},
8       </if >
9       < if test = "phone != null">
10          phone = #{phone},
11      </if >
12      < if test = "realName != null">
13          realName = #{realName},
14      </if >
15      < if test = "sex != null">
16          sex = #{sex},
17      </if >
18      < if test = "address != null">
19          address = #{address},
20      </if >
21      < if test = "email != null">
22          email = #{email}
23      </if >
24  </sql >
25  <!-- 查询时条件  -->
26  < sql id = "User_where">
27      < if test = "id != null">
28          and id = #{id}
29      </if >
30      < if test = "userName != null">
31          and userName = #{userName}
```

```
32        </if>
33        < if test = "passWord != null">
34            and passWord = #{passWord}
35        </if>
36        < if test = "phone != null">
37            and phone = #{phone}
38        </if>
39        < if test = "realName != null">
40            and realName = #{realName}
41        </if>
42        < if test = "sex != null">
43            and sex = #{sex}
44        </if>
45        < if test = "address != null">
46            and address = #{address}
47        </if>
48        < if test = "email != null">
49            and email = #{email}
50        </if>
51 </sql>
```

上述代码中,第 2~24 行代码表示修改个人信息的 SQL 语句;第 26~51 代码表示查询个人信息的 SQL 语句。

(2) 在 chapter14 项目的 UserController 类中编写个人信息查询和修改功能的代码,主要代码如例 14-18 所示。

例 14-18 UserController.java。

```
1  @Controller
2  @RequestMapping("/user")
3  public class UserController extends BaseController {
4      @Autowired
5      private UserService userService;
6      /**
7       * 查看用户信息
8       * @param model
9       * @param request
10      * @return
11      */
12     @RequestMapping("/view")
13     public String view(Model model, HttpServletRequest request){
14     Object attribute = request.getSession().getAttribute(Consts.USERID);
15         if(attribute == null){
16             return "redirect:/login/uLogin";
17         }
18         Integer userId = Integer.valueOf(attribute.toString());
19         User obj = userService.load(userId);
20         model.addAttribute("obj",obj);
21         return "user/view";
22     }
23     /**
24      * 执行修改用户信息的操作
25      */
```

```
26      @RequestMapping("/exUpdate")
27      public String exUpdate(User user,HttpServletRequest request){
28      Object attribute = request.getSession().getAttribute(Consts.USERID);
29          if(attribute == null){
30              return "redirect:/login/uLogin";
31          }
32          user.setId(Integer.valueOf(attribute.toString()));
33          userService.updateById(user);
34          return "redirect:/user/view.action";
35      }
36  }
```

在例 14-18 中,第 12～22 行代码用于实现查看个人信息功能;第 26～35 行代码用于实现修改个人信息功能。

(3) 在 chapter14 项目的 user 目录下创建 user.jsp 页面,用于展示个人信息详情,通过 JSTL 语法展示普通用户的用户名、手机号、邮箱和真实姓名等信息,主要代码如例 14-19 所示。

例 14-19 user.jsp。

```
1   <body>
2   <div class = "panel admin - panel">
3       <form action = "${ctx}/user/findBySql" id = "listform" method = "post">
4           <div class = "padding border - bottom">
5               <ul class = "search">
6                   <li>
7                       <input type = "text" placeholder = "请输入用户名"
8                       name = "userName" class = "input" value = "${obj.userName}"/>
9                           <a href = "javascript:void(0)" onclick = "changeSearch()"
10                              class = "button border - main icon - search">搜索</a>
11                  </li>
12              </ul>
13          </div>
14      </form>
15      <table class = "table table - hover text - center">
16          <tr>
17              <th>用户名</th>
18              <th>手机号</th>
19              <th>真实姓名</th>
20              <th>性别</th>
21              <th>邮箱</th>
22              <th>地址</th>
23          </tr>
24          <c:forEach items = "${pagers.datas}" var = "data" varStatus = "l">
25              <tr>
26                  <td>${data.userName}</td>
27                  <td>${data.phone}</td>
28                  <td>${data.realName}</td>
29                  <td>${data.sex}</td>
30                  <td>${data.email}</td>
31                  <td>${data.address}</td>
32              </tr>
33          </c:forEach>
```

```
34          <tr>
35              <td colspan = "8">
36                  <div class = "pagelist">
37                      <!-- 分页开始 -->
38                      <pg:pager url = "${ctx}/user/findBySql"
39                              maxIndexPages = "5"
40                              items = "${pagers.total}" maxPageItems = "15"
41                              export = "curPage = pageNumber">
42                          <pg:last>
43                              共${pagers.total}记录,共${pageNumber}页,
44                          </pg:last>
45                          当前第${curPage}页
46                          <pg:first>
47                              <a href = "${pageUrl}">首页</a>
48                          </pg:first>
49                          <pg:prev>
50                              <a href = "${pageUrl}">上一页</a>
51                          </pg:prev>
52                          <pg:pages>
53                              <c:choose>
54                                  <c:when test = "${curPage eq pageNumber}">
55                                      <font color = "red">
56                                          [${pageNumber}]</font>
57                                  </c:when>
58                                  <c:otherwise>
59                                      <a href = "${pageUrl}">${pageNumber}
60                                      </a>
61                                  </c:otherwise>
62                              </c:choose>
63                          </pg:pages>
64                          <pg:next>
65                              <a href = "${pageUrl}">下一页</a>
66                          </pg:next>
67                          <pg:last>
68                              <c:choose>
69                                  <c:when test = "${curPage eq pageNumber}">
70                                      <font color = "red">尾页</font>
71                                  </c:when>
72                                  <c:otherwise>
73                                      <a href = "${pageUrl}">尾页</a>
74                                  </c:otherwise>
75                              </c:choose>
76                          </pg:last>
77                      </pg:pager>
78                  </div>
79              </td>
80          </tr>
81      </table>
82 </div>
83 </body>
```

至此实现普通用户个人信息板块功能的步骤完成。

14.4.3 密码修改

当普通用户登录成功后,可以在首页的个人中心修改密码,实现密码修改功能的具体步骤如下。

(1) 因为 chapter14 项目的 UserMapper.xml 中的更新 SQL 语句是动态 SQL 方式编写,所以密码修改可以共用同一条更新 SQL 语句,此处不再赘述。

(2) 在 chapter14 项目的 LoginController 类中编写修改密码功能的相关代码,主要代码如下所示。

```
/**
 * 修改密码操作
 */
@RequestMapping("/upass")
@ResponseBody
public String upass(String password,HttpServletRequest request){
    Object attribute = request.getSession().getAttribute(Consts.USERID);
    JSONObject js = new JSONObject();
    if(attribute == null){
        js.put(Consts.RES,0);
        return js.toString();
    }
    Integer userId = Integer.valueOf(attribute.toString());
    User load = userService.load(userId);
    load.setPassWord(password);
    userService.updateById(load);
    js.put(Consts.RES,1);
    return js.toString();
}
```

(3) 在 chapter14 项目的 login 目录中编写 pass.jsp,该页面通过普通用户填写的新密码和旧密码以 form 表单的形式实现密码的修改,主要代码如例 14-20 所示。

例 14-20 pass.jsp。

```
1   <body>
2   <!-- 导航条 -->
3   <div class = "width100">
4       <!-- 中间的部分 -->
5       <div class = "width1200 center_yh relative_yh">
6           <!-- 普通导航 -->
7           <div class = "left_yh font16" id = "pageNav">
8               <a href = " $ {ctx}/login/uIndex">首页</a>
9               <a href = " $ {ctx}/news/list">公告</a>
10              <a href = " $ {ctx}/message/add">留言</a>
11          </div>
12      </div>
13  </div>
14  <div class = "width1200 center_yh hidden_yh font14">
15      <span>当前位置:</span><a href = " $ {ctx}/login/uIndex"
16                          class = "c_66">首页</a>
17      ><a href = " # " class = "c_66">个人中心</a>
```

```
18        ><a href = "#" class = "c_66">修改密码</a>
19    </div>
20    <div class = "width100 hidden_yh">
21        <div class = "width1200 hidden_yh center_yh">
22            <div id = "vipNav">
23                <a href = "${ctx}/user/view">个人信息</a>
24                <a href = "${ctx}/itemOrder/my">我的订单</a>
25                <a href = "${ctx}/sc/findBySql">商品收藏</a>
26                <a href = "${ctx}/login/pass" class = "on">修改密码</a>
27            </div>
28            <div id = "vipRight">
29                <div class = "fon24">修改密码
30                </div>
31                <input type = "hidden" id = "yuan" value = "${obj.passWord}">
32                <div class = "bj_fff hidden_yh">
33                    <div class = "width100">
34                        <div class = "left_yh font16 tright">
35                            <font class = "red">*</font>旧密码:
36                        </div>
37                        <input type = "password" id = "jiu">
38                    </div>
39                    <div class = "width100">
40                        <div class = "left_yh font16 tright">
41                            <font class = "red">*</font>新密码:
42                        </div>
43                        <input type = "password" id = "xin">
44                    </div>
45                    <div class = "width100">
46                        <div class = "left_yh font16 tright">
47                            <font class = "red">*</font>确认新密码:
48                        </div>
49                        <input type = "password" id = "que">
50                    </div>
51                    <div class = "width100">
52                        <a href = "javascript:void(0)" class =
53                        "left_yh block_yh font16 tcenter ff5802 con">保存</a>
54                    </div>
55                </div>
56            </div>
57        </div>
58 </body>
```

至此实现普通用户密码修改功能的步骤完成。

14.4.4 商品收藏

当普通用户登录成功后,可以选择自己喜欢的果蔬产品进行收藏或取消收藏,实现商品收藏功能的具体步骤如下。

(1) 在 chapter14 项目的 ScMapper.xml 映射文件中编写商品收藏和取消收藏操作的 SQL 语句,主要代码如例 14-21 所示。

例 14-21 ScMapper.xml。

```xml
1  <!-- 新增 -->
2  < insert id = "insert" parameterType = "com.qfedu.pojo.Sc"
3                          useGeneratedKeys = "true" keyProperty = "id">
4      insert into sc(< include refid = "Sc_field"/>)
5      values(< include refid = "Sc_insert"/>)
6  </insert >
7  <!-- 根据实体主键删除一个实体 -->
8  < delete id = "deleteById" parameterType = "java.lang.Integer">
9      delete from sc where id = #{id}
10 </delete >
11 <!-- 声明数据库字段 -->
12 < sql id = "Car_field">
13     id, item_id, user_id, num, price, total
14 </sql >
15 <!-- 实体类属性 -->
16 < sql id = "Car_insert">
17     #{id}, #{itemId}, #{userId}, #{num}, #{price}, #{total}
18 </sql >
```

在例 14-21 中，第 2～6 行代码表示收藏商品的 SQL 语句；第 8～10 行代码表示取消收藏的 SQL 语句。

（2）在 chapter14 项目的 ScController 类中编写商品收藏和取消收藏功能的代码，主要代码如例 14-22 所示。

例 14-22 ScController.java。

```java
1  @Controller
2  @RequestMapping("/sc")
3  public class ScController {
4      @Autowired
5      private ScService scService;
6      @Autowired
7      private ItemService itemService;
8      @RequestMapping("/exAdd")
9      public String exAdd(Sc sc, HttpServletRequest request){
10     Object attribute = request.getSession().getAttribute(Consts.USERID);
11         if(attribute == null){
12             return "redirect:/login/uLogin";
13         }
14         //保存到收藏表
15         Integer userId = Integer.valueOf(attribute.toString());
16         sc.setUserId(userId);
17         scService.insert(sc);
18         //商品表收藏数 + 1
19         Item item = itemService.load(sc.getItemId());
20         item.setScNum(item.getScNum() + 1);
21         itemService.updateById(item);
22         return "redirect:/sc/findBySql.action";
23     }
24     /**
25      * 取消收藏
26      */
27     @RequestMapping("/delete")
```

```
28        public String delete(Integer id,HttpServletRequest request){
29        Object attribute = request.getSession().getAttribute(Consts.USERID);
30            if(attribute == null){
31                return "redirect:/login/uLogin";
32            }
33            scService.deleteById(id);
34            return "redirect:/sc/findBySql.action";
35        }
36  }
```

在例 14-22 中,第 8~23 行代码用于实现商品收藏功能;第 27~35 行代码用于实现取消商品收藏功能。

(3) 在 chapter14 项目的 sc 目录中创建 my.jsp 页面,用于展示商品收藏和取消收藏功能,主要代码如例 14-23 所示。

例 14-23 my.jsp。

```
1  < body >
2  <!-- 导航条 -->
3  < div class = "width100">
4      <!-- 中间的部分 -->
5      < div class = "width1200 center_yh relative_yh">
6          <!-- 普通导航 -->
7          < div class = "left_yh font16" id = "pageNav">
8              < a href = " $ {ctx}/login/uIndex">首页</a>
9              < a href = " $ {ctx}/news/list">公告</a>
10             < a href = " $ {ctx}/message/add">留言</a>
11         </div>
12     </div>
13 </div>
14 < div class = "width1200 center_yh hidden_yh font14">
15     < span>当前位置:</span><a href = " $ {ctx}/login/uIndex"
16                         class = "c_66">首页</a>
17     < a href = " # " class = "c_66">个人中心</a>
18     < a href = " # " class = "c_66">商品收藏</a>
19 </div>
20 < div class = "width100 hidden_yh">
21     < div class = "width1200 hidden_yh center_yh">
22         < div id = "vipNav">
23             < a href = " $ {ctx}/user/view">个人信息</a>
24             < a href = " $ {ctx}/itemOrder/my">我的订单</a>
25             < a href = " $ {ctx}/sc/findBySql" class = "on">商品收藏</a>
26             < a href = " $ {ctx}/login/pass">修改密码</a>
27         </div>
28         < div id = "vipRight">
29             < div class = "hidden_yh bj_fff">
30                 < div class = "width100 fon24">
31                     最近收藏
32                 </div>
33                 < div class = "hidden_yh">
34                     < c:forEach items = " $ {pagers.datas}" var = "data"
35                         varStatus = "l">
36                         < a href = " $ {ctx}/item/view?id = $ {data.itemId}">
```

```
37                              < div class = "width100 hidden_yh">
38                                  < img src = " $ {data. item. url1}" width = "100"
39                                      height = "100" class = "left_yh">
40                                  < div class = "left_yh">
41                                      < h3 class = "font18
42                                      c_33 font100">$ {data. item. name}</h3>
43                                      < p class = "red">
44                                              ¥ $ {data. item. price}</p>
45                                  </div >
46                                  < div class = "right_yh">
47                                      < a href = "
48                                          $ {ctx}/sc/delete?id = $ {data. id}"
49                                          class = "on fff block_yh tcenter
50                                          font16">取消收藏</a>
51                                  </div >
52                              </div >
53                          </a >
54                      </c:forEach >
55                  </div >
56              </div >
57          </div >
58      </div >
59  </div >
60  </body >
```

至此实现商品收藏板块功能的步骤完成。

14.4.5 商品结算

当普通用户登录成功后,可以在首页选择自己喜欢的果蔬产品进行购买结算,实现商品结算板块功能的具体步骤如下。

(1) 在 chapter14 项目的 ItemOrderMapper. xml 映射文件中编写商品结算操作的 SQL 语句,主要代码如例 14-24 所示。

例 14-24 ItemOrderMapper. xml。

```
1   <!-- 更新 -->
2   < sql id = "ItemOrder_update">
3       < if test = "itemId != null">
4           item_id = #{itemId},
5       </if >
6       < if test = "userId != null">
7           user_id = #{userId},
8       </if >
9       < if test = "code != null">
10          code = #{code},
11      </if >
12      < if test = "addTime != null">
13          addTime = #{addTime},
14      </if >
15      < if test = "total != null">
16          total = #{total},
17      </if >
```

```
18      < if test = "isDelete != null">
19          isDelete = ♯{isDelete},
20      </if>
21      < if test = "status != null">
22          status = ♯{status}
23      </if>
24  </sql>
25  <!-- 新增 -->
26  < insert id = "insert" parameterType = "com. qfedu. pojo. ItemOrder"
27          useGeneratedKeys = "true" keyProperty = "id">
28      insert into item_order(
29          < include refid = "ItemOrder_field"/>
30      ) values(
31          < include refid = "ItemOrder_insert"/>
32      )
33  </insert>
```

在例 14-24 中,第 2~24 行代码为更新商品状态的 SQL 语句,商品在完成结算后,需要把商品状态更改为待发货状态;第 26~33 行代码表示结算之后会在订单表 item_order 中新增一条订单信息。

（2）在 chapter14 项目的 ItemOrderController 类中编写商品结算相关功能的代码,主要代码如例 14-25 所示。

例 14-25 ItemOrderController. java。

```
1   @Controller
2   @RequestMapping("/itemOrder")
3   public class ItemOrderController extends BaseController {
4       @Autowired
5       private UserService userService;
6       @Autowired
7       private CarService carService;
8       /**
9        * 购物车结算提交
10       */
11      @RequestMapping("/exAdd")
12      @ResponseBody
13      public String exAdd(@RequestBody List < CarDto > list,
14                          HttpServletRequest request) {
15          Object attribute = request.getSession()
16                                      .getAttribute(Consts.USERID);
17          JSONObject js = new JSONObject();
18          if (attribute == null) {
19              js. put(Consts. RES, 0);
20              return js. toJSONString();
21          }
22          Integer userId = Integer. valueOf(attribute. toString());
23          User byId = userService. getById(userId);
24          if (StringUtils. isEmpty(byId. getAddress())) {
25              js. put(Consts. RES, 2);
26              return js. toJSONString();
27          }
28          List < Integer > ids = new ArrayList <>();
```

```
29          BigDecimal to = new BigDecimal(0);
30          for (CarDto c : list) {
31              ids.add(c.getId());
32              Car load = carService.load(c.getId());
33              to = to.add(new BigDecimal(load.getPrice()).multiply(new
34                      BigDecimal(c.getNum())));
35          }
36          ItemOrder order = new ItemOrder();
37          order.setStatus(0);
38          order.setCode(getOrderNo());
39          order.setIsDelete(0);
40          order.setTotal(to.setScale(2, BigDecimal.ROUND_HALF_UP)
41          .toString());
42          order.setUserId(userId);
43          order.setAddTime(new Date());
44          itemOrderService.insert(order);
45          //订单详情放入orderDetail,删除购物车
46          if (!CollectionUtils.isEmpty(ids)) {
47              for (CarDto c : list) {
48                  Car load = carService.load(c.getId());
49                  OrderDetail de = new OrderDetail();
50                  de.setItemId(load.getItemId());
51                  de.setOrderId(order.getId());
52                  de.setStatus(0);
53                  de.setNum(c.getNum());
54                  de.setTotal(String.valueOf(c.getNum() * load.getPrice()));
55                  orderDetailService.insert(de);
56                  //修改成交数
57                  Item load2 = itemService.load(load.getItemId());
58                  load2.setGmNum(load2.getGmNum() + c.getNum());
59                  itemService.updateById(load2);
60                  //删除购物车
61                  carService.deleteById(c.getId());
62              }
63          }
64          js.put(Consts.RES, 1);
65          return js.toJSONString();
66      }
67 }
```

在例 14-25 中,第 11～64 行代码实现了商品结算功能。商品结算功能较复杂,主要包括用户身份验证、订单生成、商品详情记录、销售数量更新以及购物车管理。这段代码涵盖了多个关键操作,确保了订单的正确生成和商品信息的准确管理。

(3) 在 chapter14 项目的 car 目录中创建 car.jsp 页面,用于完成商品结算的前端代码,主要代码如例 14-26 所示。

例 14-26 car.jsp。

```
1  < body >
2  <!-- 导航条 -->
3  < div class = "width100">
4      <!-- 中间的部分 -->
5      < div class = "width1200 center_yh relative_yh">
```

```
6                   <!-- 普通导航 -->
7                   <div class = "left_yh font16" id = "pageNav">
8                       <a href = " ${ctx}/login/uIndex">首页</a>
9                       <a href = " ${ctx}/news/list">公告</a>
10                      <a href = " ${ctx}/message/add">留言</a>
11                  </div>
12              </div>
13          </div>
14          <div class = "width1200 center_yh hidden_yh font14">
15              <span>当前位置:</span>
16              <a href = " ${ctx}/login/uIndex" class = "c_66">首页</a>
17              <a href = "#" class = "c_66">我的购物车</a>
18          </div>
19          <div class = "width1200 hidden_yh center_yh font20">全部商品
20              <fontclass = "red">( ${fn:length(list)})</font>
21          </div>
22          <div class = "width1198 hidden_yh center_yh">
23              <div class = "width100 hidden_yh font14">商品详情</div>
24              <div class = "width100 hidden_yh fon14">
25                  <div class = "left_yh tcenter font14">商品</div>
26                  <div class = "left_yh tcenter font14">价格</div>
27                  <div class = "left_yh tcenter font14">数量</div>
28                  <div class = "left_yh tcenter font14">小计</div>
29                  <div class = "left_yh tcenter font14">操作</div>
30              </div>
31              <c:forEach items = " ${list}" var = "data" varStatus = "l">
32                  <div class = "speCific" data-id = " ${data.id}">
33                      <div class = "xzWxz">
34                          <b>
35                              <img src = " ${ctx}/resource/user/images/xzwxz.png">
36                          </b>
37                      </div>
38                      <div class = "xzSp">
39                          <img src = " ${data.item.url1}">
40                          <div class = "xzSpIn">
41                              <h3 class = "font16 c_33 font100">${data.item.name}
42                              </h3>
43                          </div>
44                      </div>
45                      <div class = "xzJg">
46                          ¥
47                          <font>${data.price}</font>
48                      </div>
49                      <div class = "xzSl">
50                          <div class = "xzSlIn">
51                              <b class = "Amin">减</b>
52                              <input type = "text" value = " ${data.num}"
53                              readonly class = "cOnt">
54                              <b>加</b>
55                          </div>
56                      </div>
57                      <div class = "xzXj">¥
58                          <font></font>
```

```
59              </div>
60              <div class = "xzSz">
61                  <div class = "xzCzIn">
62                      <a href = "javascript:void(0)" class = "Dels"
63                          data - id = "${data.id}">删除</a>
64                  </div>
65              </div>
66          </div>
67      </c:forEach>
68  </div>
69  <div class = "width1198 center_yh">
70      <div class = "center_yh hidden_yh">
71          <div class = "ifAll">
72              <b>
73                  <img src = "${ctx}/resource/user/images/xzwxz.png">
74              </b>
75              <font>全选</font>
76          </div>
77          <div class = "ifDel">删除</div>
78          <div class = "sXd">
79              <div class = "sXd1">已选商品(<font>合计(不含运费):
80                  ¥<font>0</font>
81              </div>
82              <a href = "javascript:void(0)" class = "ifJs" onclick = "ifJs()">
83                  结算</a>
84          </div>
85      </div>
86  </div>
87  </body>
```

至此实现商品结算板块功能的步骤完成。

14.4.6 我的订单

当普通用户登录成功后,可以在首页的个人中心查看自己的订单信息及状态,也可以进行取消订单操作,实现订单功能的具体步骤如下。

(1) 在 chapter14 项目的 OrderDetailMapper.xml 文件中编写查看订单信息和取消订单操作的 SQL 语句,主要代码如例 14-27 所示。

例 14-27 OrderDetailMapper.xml。

```
1   <!-- 查询时的条件   -->
2   <sql id = "OrderDetail_where">
3       <if test = "id != null">
4           and id = #{id}
5       </if>
6       <if test = "itemId != null">
7           and item_id = #{itemId}
8       </if>
9       <if test = "orderId != null">
10          and order_id = #{orderId}
11      </if>
12      <if test = "status != null">
```

```
13          and status = #{status}
14       </if>
15       <if test = "num != null">
16          and num = #{num}
17       </if>
18       <if test = "total != null">
19          and total = #{total}
20       </if>
21    </sql>
22    <!-- 根据实体主键删除一个实体 -->
23    <delete id = "deleteById" parameterType = "java.lang.Integer">
24       delete from order_detail where id = #{id}
25    </delete>
```

在例 14-27 中,第 2~21 行代码表示查询商品信息及状态的 SQL 语句;第 23~25 行代码表示取消订单的 SQL 语句。

(2) 在 chapter14 项目的 OrderDetailController 类中编写查看订单信息和取消订单功能的代码,主要代码如例 14-28 所示。

例 14-28 OrderDetailController.java。

```
1    @Controller
2    @RequestMapping("/orderDetail")
3    public class OrderDetailController {
4       @Autowired
5       private OrderDetailService orderDetailService;
6       @RequestMapping("/ulist")
7       public String ulist(OrderDetail orderDetail, Model model){
8          //查询
9          String sql = "select * from order_detail where
10   order_id = " + orderDetail.getOrderId();
11         Pager<OrderDetail> pagers =
12   orderDetailService.findBySqlRerturnEntity(sql);
13         model.addAttribute("pagers",pagers);
14         model.addAttribute("obj",orderDetail);
15         return "orderDetail/ulist";
16      }
17      /**
18       * 取消订单
19       */
20      @RequestMapping("/qx")
21      public String qx(Integer id,Model model){
22         ItemOrder obj = itemOrderService.load(id);
23         obj.setStatus(1);
24         itemOrderService.updateById(obj);
25         model.addAttribute("obj",obj);
26         return "redirect:/itemOrder/my";
27      }
28   }
```

在例 14-28 中,第 6~16 行代码用于实现查询商品信息及状态的功能;第 20~27 行代码用于实现取消订单功能。

(3) 在 chapter14 项目的 itemOrder 目录中创建 itemOrder.jsp 页面,用于展示订单详

情，主要代码如例 14-29 所示。

例 14-29 itemOrder.jsp。

```
1   < body >
2   < div class = "panel admin - panel">
3       < form action = " $ {ctx}/itemOrder/findBySql" id = "listform"
4       method = "post">
5           < div class = "padding border - bottom">
6               < ul class = "search">
7                   < li >
8                       < input type = "text" placeholder = "订单号" name = "code"
9                               class = "input" value = " $ {obj.code}"/>
10                      < a href = "javascript:void(0)" onclick = "changeSearch()"
11                          class = "button border - main icon - search">搜索</a >
12                  </li >
13              </ul >
14          </div >
15      </form >
16      < table class = "table table - hover text - center">
17          < tr >
18              < th >订单号</th >
19              < th >下单时间</th >
20              < th >总金额</th >
21              < th >下单人</th >
22              < th >订单状态</th >
23              < th >操作</th >
24          </tr >
25          < c:forEach items = " $ {pagers.datas}" var = "data" varStatus = "l">
26              < tr >
27                  < td > $ {data.code}</td >
28                  < td >< fmt:formatDate value = " $ {data.addTime}"
29                              pattern = "yyyy - MM - dd HH:mm:ss"/></td >
30                  < td > $ {data.total}</td >
31                  < td > $ {data.user.userName}</td >
32                  < td >
33                      < c:if test = " $ {data.status == 0}">待发货</c:if >
34                      < c:if test = " $ {data.status == 1}">已取消</c:if >
35                      < c:if test = " $ {data.status == 2}">待收货</c:if >
36                      < c:if test = " $ {data.status == 3}">已收货</c:if >
37                  </td >
38                  < td >
39                      < a class = "button border - main"
40                      href = " $ {ctx}/orderDetail/ulist?orderId = $ {data.id}">
41                          < span class = "icon - edit">查看购买商品</span > </a >
42                      < c:if test = " $ {data.status == 0}">
43                          < a class = "button border - red"
44                              href = " $ {ctx}/itemOrder/fh?id = $ {data.id}">
45                              < span class = "icon - trash - o">去发货</span > </a >
46                      </c:if >
47                  </td >
48              </tr >
49          </c:forEach >
50          < tr >
```

```
51          < td colspan = "8">
52              < div class = "pagelist">
53                  <!-- 分页开始 -->
54                  < pg:pager url = " $ {ctx}/itemOrder/findBySql"
55                          maxIndexPages = "5"
56                          items = " $ {pagers.total}" maxPageItems = "15"
57                          export = "curPage = pageNumber">
58                      < pg:last >
59                          共 $ {pagers.total}条记录,共 $ {pageNumber}页,
60                      </pg:last >
61                      当前第 $ {curPage}页
62                      < pg:first >
63                          < a href = " $ {pageUrl}">首页</a>
64                      </pg:first >
65                      < pg:prev >
66                          < a href = " $ {pageUrl}">上一页</a >
67                      </pg:prev >
68                      < pg:pages >
69                          < c:choose >
70                              < c:when test = " $ {curPage eq pageNumber}">
71                                  < font color = "red">
72                                      [ $ {pageNumber}]</font >
73                              </c:when >
74                              < c:otherwise >
75                                  < a href = " $ {pageUrl}">
76                                      $ {pageNumber}</a>
77                              </c:otherwise >
78                          </c:choose >
79                      </pg:pages >
80                      < pg:next >
81                          < a href = " $ {pageUrl}">下一页</a >
82                      </pg:next >
83                      < pg:last >
84                          < c:choose >
85                              < c:when test = " $ {curPage eq pageNumber}">
86                                  < font color = "red">尾页</font >
87                              </c:when >
88                              < c:otherwise >
89                                  < a href = " $ {pageUrl}">尾页</a >
90                              </c:otherwise >
91                          </c:choose >
92                      </pg:last >
93                  </pg:pager >
94              </div >
95          </td >
96      </tr >
97  </table >
98 </div >
99 </body >
```

至此实现订单功能的步骤完成。

14.4.7 公告

当普通用户登录成功后,可以在首页查看已发布的公告,实现公告功能的具体步骤如下。

(1) 在 chapter14 项目的 NewsMapper.xml 文件中编写查看公告的 SQL 语句,具体代码如例 14-30 所示。

例 14-30 NewsMapper.xml。

```
1  <!-- 查询 -->
2  < sql id = "News_where">
3      < if test = "id != null">
4          and id = #{id}
5      </if>
6      < if test = "name != null">
7          and name = #{name}
8      </if>
9      < if test = "content != null">
10         and content = #{content}
11     </if>
12     < if test = "addTime != null">
13         and addTime = #{addTime}
14     </if>
15 </sql>
```

(2) 在 chapter14 项目的 NewsController 类中编写查询公告功能的代码,主要代码如例 14-31 所示。

例 14-31 NewsController.java。

```
1  @Controller
2  @RequestMapping("/news")
3  public class NewsController extends BaseController {
4      @Autowired
5      private NewsService newsService;
6      /**
7       * 公告列表
8       */
9      @RequestMapping("/findBySql")
10     public String findBySql(News news, Model model){
11         String sql = "select * from news where 1 = 1 ";
12         if(!isEmpty(news.getName())){
13             sql += " and name like '%" + news.getName() + "%'";
14         }
15         sql += " order by id desc";
16         Pager < News > pagers = newsService.findBySqlRerturnEntity(sql);
17         model.addAttribute("pagers",pagers);
18         model.addAttribute("obj",news);
19         return "news/news";
20     }
21 }
```

(3) 在 chapter14 项目的 news 目录中创建 list.jsp 页面,用于展示公告列表,主要代码如例 14-32 所示。

例 **14-32**　list.jsp。

```
1  < body >
2  <% @ include file = "/common/utop. jsp"  %>
3  <!-- 导航条 -->
4  < div class = "width100">
5      <!-- 中间的部分 -->
6      < div class = "width1200 center_yh relative_yh">
7          <!-- 普通导航 -->
8          < div class = "left_yh font16" id = "pageNav">
9              < a href = " $ {ctx}/login/uIndex">首页</a>
10             < a href = " $ {ctx}/news/list">公告</a>
11             < a href = " $ {ctx}/message/add">留言</a>
12         </div>
13     </div>
14 </div>
15 < div class = "width100 hidden_yh">
16     < div class = "width1200 hidden_yh center_yh">
17         < div id = "vipRight">
18             < div class = "fon24">公告列表</div>
19             < div class = "hidden_yh">
20                 < c:forEach items = " $ {pagers. datas}" var = "data"
21                             varStatus = "1">
22                 < a href = " $ {ctx}/news/view?id = $ {data. id}">
23                     < div class = "width100 hidden_yh">
24                         < div class = "left_yh">
25                             < font color = "red"> $ {data. name}</font>
26                         </div>
27                         < div class = "right_yh">
28                             < font color = "black">< fmt:formatDate
29                                     value = " $ {data. addTime}"
30                                 pattern = "yyyy - MM - dd HH:mm:ss"/></font>
31                         </div>
32                     </div>
33                 </a>
34                 </c:forEach>
35             </div>
36         </div>
37         < div class = "pagelist">
38             <!-- 分页开始 -->
39             < pg:pager url = " $ {ctx}/news/list" maxIndexPages = "5"
40                     items = " $ {pagers. total}" maxPageItems = "15"
41                                 export = "curPage = pageNumber">
42                 < pg:last >
43                     共 $ {pagers. total}条记录,共 $ {pageNumber}页,
44                 </pg:last >
45                 当前第 $ {curPage}页
46                 < pg:first >
47                     < a href = " $ {pageUrl}">首页</a>
48                 </pg:first >
49                 < pg:prev >
50                     < a href = " $ {pageUrl}">上一页</a>
51                 </pg:prev >
52                 < pg:pages >
```

```
53              <c:choose>
54                  <c:when test = "${curPage eq pageNumber}">
55                      <font color = "red">[${pageNumber}]</font>
56                  </c:when>
57                  <c:otherwise>
58                      <a href = "${pageUrl}">${pageNumber}</a>
59                  </c:otherwise>
60              </c:choose>
61          </pg:pages>
62          <pg:next>
63              <a href = "${pageUrl}">下一页</a>
64          </pg:next>
65          <pg:last>
66              <c:choose>
67                  <c:when test = "${curPage eq pageNumber}">
68                      <font color = "red">尾页</font>
69                  </c:when>
70                  <c:otherwise>
71                      <a href = "${pageUrl}">尾页</a>
72                  </c:otherwise>
73              </c:choose>
74          </pg:last>
75      </pg:pager>
76      </div>
77  </div>
78 </div>
79 <%@include file = "/common/ufooter.jsp" %>
80 </body>
```

至此实现公告板块功能的步骤完成。

14.4.8 留言

当普通用户登录成功后,可以在首页的留言板块进行留言,实现添加留言功能的具体步骤如下。

(1)在 chapter14 项目的 MessageMapper.xml 映射文件中编写添加留言操作的 SQL 语句,主要代码如例 14-33 所示。

例 14-33 MessageMapper.xml。

```
1 <!-- 新增 -->
2 <insert id = "insert" parameterType = "com.qfedu.pojo.Message"
3 useGeneratedKeys = "true" keyProperty = "id">
4     insert into message(
5     <include refid = "Message_field"/>
6     ) values(
7     <include refid = "Message_insert"/>)
8 </insert>
```

(2)在 chapter14 项目的 MessageController 类中编写添加留言功能的代码,主要代码如例 14-34 所示。

311

例 **14-34**　MessageController. java。

```
1   @Controller
2   @RequestMapping("/message")
3   public class MessageController extends BaseController {
4       @Autowired
5       private MessageService messageService;
6       /**
7        * 发表留言
8        */
9       @RequestMapping("/exAdd")
10      @ResponseBody
11      public String exAdd(Message message){
12          messageService.insert(message);
13          JSONObject js = new JSONObject();
14          js.put("message","添加成功");
15          return js.toString();
16      }
17  }
```

（3）在 chapter14 项目的 message 目录中编写 add.jsp，该页面通过 form 表单完成添加留言的前端代码，主要代码如例 14-35 所示。

例 **14-35**　add. jsp。

```
1   <body>
2   <%@include file = "/common/utop.jsp" %>
3   <!-- 导航条 -->
4   <div class = "width100">
5       <!-- 中间的部分 -->
6       <div class = "width1200 center_yh relative_yh">
7           <!-- 普通导航 -->
8           <div class = "left_yh font16" id = "pageNav">
9               <a href = "${ctx}/login/uIndex">首页</a>
10              <a href = "${ctx}/news/list">公告</a>
11              <a href = "${ctx}/message/add">留言</a>
12          </div>
13      </div>
14  </div>
15  <div class = "width1200 center_yh hidden_yh font14">
16  </div>
17  <div class = "width100 hidden_yh">
18      <div class = "width1200 hidden_yh center_yh">
19          <div id = "vipRight">提交留言</div>
20          <div class = "bj_fff hidden_yh">
21              <div class = "width100">
22                  <div class = "left_yh fon16 tright">
23                      <font class = "red">*</font>姓名:</div>
24                  <input type = "text" id = "name">
25              </div>
26              <div class = "width100">
27                  <div class = "left_yh fon16 tright">
28                      <font class = "red">*</font>手机号:</div>
29                  <input type = "text" id = "phone">
30              </div>
```

```
31              < div class = "width100">
32                  < div class = "left_yh fon16 tright">
33                      < font class = "red"> * </font>内容:</div>
34                      < textarea rows = "10" cols = "60" id = "content"></textarea >
35                  </div >
36              < div class = "width100">
37                  < a href = "javascript:void(0)" class = "left_yh
38                          block_yh font16 tcenter ff5802 con">提交</a>
39              </div >
40          </div >
41      </div >
42 </div >
43 </body>
```

至此实现留言板块功能的步骤完成。

14.5 管理员用户功能的实现

本节主要讲解管理员用户登录智慧农业果蔬系统后的功能编码实现,涉及的功能主要有类目管理、用户管理、商品管理、订单管理、公告管理和留言管理几方面。

14.5.1 登录

普通用户和管理员用户是两套页面。接下来展示管理员用户页面的登录功能,具体步骤如下。

(1) 在 chapter14 项目的 ManageMapper. xml 映射文件中编写用于管理员用户登录的 SQL 语句,主要代码如下所示。

```
<!-- 查询 -->
< sql id = "Manage_where">
    < if test = "id != null">
        and id = #{id}
    </if >
    < if test = "userName != null">
        and userName = #{userName}
    </if >
    < if test = "passWord != null">
        and passWord = #{passWord}
    </if >
    < if test = "realName != null">
        and realName = #{realName}
    </if >
</sql >
```

(2) 在 chapter14 项目的 LoginController 类中编写管理员用户登录功能的代码,主要代码如下所示。

```
1 @RequestMapping("toLogin")
2 public String toLogin(Manage manage, HttpServletRequest request){
3    Manage byEntity = manageService.getByEntity(manage);
4    if(byEntity == null){
```

```
5           return "redirect:/login/mtuichu";
6       }
7       request.getSession().setAttribute(Consts.MANAGE,byEntity);
8       return "/login/mIndex";
9   }
```

上述代码中,第 4~6 行代码表示管理员用户在登录时,会对其账号密码进行验证,验证通过即可跳转到智慧农业果蔬系统的后台管理页面。

(3) 在 chapter14 项目的 login 目录中创建 mLogin.jsp 页面,用于完成管理用户登录的前端代码,主要代码如例 14-36 所示。

例 14-36 mLogin.jsp。

```
1   <body>
2   <div class = "bg"></div>
3   <div class = "container">
4       <div class = "line bouncein">
5           <div class = "xs6 xm4 xs3 - move xm4 - move">
6               <div></div>
7               <div class = "media media - y margin - big - bottom"></div>
8               <form action = " ${ctx}/login/toLogin" method = "post">
9                   <div class = "panel login - box">
10                      <div class = "text - center margin - big padding - big - top">
11                      <h1>管理员登录</h1></div>
12                      <div class = "panel - body">
13                      <div class = "form - group">
14                      <div class = "field field - icon - right">
15                      <input type = "text" class = "input input - big"
16                          name = "userName" value = "admin" placeholder = "登录账号"
17                          data - validate = "required:请填写账号" />
18                      <span class = "icon icon - user margin - small"></span>
19          </div>
20      </div>
21      <div class = "form - group">
22      <div class = "field field - icon - right">
23      <input type = "password" class = "input input - big"
24          name = "passWord" value = "111111" placeholder = "登录密码"
25          data - validate = "required:请填写密码" />
26      <span class = "icon icon - key margin - small"></span>
27          </div>
28          </div>
29              </div>
30                  <div>
31                      <input type = "submit" class = "button button - block
32                      bg - main text - big input - big" value = "登录" />
33                  </div>
34                  </div>
35                  </form>
36              </div>
37          </div>
38  </div>
39  </body>
```

(4) 在 chapter14 项目的 login 目录中创建 mIndex.jsp 页面,用于完成管理员登录成功后跳转到后台首页的前端代码,主要代码如例 14-37 所示。

例 14-37　mIndex. jsp。

```
1   < body >
2       < div class = "header bg - main">
3           < div class = "logo margin - big - left fadein - top">
4               < h1 >管理员后台</h1 >
5           </div >
6           < div class = "head - l">
7   < a class = "button button - little bg - green" href = " $ {ctx}/login/uIndex"
8    target = "_blank">
9    < span class = "icon - home"></span>前台首页</a >
10    < a class = "button button - little bg - red" href = "mtuichu. html">
11       < span class = "icon - power - off"></span>退出登录
12               </a >
13           </div >
14       </div >
15       < div class = "leftnav">
16   < div class = "leftnav - title">< strong >
17       < span class = "icon - list">菜单列表</span > </strong ></div >
18           < h2 >< span class = "icon - user"></span>基本设置 </h2 >
19   < ul >
20   < li >< a href = " $ {ctx}/itemCategory/findBySql" target = "right">
21       < span class = "icon - caret - right"></span>类目管理</a ></li >
22   < li >< a href = " $ {ctx}/user/findBySql" target = "right">
23       < span class = "icon - caret - right"></span>用户管理</a ></li >
24   < li >< a href = " $ {ctx}/item/findBySql" target = "right">
25       < span class = "icon - caret - right"></span>商品管理</a ></li >
26   < li >< a href = " $ {ctx}/itemOrder/findBySql" target = "right">
27       < span class = "icon - caret - right"></span>订单管理</a ></li >
28   < li >< a href = " $ {ctx}/news/findBySql" target = "right">
29       < span class = "icon - caret - right"></span>公告管理</a ></li >
30   < li >< a href = " $ {ctx}/message/findBySql" target = "right">
31       < span class = "icon - caret - right"></span>留言管理</a ></li >
32           </ul >
33       </div >
34       < ul class = "bread">
35           < li >< a href = "{:}" target = "right" class = "icon - home">首页</a ></li >
36           < li >< a href = " # ">网站信息</a ></li >
37           < li >< b >当前语言:</b >< span >中文</span >
38           切换语言:< a href = " # ">中文</a >   < a href = " # ">英文</a >
39           </li >
40       </ul >
41   < div class = "admin">
42   < iframe name = "right" scrolling = "auto" frameborder = "0" width = "100 % "
43   height = "100 %"></iframe >
44   </div >
45   </body >
```

至此实现管理员用户登录功能的步骤完成。

14.5.2　类目管理

当管理员用户登录成功后,可以在首页对果蔬产品的类目进行管理,包括新增类目、查看二级分类、修改和删除类目。实现商品类目管理板块功能的具体步骤如下。

（1）在 chapter14 项目的 ItemCategoryMapper.xml 映射文件中编写类目管理相关操作的 SQL 语句，主要代码如例 14-38 所示。

例 14-38 ItemCategoryMapper.xml。

```xml
1  <!-- 更新 -->
2  < sql id = "ItemCategory_update">
3      < if test = "name != null">
4          name = #{name},
5      </if>
6      < if test = "pid != null">
7          pid = #{pid},
8      </if>
9      < if test = "isDelete != null">
10         isDelete = #{isDelete}
11     </if>
12 </sql>
13 <!-- 查询 -->
14 < sql id = "ItemCategory_where">
15     < if test = "id != null">
16         and id = #{id}
17     </if>
18     < if test = "name != null">
19         and name = #{name}
20     </if>
21     < if test = "pid != null">
22         and pid = #{pid}
23     </if>
24     < if test = "isDelete != null">
25         and isDelete = #{isDelete}
26     </if>
27 </sql>
28 <!--      新增         -->
29 < insert id = "insert" parameterType = "com.qfedu.pojo.ItemCategory"
30         useGeneratedKeys = "true" keyProperty = "id">
31     insert into item_category(
32     < include refid = "ItemCategory_field"/>
33     ) values(
34     < include refid = "ItemCategory_insert"/>
35     )
36 </insert>
37 <!-- 根据实体主键删除一个实体 -->
38 < delete id = "deleteById" parameterType = "java.lang.Integer">
39     delete from item_category where id = #{id}
40 </delete>
```

在例 14-38 中，第 2～12 行代码表示修改类目的动态 SQL 语句；第 14～27 行代码表示查看类目的动态 SQL 语句；第 29～36 行代码表示新增类目的 SQL 语句；第 38～40 行表示删除类目的 SQL 语句。

（2）在 chapter14 项目的 ItemCategoryController 类中编写类目管理相关功能的代码，主要代码如例 14-39 所示。

例 **14-39** ItemCategoryController.java。

```java
1   @Controller
2   @RequestMapping("/itemCategory")
3   public class ItemCategoryController extends BaseController {
4       @Autowired
5       private ItemCategoryService itemCategoryService;
6       /**
7        * 分页查询类目列表
8        */
9       @RequestMapping("/findBySql")
10      public String findBySql(Model model, ItemCategory itemCategory) {
11          String sql = "select * from item_category where isDelete = 0
12          and pid is null order by id ";
13          Pager < ItemCategory > pagers =
14                      itemCategoryService.findBySqlRerturnEntity(sql);
15          model.addAttribute("pagers", pagers);
16          model.addAttribute("obj", itemCategory);
17          return "itemCategory/itemCategory";
18      }
19      /**
20       * 新增一级类目保存功能
21       */
22      @RequestMapping("/exAdd")
23      public String exAdd(ItemCategory itemCategory) {
24          itemCategory.setIsDelete(0);
25          itemCategoryService.insert(itemCategory);
26          return "redirect:/itemCategory/findBySql.action";
27      }
28      /**
29       * 修改一级类目
30       */
31      @RequestMapping("/exUpdate")
32      public String exUpdate(ItemCategory itemCategory) {
33          itemCategoryService.updateById(itemCategory);
34          return "redirect:/itemCategory/findBySql.action";
35      }
36      /**
37       * 删除一级类目
38       */
39      @RequestMapping("/delete")
40      public String delete(Integer id) {
41          //删除本身
42          ItemCategory load = itemCategoryService.load(id);
43          load.setIsDelete(1);
44          itemCategoryService.updateById(load);
45          //将下级也删除
46          String sql = "update item_category set isDelete = 1 where pid = "
47                      + id;
48          itemCategoryService.updateBysql(sql);
49          return "redirect:/itemCategory/findBySql.action";
50      }
51      /**
52       * 查看二级类目
```

```
53          */
54      @RequestMapping("/findBySql2")
55      public String findBySql2(ItemCategory itemCategory, Model model) {
56          String sql = "select * from item_category where isDelete = 0 and
57          pid = " + itemCategory.getPid() + " order by id ";
58          Pager < ItemCategory > pagers =
59                  itemCategoryService.findBySqlRerturnEntity(sql);
60          model.addAttribute("pagers", pagers);
61          model.addAttribute("obj", itemCategory);
62          return "itemCategory/itemCategory2";
63      }
64      /**
65       * 新增二级类目保存功能
66       */
67      @RequestMapping("/exAdd2")
68      public String exAdd2(ItemCategory itemCategory) {
69          itemCategory.setIsDelete(0);
70          itemCategoryService.insert(itemCategory);
71          return "redirect:/itemCategory/findBySql2.action?
72                  pid = " + itemCategory.getPid();
73      }
74      /**
75       * 修改二级类目
76       */
77      @RequestMapping("/exUpdate2")
78      public String exUpdate2(ItemCategory itemCategory) {
79          itemCategoryService.updateById(itemCategory);
80          return "redirect:/itemCategory/findBySql2.action?
81                  pid = " + itemCategory.getPid();
82      }
83      /**
84       * 删除二级类目
85       */
86      @RequestMapping("/delete2")
87      public String delete2(Integer id, Integer pid) {
88          //删除本身
89          ItemCategory load = itemCategoryService.load(id);
90          load.setIsDelete(1);
91          itemCategoryService.updateById(load);
92          return "redirect:/itemCategory/findBySql2.action?pid = " + pid;
93      }
94  }
```

在例14-39中,第9~18行代码用于实现查询类目列表的功能;第22~27行代码用于实现新增一级类目的功能;第31~35行代码用于实现修改一级类目信息的功能;第39~50行代码用于实现删除一级类目的功能;第54~63行代码用于实现查看二级类目的功能;第67~73行代码用于实现新增二级类目的功能;第77~82行代码用于实现修改二级类目的功能;第86~93行代码用于实现删除二级类目的功能。

(3) 在chapter14项目的itemCategory目录中创建temCategory.jsp页面,用于展示类目列表详情,主要代码如例14-40所示。

例 14-40   itemCategory.jsp。

```
1  < body >
2  < div class = "panel admin - panel">
3     < div class = "padding border - bottom">
4        < ul class = "search">
5           < li >
6              < a class = "button border - main icon - plus - square - o"
7                 href = " $ {ctx}/itemCategory/add">新增类目</a>
8           </li >
9        </ul >
10    </div >
11    < table class = "table table - hover text - center">
12       < tr >
13          < th > ID </th >
14          < th >类别名称</th >
15          < th >操作</th >
16       </tr >
17       < c:forEach items = " $ {pagers.datas}" var = "data" varStatus = "l">
18          < tr >
19             < td > $ {data. id}</td >
20             < td > $ {data. name}</td >
21             < td >
22                < div class = "button - group">
23                   < a class = "button border - main"
24                      href = " $ {ctx}/itemCategory/findBySql2?
25                      pid = $ {data. id}"> < span
26                        class = "icon - edit">查看二级分类</span > </a >
27                   < a class = "button border - main"
28                      href = " $ {ctx}/itemCategory/update?
29                      id = $ {data. id}"> < span
30                        class = "icon - edit">修改</span > </a >
31                   < a class = "button border - red"
32                      href = " $ {ctx}/itemCategory/delete?id = $ {data. id}">
33                      < span class = "icon - trash - o">删除</span > </a >
34                </div >
35             </td >
36          </tr >
37       </c:forEach >
38       < tr >
39          < td colspan = "8">
40             < div class = "pagelist">
41                <!-- 分页开始 -->
42                < pg:pager url = " $ {ctx}/itemCategory/findBySql"
43                   maxIndexPages = "5" items = " $ {pagers.total}"
44                   maxPageItems = "15" export = "curPage = pageNumber">
45                   < pg:last >
46                      共 $ {pagers.total}条记录,共 $ {pageNumber}页,
47                   </pg:last >
48                   当前第 $ {curPage}页
49                   < pg:first >
50                      < a href = " $ {pageUrl}">首页</a >
51                   </pg:first >
52                   < pg:prev >
```

```
53                                    < a href = " $ {pageUrl}">上一页</a>
54                                </pg:prev>
55                                < pg:pages>
56                                    < c:choose>
57                                        < c:when test = " $ {curPage eq pageNumber}">
58                                            < font color = "red">
59                                                    [ $ {pageNumber}]</font>
60                                        </c:when>
61                                        < c:otherwise>
62                                            < a href = " $ {pageUrl}">
63                                                    $ {pageNumber}</a>
64                                        </c:otherwise>
65                                    </c:choose>
66                                </pg:pages>
67                                < pg:next>
68                                    < a href = " $ {pageUrl}">下一页</a>
69                                </pg:next>
70                                < pg:last>
71                                    < c:choose>
72                                        < c:when test = " $ {curPage eq pageNumber}">
73                                            < font color = "red">尾页</font>
74                                        </c:when>
75                                        < c:otherwise>
76                                            < a href = " $ {pageUrl}">尾页</a>
77                                        </c:otherwise>
78                                    </c:choose>
79                                </pg:last>
80                            </pg:pager>
81                        </div>
82                    </td>
83                </tr>
84            </table>
85    </div>
86    </body>
```

(4) 在 chapter14 项目的 itemCategory 目录中创建 add.jsp 页面,用于完成增加类目的前端代码,主要代码如例 14-41 所示。

例 14-41 add.jsp。

```
1    < body>
2    < div class = "panel admin - panel">
3        < div class = "panel - head" id = "add">
4            < strong>< span class = "icon - pencil - square - o">新增类目</span>
5            </strong>
6        </div>
7        < div class = "body - content">
8            < form action = " $ {ctx}/itemCategory/exAdd" method = "post"
9                    class = "form - x">
10                < div class = "form - group">
11                    < div class = "label">< label>一级类目名称:</label></div>
12                    < div class = "field">
13                        < input type = "text" class = "input w50" name = "name"
14                            data - validate = "required:请输入名称"/>
```

```
15                    < div class = "tips"></div>
16                </div>
17            </div>
18            < div class = "form - group">
19                < div class = "label"></div>
20                < div class = "field">
21                    < button class = "button bg - main icon - check - square - o"
22                            type = "submit">提交
23                    </button>
24                </div>
25            </div>
26        </form>
27    </div>
28 </div>
29 </body>
```

（5）在 chapter14 项目的 itemCategory 目录中创建 update.jsp 页面，用于完成更新类目的前端代码，主要代码如例 14-42 所示。

例 14-42 update.jsp。

```
1  < body>
2  < div class = "panel admin - panel">
3     < div class = "panel - head" id = "add">
4         < strong>< span class = "icon - pencil - square - o">修改类目</span>
5         </strong>
6     </div>
7     < div class = "body - content">
8         < form action = " $ {ctx}/itemCategory/exUpdate" method = "post"
9                 class = "form - x">
10            < input type = "hidden" name = "id" value = " $ {obj.id}" />
11            < div class = "form - group">
12                < div class = "label">< label>一级类目名称:</label></div>
13                < div class = "field">
14                    < input type = "text" class = "input w50" name = "name"
15                            data - validate = "required:请输入名称"
16                            value = " $ {obj.name}" />
17                    < div class = "tips"></div>
18                </div>
19            </div>
20            < div class = "form - group">
21                < div class = "label"></div>
22                < div class = "field">
23                    < button class = "button bg - main icon - check - square - o"
24                    type = "submit">提交</button>
25                </div>
26            </div>
27        </form>
28    </div>
29 </div>
30 </body>
```

至此实现商品类目管理板块功能的步骤完成。

综合项目——智慧农业果蔬系统

14.5.3 用户管理

当管理员用户登录成功后,可以在首页选择用户管理板块查看所有普通用户信息。实现用户管理板块功能的具体步骤如下。

(1) 查询普通用户信息的 SQL 语句和 14.4.2 节个人信息模块中 UserMapper.xml 文件里的动态 SQL 查询语句相同,此处不再赘述。

(2) 在 chapter14 项目的 UserController 类中编写查看普通用户信息功能的代码,主要代码如例 14-43 所示。

例 14-43 UserController.java。

```java
@Controller
@RequestMapping("/user")
public class UserController extends BaseController {
    @Autowired
    private UserService userService;
    @RequestMapping("/findBySql")
    public String findBySql(Model model,User user){
        String sql = "select * from user where 1 = 1 ";
        if(!isEmpty(user.getUserName())){
            sql += " and userName like '%" + user.getUserName() + "%'";
        }
        sql += " order by id";
        Pager<User> pagers = userService.findBySqlRerturnEntity(sql);
        model.addAttribute("pagers",pagers);
        model.addAttribute("obj",user);
        return "user/user";
    }
    /**
     * 查看用户信息
     * @param model
     * @param request
     * @return
     */
    @RequestMapping("/view")
    public String view(Model model, HttpServletRequest request){
        Object attribute = request.getSession().getAttribute(
                                                Consts.USERID);
        if(attribute == null){
            return "redirect:/login/uLogin";
        }
        Integer userId = Integer.valueOf(attribute.toString());
        User obj = userService.load(userId);
        attribute = request.getSession().getAttribute(Consts.USERID);
        if(attribute == null){
            return "redirect:/login/uLogin";
        }
        user.setId(Integer.valueOf(attribute.toString()));
        userService.updateById(user);
        return "redirect:/user/view.action";
    }
}
```

（3）在 chapter14 项目的 user 目录中编写 user.jsp，该页面用于展示用户详情，主要代码如例 14-44 所示。

例 **14-44** user.jsp。

```
1   < body >
2   < div class = "panel admin - panel">
3       < form action = " $ {ctx}/user/findBySql" id = "listform" method = "post">
4           < div class = "padding border - bottom">
5               < ul class = "search">
6                   < li >
7                       < input type = "text" placeholder = "请输入用户名"
8                       name = "userName"class = "input" value = " $ {obj.userName}"/>
9                       < a href = "javascript:void(0)" onclick = "changeSearch()"
10                          class = "button border - main icon - search">搜索</a>
11                  </li>
12              </ul>
13          </div>
14      </form>
15      < table class = "table table - hover text - center">
16          < tr >
17              <th>用户名</th>
18              <th>手机号</th>
19              <th>真实姓名</th>
20              <th>性别</th>
21              <th>邮箱</th>
22              <th>地址</th>
23          </tr>
24          < c:forEach items = " $ {pagers.datas}" var = "data" varStatus = "l">
25              < tr >
26                  < td > $ {data.userName}</td>
27                  < td > $ {data.phone}</td>
28                  < td > $ {data.realName}</td>
29                  < td > $ {data.sex}</td>
30                  < td > $ {data.email}</td>
31                  < td > $ {data.address}</td>
32              </tr>
33          </c:forEach>
34          < tr >
35              < td colspan = "8">
36                  < div class = "pagelist">
37                      <!-- 分页开始 -->
38                      < pg:pages url = " $ {ctx}/user/findBySql"
39                      maxIndexPages = "5" items = " $ {pagers.total}"
40                      maxPageItems = "15" export = "curPage = pageNumber">
41                          < pg:last >
42                              共 $ {pagers.total}条记录,共 $ {pageNumber}页,
43                          </pg:last>
44                          当前第 $ {curPage}页
45                          < pg:first >
46                              < a href = " $ {pageUrl}">首页</a>
47                          </pg:first>
48                          < pg:prev >
49                              < a href = " $ {pageUrl}">上一页</a>
```

```
50                          </pg:prev>
51                          <pg:pages>
52                              <c:choose>
53                                  c:when test="${curPage eq pageNumber}">
54                                  <font color="red">[${pageNumber}]</font>
55                              </c:choose>
56                              <c:otherwise>
57                                  <a href="${pageUrl}">${pageNumber}</a>
58                              </c:otherwise>
59                          </pg:pages>
60                      </pg:pages>
61                      <pg:next>
62                          <a href="${pageUrl}">下一页</a>
63                      </pg:next>
64                      <pg:last>
65                          <c:choose>
66                              <c:when test="${curPage eq pageNumber}">
67                                  <font color="red">尾页</font>
68                              </c:when>
69                              <c:otherwise>
70                                  <a href="${pageUrl}">尾页</a>
71                              </c:otherwise>
72                          </c:choose>
73                      </pg:last>
74                  </pg:pager>
75              </div>
76          </td>
77      </tr>
78  </table>
79  </div>
80  <script>
81      function changeSearch() {
82          $("#listform").submit();
83      }
84  </script>
85  </body>
```

至此实现用户管理板块功能的步骤完成。

14.5.4 商品管理

当管理员用户登录成功后,可以在首页选择商品管理板块,进行商品的查询、添加、修改及下架等操作。实现商品管理板块功能的具体步骤如下。

(1) 在 chapter14 项目的 ItemMapper.xml 映射文件中编写商品查询、添加、修改及下架操作的 SQL 语句,主要代码如例 14-45 所示。

例 14-45 ItemMapper.xml。

```
1  <!-- 更新 -->
2  <sql id="Item_update">
3      <if test="name != null">name = #{name},</if>
4      <if test="price != null">price = #{price},</if>
5      <if test="zk != null">zk = #{zk},</if>
```

```xml
 6        < if test = "scNum != null"> scNum = #{scNum},</if >
 7        < if test = "gmNum != null"> gmNum = #{gmNum},</if >
 8        < if test = "url1 != null"> url1 = #{url1},</if >
 9        < if test = "url2 != null"> url2 = #{url2},</if >
10        < if test = "url3 != null"> url3 = #{url3},</if >
11        < if test = "url4 != null"> url4 = #{url4},</if >
12        < if test = "url5 != null"> url5 = #{url5},</if >
13        < if test = "ms != null"> ms = #{ms},</if >
14        < if test = "pam1 != null"> pam1 = #{pam1},</if >
15        < if test = "pam2 != null"> pam2 = #{pam2},</if >
16        < if test = "pam3 != null"> pam3 = #{pam3},</if >
17        < if test = "val1 != null"> val1 = #{val1},</if >
18        < if test = "val2 != null"> val2 = #{val2},</if >
19        < if test = "val3 != null"> val3 = #{val3},</if >
20        < if test = "type != null"> type = #{type},</if >
21        < if test = "categoryIdOne != null"> category_id_one =
22             #{categoryIdOne},</if >
23        < if test = "categoryIdTwo != null"> category_id_two =
24             #{categoryIdTwo},</if >
25        < if test = "isDelete != null"> isDelete = #{isDelete} </if >
26 </sql >
27 <!-- 查询时的条件 -->
28 < sql id = "Item_where">
29        < if test = "id != null"> and id = #{id}</if >
30        < if test = "name != null"> and name = #{name}</if >
31        < if test = "price != null"> and price = #{price}</if >
32        < if test = "zk != null"> and zk = #{zk}</if >
33        < if test = "scNum != null"> and scNum = #{scNum}</if >
34        < if test = "gmNum != null"> and gmNum = #{gmNum}</if >
35        < if test = "url1 != null"> and url1 = #{url1}</if >
36        < if test = "url2 != null"> and url2 = #{url2}</if >
37        < if test = "url3 != null"> and url3 = #{url3}</if >
38        < if test = "url4 != null"> and url4 = #{url4}</if >
39        < if test = "url5 != null"> and url5 = #{url5}</if >
40        < if test = "ms != null"> and ms = #{ms}</if >
41        < if test = "pam1 != null"> and pam1 = #{pam1}</if >
42        < if test = "pam2 != null"> and pam2 = #{pam2}</if >
43        < if test = "pam3 != null"> and pam3 = #{pam3}</if >
44        < if test = "val1 != null"> and val1 = #{val1}</if >
45        < if test = "val2 != null"> and val2 = #{val2}</if >
46        < if test = "val3 != null"> and val3 = #{val3}</if >
47        < if test = "type != null"> and type = #{type}</if >
48        < if test = "categoryIdOne != null"> and category_id_one =
49        #{categoryIdOne}
50        </if >
51        < if test = "categoryIdTwo != null"> and category_id_two =
52        #{categoryIdTwo}</if >
53        < if test = "isDelete != null"> and isDelete = #{isDelete}</if >
54 </sql >
55 <!-- 新增 -->
56 < insert id = "insert" parameterType = "com. qfedu. pojo. Item"
57         useGeneratedKeys = "true" keyProperty = "id">
58      insert into item(
```

第14章

```
59      < include refid = "Item_field"/>
60      )values(
61      < include refid = "Item_insert"/>
62      )
63  </insert>
```

在例14-45中,第2~26行代码表示修改商品及下架商品的动态SQL语句;第28~54行代码表示查询所有商品的SQL语句;第56~63行代码表示添加商品的SQL语句。

(2) 在chapter14项目的ItemController类中编写商品查询、添加、修改及下架功能的代码,主要代码如例14-46所示。

例14-46　ItemController.java。

```
1   @Controller
2   @RequestMapping("/item")
3   public class ItemController extends BaseController {
4       @Autowired
5       private ItemService itemService;
6       @Autowired
7       private ItemCategoryService itemCategoryService;
8       /**
9        * 分页查询商品列表
10       */
11      @RequestMapping("/findBySql")
12      public String findBySql(Model model, Item item){
13          String sql = "select * from item where isDelete = 0 ";
14          if(!isEmpty(item.getName())){
15              sql += " and name like '%" + item.getName() + "%'";
16          }
17          sql += " order by id desc";
18          Pager < Item > pagers = itemService.findBySqlRerturnEntity(sql);
19          model.addAttribute("pagers",pagers);
20          model.addAttribute("obj",item);
21          return "item/item";
22      }
23      /**
24       * 添加商品
25       */
26      @RequestMapping("/exAdd")
27      public String exAdd(Item item, @RequestParam("file")
28      CommonsMultipartFile[] files, HttpServletRequest request) throws
29      IOException {
30          itemCommon(item, files, request);
31          item.setGmNum(0);
32          item.setIsDelete(0);
33          item.setScNum(0);
34          itemService.insert(item);
35          return "redirect:/item/findBySql.action";
36      }
37      /**
38       * 修改商品信息
39       */
40      @RequestMapping("/exUpdate")
```

```
41    public String exUpdate(Item item, @RequestParam("file")
42    CommonsMultipartFile[] files, HttpServletRequest request) throws
43    IOException {
44        itemCommon(item, files, request);
45        itemService.updateById(item);
46        return "redirect:/item/findBySql.action";
47    }
48    /**
49     * 下架商品
50     */
51    @RequestMapping("/delete")
52    public String update(Integer id){
53        Item obj = itemService.load(id);
54        obj.setIsDelete(1);
55        itemService.updateById(obj);
56        return "redirect:/item/findBySql.action";
57    }
58 }
```

在例 14-46 中,第 11～22 行代码用于实现查询所有商品的功能;第 26～36 行代码用于实现添加商品的功能;第 40～47 行代码用于实现修改商品信息的功能;第 51～57 行代码用于实现下架商品的功能。

例 14-46 中第 28 行和第 40 行代码中使用的 itemCommon()方法主要用于管理商品图片的上传和关联商品的类别信息,它接收了商品信息(Item 对象)、商品图片文件数组以及HTTP 请求对象作为参数。在方法内部,它遍历所传递的文件数组,将每个文件保存到服务器上,并为商品对象设置对应的图片链接地址。此外,它还通过查找二级商品类别的父类别,来确定商品的一级类别(categoryIdOne)。itemCommon()方法的代码如下所示。

```
/**
 * 新增和更新的公共方法
 */
private void itemCommon(Item item, @RequestParam("file")
CommonsMultipartFile[] files, HttpServletRequest request) throws
IOException {
    if (files.length > 0) {
        for (int s = 0; s < files.length; s++) {
            String n = UUIDUtils.create();
            String path = SystemContext.getRealPath() +
            "\\resource\\ueditor\\upload\\" + n +
            files[s].getOriginalFilename();
            File newFile = new File(path);
            //通过 CommonsMultipartFile 的方法直接写文件
            files[s].transferTo(newFile);
            if (s == 0) {
                item.setUrl1(request.getContextPath() +
                "\\resource\\ueditor\\upload\\" + n +
                files[s].getOriginalFilename());
            }
            if (s == 1) {
                item.setUrl2(request.getContextPath() +
                "\\resource\\ueditor\\upload\\" + n +
```

```
                            files[s].getOriginalFilename());
                    }
                    if (s == 2) {
                        item.setUrl3(request.getContextPath() +
                        "\\resource\\ueditor\\upload\\" + n +
                        files[s].getOriginalFilename());
                    }
                    if (s == 3) {
                        item.setUrl4(request.getContextPath() +
                        "\\resource\\ueditor\\upload\\" + n +
                        files[s].getOriginalFilename());
                    }
                    if (s == 4) {
                        item.setUrl5(request.getContextPath() +
                        "\\resource\\ueditor\\upload\\" + n +
                        files[s].getOriginalFilename());
                    }
                }
            }
            ItemCategory byId = itemCategoryService.getById(
                                                item.getCategoryIdTwo());
            item.setCategoryIdOne(byId.getPid());
}
```

（3）在 chapter14 项目的 item 目录中创建 item.jsp 页面，用于展示商品列表详情，主要
代码如例 14-47 所示。

例 14-47　item.jsp。

```
1  < body >
2  < div class = "panel admin - panel">
3      < form action = "$ {ctx}/item/findBySql" id = "listform" method = "post">
4          < div class = "padding border - bottom">
5              < ul class = "search">
6                  < li >
7                      < a class = "button border - main icon - plus - square - o"
8                          href = "$ {ctx}/item/add">添加商品</a>
9                  </li>
10                 < li >
11                     < input type = "text" placeholder = "请输入商品名称" name = "name"
12                     class = "input" value = "$ {obj.name}"/>
13                     < a href = "javascript:void(0)" onclick = "changeSearch()"
14                         class = "button border - main icon - search">搜索</a>
15                 </li>
16             </ul>
17         </div>
18     </form>
19     < table class = "table table - hover text - center">
20         < tr >
21             < th >商品名称</th>
22             < th >商品主图</th>
23             < th >商品价格</th>
24             < th >商品一级分类</th>
25             < th >商品二级分类</th>
```

```
26              <th>操作</th>
27          </tr>
28  <c:forEach items = " $ {pagers.datas}" var = "data" varStatus = "l">
29          <tr>
30              <td > $ {data.name}</td>
31              <td >< img src = " $ {data.url1}" alt = ""></td>
32              <td > $ {data.price}</td>
33              <td > $ {data.yiji.name}</td>
34              <td > $ {data.erji.name}</td>
35              <td >
36              < a class = "button border – main" href = " $ {ctx}
37              /item/update?id = $ {data.id}">
38              < span class = "icon – edit">修改</span > </a>
39              < a class = "button border – red"
40              href = " $ {ctx}/item/delete?id = $ {data.id}">
41              < span class = "icon – trash – o">下架</span > </a>
42              </td>
43          </tr>
44  </c:forEach>
45          <tr>
46              <td colspan = "8">
47                  < div class = "pagelist">
48                      <!-- 分页开始 -->
49                      < pg:pager url = " $ {ctx}/item/findBySql" maxIndexPages = "5"
50                          items = " $ {pagers.total}" maxPageItems = "15"
51                          export = "curPage = pageNumber">
52                          < pg:last >
53                              共 $ {pagers.total}条记录,共 $ {pageNumber}页,
54                          </pg:last >
55                          当前第 $ {curPage}页
56                          < pg:first >
57                              < a href = " $ {pageUrl}">首页</a>
58                          </pg:first >
59                          < pg:prev >
60                              < a href = " $ {pageUrl}">上一页</a>
61                          </pg:prev >
62                          < pg:pages >
63                              < c:choose >
64                                  < c:when test = " $ {curPage eq pageNumber}">
65                                  < font color = "red">[ $ {pageNumber}]</font >
66                                  </c:when >
67                                  < c:otherwise >
68                                      < a href = " $ {pageUrl}"> $ {pageNumber}</a>
69                                  </c:otherwise >
70                              </c:choose >
71                          </pg:pages >
72                          < pg:next >
73                              < a href = " $ {pageUrl}">下一页</a>
74                          </pg:next >
75                          < pg:last >
76                              < c:choose >
77                                  < c:when test = " $ {curPage eq pageNumber}">
78                                      < font color = "red">尾页</font >
```

```
79                                </c:when>
80                              <c:otherwise>
81                                  <a href="${pageUrl}">尾页</a>
82                              </c:otherwise>
83                          </c:choose>
84                      </pg:last>
85                  </pg:pager>
86              </div>
87          </td>
88      </tr>
89  </table>
90 </div>
91 <script>
92     function changeSearch(){
93         $("#listform").submit();
94     }
95 </script>
96 </body>
```

(4) 在 chapter14 项目的 item 目录中编写 add.jsp,该页面用于完成添加商品的前端代码,主要代码如例 14-48 所示。

例 14-48　add.jsp。

```
1   <body>
2   <div class="panel admin-panel">
3       <div class="panel-head" id="add">
4           <strong><span class="icon-pencil-square-o">新增商品</span>
5           </strong></div>
6       <div class="body-content">
7           <form action="${ctx}/item/exAdd" method="post" class="form-x"
8           enctype="multipart/form-data">
9                   <div class="form-group">
10                      <div class="label"><label>商品名称:</label></div>
11                      <div class="field"><input type="text" class="input w50"
12                          name="name" data-validate="required:请输入商品名称"/>
13                      <div class="tips"></div>
14                  </div>
15          </div>
16          <div class="form-group">
17              <div class="label"><label>商品价格:</label></div>
18              <div class="field"><input type="text" class="input w50"
19                  name="price" data-validate="required:请输入商品价格"/>
20              <div class="tips"></div>
21          </div>
22          </div>
23          <div class="form-group">
24              <div class="label"><label>商品折扣:</label></div>
25              <div class="field"><input type="text" class="input w50" name="zk"
26                  data-validate="required:请输入商品折扣"/>
27              <div class="tips"></div>
28          </div>
29          </div>
30          <div class="form-group">
```

```
31        <div class = "label"><label>商品类别:</label></div>
32        <div class = "field">
33        <select name = "categoryIdTwo" class = "input w50">
34          <c:forEach items = "${types}" var = "data" varStatus = "l">
35          <option value = "${data.id}">${data.name}</option>
36        </c:forEach></select>
37        </div>
38     </div>
39     <div class = "form - group">
40        <div class = "label"><label>主图:</label></div>
41        <div class = "field"><input type = "file" class = "input w50"
42          name = "file"/>
43        <div class = "tips"></div>
44     </div>
45     </div>
46     <div class = "form - group">
47        <div class = "label"><label>副图 1:</label></div>
48        <div class = "field"><input type = "file" class = "input w50"
49          name = "file"/>
50        <div class = "tips"></div>
51     </div>
52     </div>
53     <div class = "form - group">
54        <div class = "label"><label>副图 2:</label></div>
55        <div class = "field">
56        <input type = "file" class = "input w50" name = "file"/>
57        <div class = "tips"></div>
58     </div>
59     </div>
60     <div class = "form - group">
61        <div class = "label"><label>副图 3:</label></div>
62        <div class = "field"><input type = "file" class = "input w50"
63          name = "file"/>
64        <div class = "tips"></div>
65     </div>
66     </div>
67     <div class = "form - group">
68        <div class = "label"><label>副图 4:</label></div>
69        <div class = "field"><input type = "file" class = "input w50"
70          name = "file"/>
71        <div class = "tips"></div>
72     </div>
73     </div>
74     <div class = "form - group">
75        <div class = "label"><label>描述:</label></div>
76        <div class = "field">
77        <script type = "text/plain" id = "remark_txt_1" name = "ms"></script>
78        <script type = "text/javascript"> var editor =
79        UE.getEditor('remark_txt_1');
80        UE.Editor.prototype._bkGetActionUrl =
81                        UE.Editor.prototype.getActionUrl;
82        UE.Editor.prototype.getActionUrl = function (action) {
83          if (action == 'uploadimage' || action == 'uploadscrawl' ||
84            action == 'uploadvideo') {
```

```
85                    return '$ {ctx}/ueditor/saveFile';
86                } else {
87                  return this._bkGetActionUrl.call(this, action);
88                }
89              }
90            </script >
91            < div class = "tips"></div >
92          </div >
93        </div >
94      < div class = "form - group">
95          < div class = "label"></div >
96          < div class = "field">
97            < button class = "button bg - main icon - check - square - o" type = "submit">
98            提交</button >
99          </div >
100      </div >
101        </form >
102      </div >
103 </div >
104 </body >
```

(5) 在 chapter14 项目的 item 目录中编写 update.jsp,该页面用于完成修改商品的前端代码,主要代码如例 14-49 所示。

例 14-49 update.jsp。

```
1  < body >
2  < div class = "panel admin - panel">
3      < div class = "panel - head" id = "add">
4          < strong >< span class = "icon - pencil - square - o">商品维护</span >
5          </strong ></div >
6      < div class = "body - content">
7          < form action = "$ {ctx}/item/exUpdate" method = "post" class = "form - x"
8            enctype = "multipart/form - data">
9              < input type = "hidden" name = "id" value = "$ {obj.id}"/>
10             < div class = "form - group">
11                 < div class = "label">< label >商品名称:</label ></div >
12                 < div class = "field">
13                     < input type = "text" class = "input w50" name = "name"
14                     data - validate = "required:请输入商品名称"
15                     value = "$ {obj.name}"/>
16                     < div class = "tips"></div >
17                 </div >
18             </div >
19             < div class = "form - group">
20                 < div class = "label">< label >商品价格:</label ></div >
21                 < div class = "field">
22                     < input type = "text" class = "input w50" name = "price"
23                     data - validate = "required:请输入商品价格"
24                     value = "$ {obj.price}"/>
25                     < div class = "tips"></div >
26                 </div >
27             </div >
28             < div class = "form - group">
```

```
29          < div class = "label"><label>商品折扣:</label></div>
30              < div class = "field">
31                  < input type = "text" class = "input w50" name = "zk"
32                  data - validate = "required:请输入商品折扣"
33                  value = " $ {obj.zk}"/>
34                  < div class = "tips"></div>
35              </div>
36          </div>
37          < div class = "form - group">
38              < div class = "label"><label>商品类别:</label></div>
39              < div class = "field">
40                  < select name = "categoryIdTwo" class = "input w50">
41                      < c:forEach items = " $ {types}" var = "data"
42                      varStatus = "l">
43                          < option
44                          value = " $ {data.id}" $ {obj.categoryIdTwo ==
45                          data.id?"selected":""}> $ {data.name}</option >
46                      </c:forEach >
47                  </select >
48              </div>
49          </div>
50          < div class = "form - group">
51              < div class = "label"><label>主图:</label></div>
52              < div class = "field">
53                  < input type = "file" class = "input w50" name = "file"/>
54                  < div class = "tips">< img src = " $ {obj.url1}"
55                  alt = " $ {obj.url1}"></div >
56              </div>
57          </div>
58          < div class = "form - group">
59              < div class = "label"><label>副图 1:</label></div>
60              < div class = "field">< input type = "file" class = "input w50"
61              name = "file"/>
62                  < div class = "tips">< img src = " $ {obj.url2}"
63                  alt = " $ {obj.url2}"></div >
64              </div>
65          </div>
66          < div class = "form - group">
67              < div class = "label"><label>副图 2:</label></div>
68              < div class = "field">< input type = "file" class = "input w50"
69              name = "file"/>
70                  < div class = "tips">< img src = " $ {obj.url3}"
71                  alt = " $ {obj.url3}"></div >
72              </div>
73          </div>
74          < div class = "form - group">
75              < div class = "label"><label>副图 3:</label></div>
76              < div class = "field">< input type = "file" class = "input w50"
77              name = "file"/>
78                  < div class = "tips">< img src = " $ {obj.url4}"
79                  alt = " $ {obj.url4}"></div >
80              </div>
81          </div>
```

```
82              < div class = "form – group">
83                  < div class = "label">< label >副图 4:</label ></div >
84                      < div class = "field">
85                          < input type = "file" class = "input w50" name = "file"/>
86                          < div class = "tips">< img src = " $ {obj. url5}"
87                          alt = " $ {obj. url5}"></div >
88                      </div >
89
90                  < div class = "form – group">
91                      < div class = "label">< label >描述:</label ></div >
92                      < div class = "field">
93                          < script type = "text/plain" id = "remark_txt_1"
94                          name = "ms"> $ {obj.ms}</script >
95                          < script type = "text/javascript"> var editor =
96                          UE. getEditor('remark_txt_1');
97                          UE. Editor. prototype._bkGetActionUrl =
98                          UE. Editor. prototype.getActionUrl;
99                          UE. Editor. prototype.getActionUrl = function
100                         (action) {
101                             if (action == 'uploadimage' || action ==
102                             'uploadscrawl' || action == 'uploadvideo') {
103                                 return ' $ {ctx}/ueditor/saveFile';
104                             } else {
105                                 return this._bkGetActionUrl.call(this,
106                                 action);
107                             }
108                         }
109                         </script >
110                         < div class = "tips"></div >
111                     </div >
112                 </div >
113                 < div class = "form – group">
114                     < div class = "label"></div >
115                     < div class = "field">
116                         < button class = "button bg – main
117                         icon – check – square – o" type = "submit">提交</button >
118                     </div >
119                 </div >
120             </div >
121         </form >
122     </div >
123 </div >
124 </body >
```

至此实现商品管理板块功能的步骤完成。

14.5.5　订单管理

当管理员用户登录成功后,可以在首页选择订单管理模块对普通用户下单的农蔬产品进行发货和查询,实现商品订单管理板块功能的具体步骤如下。

(1) 在 chapter14 项目的 ItemOrderMapper. xml 文件中编写商品订单查询和发货操作的 SQL 语句,主要代码如例 14-50 所示。

例 14-50 ItemOrderMapper. xml。

```xml
1  <!-- 更新 -->
2  < sql id = "ItemOrder_update">
3      < if test = "itemId != null">
4          item_id = #{itemId},
5      </if >
6      < if test = "userId != null">
7          user_id = #{userId},
8      </if >
9      < if test = "code != null">
10         code = #{code},
11     </if >
12     < if test = "addTime != null">
13         addTime = #{addTime},
14     </if >
15     < if test = "total != null">
16         total = #{total},
17     </if >
18     < if test = "isDelete != null">
19         isDelete = #{isDelete},
20     </if >
21     < if test = "status != null">
22         status = #{status}
23     </if >
24 </sql >
25 <!-- 查询时的条件  -->
26 < sql id = "ItemOrder_where">
27     < if test = "id != null">
28         and id = #{id}
29     </if >
30     < if test = "itemId != null">
31         and item_id = #{itemId}
32     </if >
33     < if test = "userId != null">
34         and user_id = #{userId}
35     </if >
36     < if test = "code != null">
37         and code = #{code}
38     </if >
39     < if test = "addTime != null">
40         and addTime = #{addTime}
41     </if >
42     < if test = "total != null">
43         and total = #{total}
44     </if >
45     < if test = "isDelete != null">
46         and isDelete = #{isDelete}
47     </if >
48     < if test = "status != null">
49         and status = #{status}
50     </if >
51 </sql >
```

综合项目——智慧农业果蔬系统

在例 14-50 中,第 2~24 行代码表示把订单状态修改为发货状态的 SQL 语句;第 26~51 行代码表示查询订单信息的 SQL 语句。

(2) 在 chapter14 项目的 ItemOrderController 类中编写商品订单查询和发货功能的代码,主要代码如例 14-51 所示。

例 14-51 ItemOrderController. java。

```
1  @Controller
2  @RequestMapping("/itemOrder")
3  public class ItemOrderController extends BaseController {
4      @Autowired
5      private ItemOrderService itemOrderService;
6      @Autowired
7      private UserService userService;
8      @Autowired
9      private OrderDetailService orderDetailService;
10     @Autowired
11     private ItemService itemService;
12     /**
13      * 订单管理列表
14      */
15     @RequestMapping("/findBySql")
16     public String findBySql(ItemOrder itemOrder, Model model){
17         //分页查询
18         String sql = "select * from item_order where 1 = 1 ";
19         if(!(isEmpty(itemOrder.getCode()))){
20             sql += " and code like '%" + itemOrder.getCode() + "%'";
21         }
22         sql += " order by id desc";
23         Pager < ItemOrder > pagers = itemOrderService
24                                         .findBySqlRerturnEntity(sql);
25         model.addAttribute("pagers",pagers);
26         //存储查询条件
27         model.addAttribute("obj",itemOrder);
28         return "itemOrder/itemOrder";
29     }
30     /**
31      * 后台发货
32      */
33     @RequestMapping("/fh")
34     public String fh(Integer id,Model model){
35         ItemOrder obj = itemOrderService.load(id);
36         obj.setStatus(2);
37         itemOrderService.updateById(obj);
38         model.addAttribute("obj",obj);
39         return "redirect:/itemOrder/findBySql";
40     }
41 }
```

在例 14-51 中,第 15~29 行代码用于实现查询订单信息的功能;第 33~40 行代码用于实现后台发货并修改状态为发货状态的功能。

(3) 在 chapter14 项目的 ItemOrderController 目录中创建 ItemOrderController. jsp 页面,用于展示订单列表详情,主要代码如例 14-52 所示。

例 14-52　ItemOrderController. jsp。

```
1   < div class = "panel admin - panel">
2       < form action = " $ {ctx}/itemOrder/findBySql" id = "listform" method = "post">
3           < div class = "padding border - bottom">
4               < ul class = "search">
5                   < li>
6                       < input type = "text" placeholder = "订单号" name = "code"
7                       class = "input" value = " $ {obj.code}"/>
8                       < a href = "javascript:void(0)" onclick = "changeSearch()"
9                       class = "button border - main icon - search">搜索</a></li>
10                  </ul>
11              </div>
12          </form>
13          < table class = "table table - hover text - center">
14              < tr>
15                  < th>订单号</th>
16                  < th>下单时间</th>
17                  < th>总金额</th>
18                  < th>下单人</th>
19                  < th>订单状态</th>
20                  < th>操作</th>
21              </tr>
22              < c:forEach items = " $ {pagers.datas}" var = "data" varStatus = "l">
23                  < tr>
24                      < td> $ {data.code}</td>
25                      < td>< fmt:formatDate value = " $ {data.addTime}"
26                      pattern = "yyyy - MM - dd HH:mm:ss"/></td>
27                      < td> $ {data.total}</td>
28                      < td> $ {data.user.userName}</td>
29                      < td>
30                          < c:if test = " $ {data.status  ==  0}">待发货</c:if>
31                          < c:if test = " $ {data.status  ==  1}">已取消</c:if>
32                          < c:if test = " $ {data.status  ==  2}">待收货</c:if>
33                          < c:if test = " $ {data.status  ==  3}">已收货</c:if>
34                      </td>
35                      < td>
36                          < a class = "button border - main"
37                          href = " $ {ctx}/orderDetail/ulist?orderId = $ {data.id}">
38                          < span class = "icon - edit">查看购买商品</span> </a>
39                          < c:if test = " $ {data.status  ==  0}">
40                              < a class = "button border - red"
41                              href = " $ {ctx}/itemOrder/fh?id = $ {data.id}">
42                              < span class = "icon - trash - o">去发货</span> </a>
43                          </c:if></td>
44                  </tr>
45              </c:forEach>
46              < tr>
47                  < td colspan = "8">
48                      < div class = "pagelist">
49                          <!-- 分页开始 -->
50                          < pg:pager url = " $ {ctx}/itemOrder/findBySql"
51                          maxIndexPages = "5" items = " $ {pagers.total}"
52                          maxPageItems = "15" export = "curPage = pageNumber">
```

```
53                              < pg:last >
54                                  共 $ {pagers. total}条记录,共 $ {pageNumber}页,
55                              </pg:last >
56                              当前第 $ {curPage}页
57                              < pg:first >
58                                  < a href = " $ {pageUrl}">首页</a >
59                              </pg:first >
60                              < pg:prev >
61                                  < a href = " $ {pageUrl}">上一页</a >
62                              </pg:prev >
63                              < pg:pages >
64                                  < c:choose >
65                                      < c:when test = " $ {curPage eq pageNumber}">
66                                          < font color = "red">[ $ {pageNumber}]
67                                          </font >
68                                      </c:when >
69                                      < c:otherwise >
70                                          < a href = " $ {pageUrl}"> $ {pageNumber}</a >
71                                      </c:otherwise >
72                                  </c:choose >
73                              </pg:pages >
74                              < pg:next >
75                                  < a href = " $ {pageUrl}">下一页</a >
76                              </pg:next >
77                              < pg:last >
78                                  < c:choose >
79                                      < c:when test = " $ {curPage eq pageNumber}">
80                                          < font color = "red">尾页</font >
81                                      </c:when >
82                                      < c:otherwise >
83                                          < a href = " $ {pageUrl}">尾页</a >
84                                      </c:otherwise >
85                                  </c:choose >
86                              </pg:last >
87                          </pg:pager >
88                      </div >
89                  </td >
90              </tr >
91          </table >
92  </div >
93  < script >
94      function changeSearch() {
95          $ ("#listform").submit();
96      }
97  </script >
98  </body >
```

至此实现商品订单管理板块功能的步骤完成。

14.5.6 公告管理

当管理员用户登录成功后,可以在首页选择公告模块进行公告查询、添加、修改和删除操作,实现公告板块功能的具体步骤如下。

（1）在 chapter14 项目的 NewsMapper.xml 文件中编写公告查询、添加、修改和删除的 SQL 语句，具体代码如例 14-53 所示。

例 14-53　NewsMapper.xml。

```
1  <!-- 更新 -->
2  <sql id="News_update">
3      <if test="name != null">
4          name = #{name},
5      </if>
6      <if test="content != null">
7          content = #{content},
8      </if>
9      <if test="addTime != null">
10         addTime = #{addTime}
11     </if>
12 </sql>
13 <!-- 查询时的条件  -->
14 <sql id="News_where">
15     <if test="id != null">
16         and id = #{id}
17     </if>
18     <if test="name != null">
19         and name = #{name}
20     </if>
21     <if test="content != null">
22         and content = #{content}
23     </if>
24     <if test="addTime != null">
25         and addTime = #{addTime}
26     </if>
27 </sql>
28 <!-- 新增 -->
29 <insert id="insert" parameterType="com.qfedu.pojo.News"
30         useGeneratedKeys="true" keyProperty="id">
31     insert into news(
32     <include refid="News_field"/>
33     ) values(
34     <include refid="News_insert"/>
35     )
36 </insert>
37 <!-- 根据实体主键删除一个实体 -->
38 <delete id="deleteById" parameterType="java.lang.Integer">
39     delete
40     from news
41     where id = #{id}
42 </delete>
```

在例 14-53 中，第 2～12 行代码表示修改公告信息的 SQL 语句；第 14～27 行代码表示查询公告信息的 SQL 语句；第 29～36 行代码表示添加公告信息的 SQL 语句；第 38～42 行代码表示删除公告信息的 SQL 语句。

（2）在 chapter14 项目的 NewsController 类中编写公告查询、新增、修改和删除功能的代码，主要代码如例 14-54 所示。

综合项目——智慧农业果蔬系统

例 14-54 NewsController. java。

```java
1  @Controller
2  @RequestMapping("/news")
3  public class NewsController extends BaseController {
4      @Autowired
5      private NewsService newsService;
6      /**
7       * 公告列表
8       */
9      @RequestMapping("/findBySql")
10     public String findBySql(News news, Model model){
11         String sql = "select * from news where 1 = 1 ";
12         if(!isEmpty(news.getName())){
13             sql += " and name like '%" + news.getName() + "%'";
14         }
15         sql += " order by id desc";
16         Pager < News > pagers = newsService.findBySqlRerturnEntity(sql);
17         model.addAttribute("pagers",pagers);
18         model.addAttribute("obj",news);
19         return "news/news";
20     }
21     /**
22      * 添加
23      */
24     @RequestMapping("/exAdd")
25     public String exAdd(News news){
26         news.setAddTime(new Date());
27         newsService.insert(news);
28         return "redirect:/news/findBySql";
29     }
30     /**
31      * 修改
32      */
33     @RequestMapping("/exUpdate")
34     public String exUpdate(News news){
35         newsService.updateById(news);
36         return "redirect:/news/findBySql";
37     }
38     /**
39      * 删除公告
40      */
41     @RequestMapping("/delete")
42     public String delete(Integer id){
43         newsService.deleteById(id);
44         return "redirect:/news/findBySql";
45     }
46 }
```

在例 14-54 中,第 9~20 行代码用于实现查询公告列表的功能;第 24~29 行代码用于实现添加公告的功能;第 33~37 行代码用于实现修改公告信息的功能;第 41~45 行代码用于实现删除公告信息的功能。

(3) 在 chapter14 项目的 news 目录中编写 news. jsp,该页面用于展示公告列表详情,主要代码如例 14-55 所示。

例 14-55　news.jsp。

```
1   < body >
2   < div class = "panel admin - panel">
3       < form action = " $ {ctx}/news/findBySql" id = "listform" method = "post">
4           < div class = "padding border - bottom">
5               < ul class = "search">
6                   < li >
7                       < a class = "button border - main icon - plus - square - o"
8                           href = " $ {ctx}/news/add">添加公告</a>
9                   </li >
10                  < li >
11                      < input type = "text" placeholder = "请输入公告名称"
12                          name = "name" class = "input" value = " $ {obj.name}"/>
13                      < a href = "javascript:void(0)" onclick = "changeSearch()"
14                          class = "button border - main icon - search">搜索</a>
15                  </li >
16              </ul >
17          </div >
18      </form >
19      < table class = "table table - hover text - center">
20          < tr >
21              < th >名称</th>
22              < th >发布时间</th>
23              < th >操作</th>
24          </tr >
25          < c:forEach items = " $ {pagers.datas}" var = "data" varStatus = "l">
26              < tr >
27                  < td > $ {data.name}</td>
28                  < td >< fmt:formatDate value = " $ {data.addTime}"
29                      pattern = "yyyy - MM - dd HH:mm:ss"></fmt:formatDate></td>
30                  < td >
31                      < a class = "button border - main"
32                          href = " $ {ctx}/news/update?id = $ {data.id}">
33                          < span class = "icon - edit">修改</span> </a>
34                      < a class = "button border - red"
35                          href = " $ {ctx}/news/delete?id = $ {data.id}">
36                          < span class = "icon - trash - o">删除</span> </a>
37                  </td >
38              </tr >
39          </c:forEach >
40          < tr >
41              < td colspan = "8">
42                  < div class = "pagelist">
43                      <!-- 分页开始 -->
44                      < pg:pager url = " $ {ctx}/news/findBySql"
45                          maxIndexPages = "5" items = " $ {pagers.total}"
46                          maxPageItems = "15" export = "curPage = pageNumber">
47                          < pg:last
48                              共 $ {pagers.total}条记录,共 $ {pageNumber}页,
49                          </pg:last >
50                          当前第 $ {curPage}页
```

```
51                           < pg:first >
52                               < a href = " $ {pageUrl}">首页</a>
53                           </pg:first >
54                           < pg:prev >
55                               < a href = " $ {pageUrl}">上一页</a>
56                           </pg:prev >
57                           < pg:pages >
58                               < c:choose >
59                                   < c:when test = " $ {curPage eq pageNumber}">
60                                       < font color = "red">[ $ {pageNumber}]
61                                       </font >
62                                   </c:when >
63                                   < c:otherwise >
64                                       < a href = " $ {pageUrl}"> $ {pageNumber}</a>
65                                   </c:otherwise >
66                               </c:choose >
67                           </pg:pages >
68                           < pg:next >
69                               < a href = " $ {pageUrl}">下一页</a>
70                           </pg:next >
71                           < pg:last >
72                               < c:choose >
73                                   < c:when test = " $ {curPage eq pageNumber}">
74                                       < font color = "red">尾页</font >
75                                   </c:when >
76                                   < c:otherwise >
77                                       < a href = " $ {pageUrl}">尾页</a>
78                                   </c:otherwise >
79                               </c:choose >
80                           </pg:last >
81                       </pg:pager >
82                   </div >
83               </td >
84           </tr >
85       </table >
86   </div >
87   < script >
88       function changeSearch() {
89           $ ("♯listform").submit();
90       }
91   </script >
92   </body >
```

（4）在 chapter14 项目的 news 目录中创建 add.jsp 页面，用于完成添加公告的前端操作，主要代码如例 14-56 所示。

例 14-56 add.jsp。

```
1   < body >
2   < div class = "panel admin - panel">
3       < div class = "panel - head" id = "add">
4           < strong >< span class = "icon - pencil - square - o">添加公告</span >
5           </strong >
6       </div >
```

```
7          < div class = "body - content">
8              < form action = " $ {ctx}/news/exAdd" method = "post" class = "form - x"
9                      enctype = "multipart/form - data">
10                 < div class = "form - group">
11                     < div class = "label">< label>标题:</label></div >
12                     < div class = "field">
13                         < input type = "text" class = "input w50"
14                             name = "name" data - validate = "required:请输入标题"/>
15                         < div class = "tips"></div >
16                     </div >
17                 </div >
18                 < div class = "form - group">
19                     < div class = "label">< label>内容:</label></div >
20                     < div class = "field">
21                         < script type = "text/plain" id = "remark_txt_1"
22                         name = "content"></script >
23                         < script type = "text/javascript">
24                             var editor = UE. getEditor('remark_txt_1');
25                             UE. Editor. prototype._bkGetActionUrl =
26                                 UE. Editor. prototype. getActionUrl;
27                             UE. Editor. prototype. getActionUrl = function
28                             (action) {
29                                 if (action == 'uploadimage' || action ==
30                                     'uploadscrawl' ||
31                                     action == 'uploadvideo') {
32                                     return ' $ {ctx}/ueditor/saveFile';
33                                 } else {
34                                     return this._bkGetActionUrl.call(this,
35                                     action);
36                                 }
37                             }
38                         </script >
39                         < div class = "tips"></div >
40                     </div >
41                 </div >
42                 < div class = "form - group">
43                     < div class = "label"></div >
44                     < div class = "field">
45                         < button class = "button bg - main icon - check - square - o"
46                         type = "submit">
47                             提交
48                         </button >
49                     </div >
50                 </div >
51             </form >
52         </div >
53     </div >
54 </body >
```

（5）在 chapter14 项目的 news 目录中编写 update. jsp，该页面用于完成更新公告的前端代码，主要代码如例 14-57 所示。

例 14-57 update.jsp。

```
1   <body>
2   <div class = "panel admin - panel">
3       <div class = "panel - head" id = "add">
4           <strong><span class = "icon - pencil - square - o">修改公告
5           </span></strong>
6       </div>
7       <div class = "body - content">
8           <form action = " ${ctx}/news/exUpdate" method = "post" class = "form - x"
9               enctype = "multipart/form - data">
10              <input type = "hidden" name = "id" value = " ${obj.id}">
11              <div class = "form - group">
12                  <div class = "label"><label>标题:</label></div>
13                  <div class = "field">
14                      <input type = "text" class = "input w50" name = "name"
15                      data - validate = "required:请输入标题"
16                      value = " ${obj.name}"/>
17                      <div class = "tips"></div>
18                  </div>
19              </div>
20              <div class = "form - group">
21                  <div class = "label"><label>内容:</label></div>
22                  <div class = "field">
23                      <script type = "text/plain" id = "remark_txt_1"
24                      name = "content" >${obj.content}</script>
25                      <script type = "text/javascript">
26                          var editor = UE.getEditor('remark_txt_1');
27                          UE.Editor.prototype._bkGetActionUrl =
28                              UE.Editor.prototype.getActionUrl;
29                          UE.Editor.prototype.getActionUrl = function
30                              (action) {
31                                  if (action == 'uploadimage' || action ==
32                                      'uploadscrawl' ||
33                                      action == 'uploadvideo') {
34                                      return '${ctx}/ueditor/saveFile';
35                                  } else {
36                                      return this._bkGetActionUrl.call(
37                                          this, action);
38                                  }
39                              }
40                      </script>
41                      <div class = "tips"></div>
42                  </div>
43              </div>
44              <div class = "form - group">
45                  <div class = "label"></div>
46                  <div class = "field">
47                      <button class = "button bg - main
48                          icon - check - square - o" type = "submit">
49                          提交
50                      </button>
51                  </div>
52              </div>
```

```
53            </form>
54         </div>
55     </div>
56  </body>
```

至此实现公告板块功能的步骤完成。

14.5.7 留言管理

当管理员用户登录成功后,可以在首页选择留言模块进行留言的查询和删除等操作。实现留言板块功能的具体步骤如下。

(1)在 chapter14 项目的 MessageMapper. xml 映射文件中编写留言查询和删除操作的 SQL 语句,主要代码如下所示。

```
1   <!-- 查询时的条件  -->
2   < sql id = "Message_where">
3       < if test = "id != null">
4           and id =  # {id}
5       </if>
6       < if test = "name != null">
7           and name =  # {name}
8       </if>
9       < if test = "content != null">
10          and content =  # {content}
11      </if>
12      < if test = "phone != null">
13          and phone =  # {phone}
14      </if>
15  </sql>
16  <!-- 根据实体主键删除一个实体 -->
17  < delete id = "deleteById" parameterType = "java. lang. Integer">
18      Delete from message where id =  # {id}
19  </delete>
```

上述代码中,第 2～15 行代码表示查询留言列表的 SQL 语句;第 17～19 行代码表示删除留言信息的 SQL 语句。

(2)在 chapter14 项目的 MessageController 类中编写留言查询和删除功能的代码,主要代码如例 14-58 所示。

例 14-58 MessageController. java。

```
1   @Controller
2   @RequestMapping("/message")
3   public class MessageController extends BaseController {
4       @Autowired
5       private MessageService messageService;
6       /**
7        * 留言列表
8        */
9       @RequestMapping("/findBySql")
10      public String findBySql(Message message, Model model){
11          String sql = "select * from message where 1 = 1";
12          if(!isEmpty(message.getName())){
```

346

```
13              sql += " and name like '%" + message.getName() + "%'";
14          }
15          sql += " order by id desc";
16      Pager<Message> pagers = messageService.findBySqlRerturnEntity(sql);
17          model.addAttribute("pagers",pagers);
18          model.addAttribute("obj",message);
19          return "message/message";
20      }
21      /**
22       * 删除留言
23       */
24      @RequestMapping("/delete")
25      public String delete(Integer id){
26          messageService.deleteById(id);
27          return "redirect:/message/findBySql";
28      }
29  }
```

在例 14-58 中,第 9~20 行代码用于实现查询留言列表的功能;第 24~28 行代码用于实现删除留言信息的功能。

(3) 在 chapter14 项目的 message 目录中创建 message.jsp 文件,用于展示留言列表详情,主要代码如例 14-59 所示。

例 14-59 message.jsp。

```
1  <body>
2  <div class="panel admin-panel">
3      <form action="${ctx}/message/findBySql" id="listform" method="post">
4          <div class="padding border-bottom">
5              <ul class="search">
6                  <li>
7                      <input type="text" placeholder="请输入姓名"
8                          name="name" class="input" value="${obj.name}"/>
9                      <a href="javascript:void(0)" onclick="changeSearch()"
10                         class="button border-main icon-search">搜索</a>
11                  </li>
12             </ul>
13         </div>
14     </form>
15     <table class="table table-hover text-center">
16         <tr>
17             <th>留言人姓名</th>
18             <th>手机号</th>
19             <th>留言内容</th>
20             <th>操作</th>
21         </tr>
22         <c:forEach items="${pagers.datas}" var="data" varStatus="l">
23             <tr>
24                 <td>${data.name}</td>
25                 <td>${data.phone}</td>
26                 <td>${data.content}</td>
27                 <td>
28                     <a class="button border-red"
```

```
29                              href = " $ {ctx}/message/delete?id = $ {data. id}">
30                                  < span class = "icon - trash - o">删除</span >
31                          </a >
32                      </td >
33                  </tr >
34          </c:forEach >
35          < tr >
36              < td colspan = "8">
37                  < div class = "pagelist">
38                      <!-- 分页开始 -->
39                      < pg:pager url = " $ {ctx}/message/findBySql"
40                          maxIndexPages = "5" items = " $ {pagers. total}"
41                          maxPageItems = "15" export = "curPage = pageNumber">
42                          < pg:last >
43                              共 $ {pagers. total}条记录,共 $ {pageNumber}页,
44                          </pg:last >
45                          当前第 $ {curPage}页
46                          < pg:first >
47                              < a href = " $ {pageUrl}">首页</a >
48                          </pg:first >
49                          < pg:prev >
50                              < a href = " $ {pageUrl}">上一页</a >
51                          </pg:prev >
52                          < pg:pages >
53                              < c:choose >
54                                  < c:when test = " $ {curPage eq pageNumber}">
55                                      < font color = "red">
56                                                      [ $ {pageNumber}]</font >
57                                  </c:when >
58                                  < c:otherwise >
59                                      < a href = " $ {pageUrl}"> $ {pageNumber}
60                                      </a >
61                                  </c:otherwise >
62                              </c:choose >
63                          </pg:pages >
64                          < pg:next >
65                              < a href = " $ {pageUrl}">下一页</a >
66                          </pg:next >
67                          < pg:last >
68                              < c:choose >
69                                  < c:when test = " $ {curPage eq pageNumber}">
70                                      < font color = "red">尾页</font >
71                                  </c:when >
72                                  < c:otherwise >
73                                      < a href = " $ {pageUrl}">尾页</a >
74                                  </c:otherwise >
75                              </c:choose >
76                          </pg:last >
77                      </pg:pager >
78                  </div >
79              </td >
80          </tr >
81      </table >
```

```
82  </div>
83  <script>
84      function changeSearch() {
85          $("#listform").submit();
86      }
87  </script>
88  </body>
```

至此实现留言板块功能的步骤完成。

14.6 本 章 小 结

　　本章主要采用 Spring+Spring MVC+MyBaits 框架搭建了一个智慧农业果蔬系统,本章对智慧农业果蔬系统的项目介绍、环境搭建、数据库设计、普通用户和管理员用户功能实现的内容进行了讲解。通过对本章内容的学习,读者可以掌握 Spring+Spring MVC+MyBatis 的框架整合以及框架技术在项目开发中的具体应用。

图 书 资 源 支 持

感谢您一直以来对清华版图书的支持和爱护。为了配合本书的使用,本书提供配套的资源,有需求的读者请扫描下方的"书圈"微信公众号二维码,在图书专区下载,也可以拨打电话或发送电子邮件咨询。

如果您在使用本书的过程中遇到了什么问题,或者有相关图书出版计划,也请您发邮件告诉我们,以便我们更好地为您服务。

我们的联系方式:

清华大学出版社计算机与信息分社网站: https://www.shuimushuhui.com/

地　　址:北京市海淀区双清路学研大厦 A 座 714

邮　　编:100084

电　　话:010-83470236　010-83470237

客服邮箱:2301891038@qq.com

QQ:2301891038(请写明您的单位和姓名)

资源下载:关注公众号"书圈"下载配套资源。

资源下载、样书申请

书圈

图书案例

清华计算机学堂

观看课程直播